住房和城乡建设部"十四五"规划教材

高等学校土木工程学科专业指导委员会规划教材

（按高等学校土木工程本科指导性专业规范编写）

材　料　力　学

（第二版）

曲淑英　主　编

陈　洁　副主编

隋允康　李舜酩　庄表中　审

中国建筑工业出版社

图书在版编目（CIP）数据

材料力学 / 曲淑英主编；陈洁副主编. — 2 版. — 北京：中国建筑工业出版社，2022.6（2024.1重印）
住房和城乡建设部"十四五"规划教材 高等学校土木工程学科专业指导委员会规划教材：按高等学校土木工程本科指导性专业规范编写
ISBN 978-7-112-27254-9

Ⅰ．①材… Ⅱ．①曲… ②陈… Ⅲ．①材料力学－高等学校－教材 Ⅳ．①TB301

中国版本图书馆 CIP 数据核字(2022)第 051630 号

本书是高等学校土木工程学科专业指导委员会编制的《高等学校土木工程本科指导性专业规范》配套教材之一，在第一版基础上修订而成。结合土木工程专业特点，本书既保留了国内原材料力学教材从特殊到一般、由浅入深、循序渐进、易学易懂的特点，又增加了大量创新实验和虚拟仿真一流课程案例；既注重了知识体系的完整性和实用性，又突出了工程实际的训练；同时针对大土木工程的特点，在对基础理论知识的理解和掌握的基础上，突出工程实践能力与创新意识的培养，体现时代特征。全书共分 11 章，主要内容包括绪论、轴向拉伸与压缩、剪切、扭转、弯曲内力、弯曲应力、弯曲变形、平面应力状态分析及强度理论、组合变形、压杆稳定、能量法等。

本教材适用于普通高等工科院校各类专业，并可根据计划学时对书中内容进行选择。

为了更好地支持相应课程的教学，我们向采用本书作为教材的教师提供课件，有需要者可与出版社联系。建工书院：http://edu. cabplink. com，邮箱：jckj@ cabp. com. cn，电话：(010) 58337285。

责任编辑：吉万旺　王　跃
责任校对：党　蕾

住房和城乡建设部"十四五"规划教材
高等学校土木工程学科专业指导委员会规划教材
（按高等学校土木工程本科指导性专业规范编写）

材料力学（第二版）

曲淑英　主　编
陈　洁　副主编
隋允康　李舜酩　庄表中　审

*

中国建筑工业出版社出版、发行（北京海淀三里河路 9 号）
各地新华书店、建筑书店经销
北京红光制版公司制版
天津翔远印刷有限公司印刷

*

开本：787 毫米×1092 毫米　1/16　印张：18¼　字数：392 千字
2022 年 6 月第二版　　2024 年 1 月第二次印刷
定价：**58.00** 元（赠教师课件）
ISBN 978-7-112-27254-9
（38861）

出　版　说　明

党和国家高度重视教材建设。2016 年，中办国办印发了《关于加强和改进新形势下大中小学教材建设的意见》，提出要健全国家教材制度。2019 年 12 月，教育部牵头制定了《普通高等学校教材管理办法》和《职业院校教材管理办法》，旨在全面加强党的领导，切实提高教材建设的科学化水平，打造精品教材。住房和城乡建设部历来重视土建类学科专业教材建设，从"九五"开始组织部级规划教材立项工作，经过近 30 年的不断建设，规划教材提升了住房和城乡建设行业教材质量和认可度，出版了一系列精品教材，有效促进了行业部门引导专业教育，推动了行业高质量发展。

为进一步加强高等教育、职业教育住房和城乡建设领域学科专业教材建设工作，提高住房和城乡建设行业人才培养质量，2020 年 12 月，住房和城乡建设部办公厅印发《关于申报高等教育职业教育住房和城乡建设领域学科专业"十四五"规划教材的通知》（建办人函〔2020〕656 号），开展了住房和城乡建设部"十四五"规划教材选题的申报工作。经过专家评审和部人事司审核，512 项选题列入住房和城乡建设领域学科专业"十四五"规划教材（简称规划教材）。2021 年 9 月，住房和城乡建设部印发了《高等教育职业教育住房和城乡建设领域学科专业"十四五"规划教材选题的通知》（建人函〔2021〕36 号）。为做好"十四五"规划教材的编写、审核、出版等工作，《通知》要求：（1）规划教材的编著者应依据《住房和城乡建设领域学科专业"十四五"规划教材申请书》（简称《申请书》）中的立项目标、申报依据、工作安排及进度，按时编写出高质量的教材；（2）规划教材编著者所在单位应履行《申请书》中的学校保证计划实施的主要条件，支持编著者按计划完成书稿编写工作；（3）高等学校土建类专业课程教材与教学资源专家委员会、全国住房和城乡建设职业教育教学指导委员会、住房和城乡建设部中等职业教育专业指导委员会应做好规划教材的指导、协调和审稿等工作，保证编写质量；（4）规划教材出版单位应积极配合，做好编辑、出版、发行等工作；（5）规划教材封面和书脊应标注"住房和城乡建设部'十四五'规划教材"字样和统一标识；（6）规划教材应在"十四五"期间完成出版，逾期不能完成的，不再作为《住房和城乡建设领域学科专业"十四五"规划教材》。

住房和城乡建设领域学科专业"十四五"规划教材的特点：一是重点以修订教育部、住房和城乡建设部"十二五""十三五"规划教材为主；二是严格按照专业标准规范要求编写，体现新发展理念；三是系列教材具有明显特点，满足不同层次和类型的学校专业教学要求；四是配备了数字资源，适应现代化教学的要求。规划教材的出版凝聚了作者、主审及编辑的心血，得到了有关院校、出版单位的大力支持，教材建设管理过程有严格保障。希望广大院校及各专业师生在选用、使用过程中，对规划教材的编写、出版质量进行反馈，以促进规划教材建设质量不断提高。

住房和城乡建设部"十四五"规划教材办公室

2021 年 11 月

第二版前言

本书是在第一版的基础上，按照教育部高等学校工科基础课程教学指导委员会最新发布的《高等学校工科基础课程教学基本要求》和高等学校土木工程学科专业教学指导委员会编制的《高等学校土木工程本科指导性专业规范》中"材料力学课程教学基本要求"，结合近年来材料力学课程建设和教学改革的实践成果，在保持教材原有特色的基础上，利用现代化教学手段拓展教材学习空间修订而成。

本次修订的主要内容包含以下几个部分：

1. 对原版中的问题，根据各学校应用反馈的意见和读者提出的建议做了系统性的修正；结合多届全国青年教师讲课比赛中反映的问题，以二维码形式对重点概念提供了讲解课件。

2. 结合新冠肺炎疫情及后疫情时期的实验教学需要，以二维码的形式插入烟台大学工程力学实验教学中心"三合"虚实结合、软硬耦合、时空融合实验教学成果的"创新实验""虚拟仿真实验""远程实体实验"等典型教学案例。

3. 材料力学是山东省首批课程思政示范课程，"压杆稳定"是提交基础力学课指委的思政示范案例，本教材将此成果以二维码的形式提供思政示范课堂的教学设计和教学课件，供相关高校和读者参考。

第一版前言

《材料力学》是土木、机械等工科专业的一门重要技术基础课，它与工程实际紧密联系，对学生诸多后续课程的学习，对培养学生的创新思维和解决实际工程问题的能力，都有着极为重要的作用。

本书是高等学校土木工程学科专业指导委员会编制的"土木工程指导性专业规范"的配套教材之一，按照教材编审委员会的要求，本教材具有以下特色。

1. 教材讲解的精炼化。本书充分体现土木工程专业教育的特点，以应用为目的，基本理论以"必须""够用"为度，在适应规范的前提下达到内容最小化，相对于传统的课堂讲解，本书通过一些简单的模型演示说明结构分析，强化力学概念，体现工程应用，以满足培养工程应用型人才的要求。

2. 教材内容的现代化。教材的内容在全面覆盖专业规范的知识点、知识体系的基础上，精选、优化课程内容，与理论力学课程贯通、融合、提升，组成既独立又相互支撑的基础力学课程的新体系，便于读者把握所研究问题的内在联系，建立和形成整体的力学概念。

结合视听和计算机技术，将原来需要靠解析解和手工计算的复杂内容，辅以相应的计算程序。大量工程应用案例与配套的理论力学教材相呼应，以光盘附件形式随教材出版，供学生自学参考。结合科研成果，加强学生的工程训练，培养学生分析、解决工程问题的能力。

教材重点突出，语言简练，图文并茂。全程贯穿基本概念、基本理论和基本方法的训练；基本要求中的内容讲解透彻，没有过多过繁的理论分析和证明推导，充分体现工程教育的特点。

3. 教材语言的通俗化。教材编写的方式适合 2000 后大学生的特点，每章采用先切入生活、工程背景，再引入概念及相关知识，中间辅以恰当的例题分析，并插入工程案例等。书中有大量直观、生动和精美的插图，书后配以综合工程应用实例。

书中一律采用国家标准 GB 3100～3102—93、GB/T 706—2016 中的名称和符号。

本书由曲淑英教授担任主编，并负责全书的统稿工作。同济大学陈洁副教授任副主编。其中第 2～9 章的内容由同济大学陈洁、徐烈烜负责编写，第 10 章、附录 I 的内容由山东理工大学周继磊负责编写、修订。其余部分由曲淑英编写。

在本书的编写过程中，得到了同济大学韦林教授的大力支持与帮助，得到了烟台大学盛严、谈然老师的帮助。得到了土木工程学科专业指导委员会，土木工程指导性专业规范配套教材编审委员会的支持，他们对本教材的编写提出了许多指导意见。本书由北京工业大学博士生导师隋允康教授，南京航空航天大学博士生导师李舜酩教授，浙江大学庄表中教授审阅，他们对书稿提出了许多宝贵意见，编者向他们表示诚挚的谢意。由于编者水平所限，疏漏之处在所难免，希望读者和同行批评指正，并提出宝贵意见。

目　　录

第1章
绪　论

本章知识点

> 【知识点】材料力学的主要研究对象、内容，材料力学的基本假定，材料力学的研究方法，工程构件的基本变形。
> 【重点】基本概念和假设的定义与理解，用截面法求构件截面上内力。
> 【难点】材料内一点受力和变形程度的度量方法——应力、应变的定义方法和物理含义，工程构件的力学分析方法。

众所周知，现实生活中，人们感知到的所有物体，都受到了力的作用，也就是所谓的物体的相互作用，物体在力的作用下，将处于静止状态、匀速直线运动状态或加速运动状态，其中静止和匀速直线运动状态称为平衡状态。

工程中所研究的物体，是如何在各种各样的力的作用下达到上述状态，有什么规律？我们研究这些规律，让它们为工程服务，这是理论力学的研究内容。也就是说：理论力学主要研究的是物体在外力作用下的平衡与运动的规律。

那么，物体受力了，处于某种状态，从单个构件本身看，它又会怎么样呢？显然：在外力作用下构件将发生形状和大小的改变，当构件所受的外力超过某一限度时，就要丧失承载能力而不能正常工作。这里有什么规律呢？这是材料力学的研究内容。也就是说：材料力学主要研究的是构件在外力作用下变形和失效的规律。

工程构件在外力作用下丧失正常工作能力的现象称为失效。工程构件的失效形式很多，材料力学范畴内的失效通常指：强度、刚度和稳定性失效。

强度失效是指构件发生显著的塑性变形或断裂，如钢缆承载过大变细变长甚至断裂，建筑物结构开裂导致雨水渗入，使钢筋锈蚀并影响美观等。刚度失效是指构件发生过大的变形，如建筑物结构变形过大会导致脆性装修层开裂，或使门窗产生过大变形后被卡住等，稳定性失效是指构件发生平衡形式的突变，如桁架结构中的压杆和液压缸中的活塞杆轴向受压过大突然变弯等。

另外，物体在力学研究上表现出的某些物理性质我们称之为物体的力学性质(mechanical properties)，有时也称之为力学性能、机械性质或机械性能，其代表的含义是相同的。同样，外力、荷载也是相同含义的不同名称而已。

1.1 材料力学的任务

1.1.1 研究对象和研究内容

材料力学是研究工程构件(member)或机械零部件承受荷载能力的学科。它以一维构件为基本研究对象,定量地研究构件在各类变形形式下的力学规律,以便选择合适的材料,确定合理的截面形状和尺寸,满足工程设计在承受给定荷载的前提下,达到安全而又经济的目的。显然,工程中的构件或零部件应该满足以下三方面的要求:

(1)强度要求

强度(strength):是指构件或零部件材料抵抗塑性变形或断裂破坏的能力。构件的破坏主要有两种:塑性屈服破坏和脆性断裂破坏,工程中的构件要求有足够的强度,就是能够安全地承担给定的荷载,不发生断裂或永久变形。

(2)刚度要求

刚度(rigidity):是指构件或零部件抵抗变形的能力。受力构件或零部件都是要变形的,工程中要求设计出的构件或零部件受力后的变形,不超过工程上对它的变形范围要求,即要求构件有足够的刚度(这里的刚度与理论力学、结构动力学、振动学中的刚度在概念、定义和量纲上都是不同的)。

(3)稳定性要求

稳定性(stability):是指构件或零部件维持其原有平衡形态不发生突变的能力。稳定在力学中是个内容丰富的概念,材料力学中的稳定性,仅指细长压杆在压力作用下保持其原有平衡状态的能力。

1.1.2 材料力学的研究方法

与物理学科的研究方法相同,材料力学的研究方法也需要观察和实验、假设和计算、理论分析和实践检验等。由于材料力学性能的多样性和复杂性,在材料的破坏机理及破坏过程没有完全解决之前,实验研究在材料力学的研究中占有非常重要的地位。材料力学实验的主要目的是:

(1)研究材料在不同方式的作用力下的破坏现象,从而建立或验证安全的强度、刚度和稳定性的界限。

(2)研究应力和应变之间的关系,从而建立或验证理论分析所必需的物理条件。

(3)研究在不同方式的作用力下引起的应力、变形等,从而验证或修正理论分析的结果。

材料力学解决问题的一般步骤是:确定研究对象,建立力学模型、数学模型、模型求解及结论、分析讨论、验证。其中建立力学模型和数学模型就是材料力学的理论分析,通常包括三方面的内容:

(1)力的研究。包括系统整体的受力分析,构件的外力、内力及应力分析。这是材料力学分析的静力学平衡方面。

（2）变形的研究。包括宏观变形（位移）及微观变形（应变）的研究，变形几何关系的建立以及单个构件变形与结构整体变形的协调条件等。这是材料力学分析的几何学方面。

（3）力和变形的规律研究。包括力之间、变形之间、受力与变形之间的各种规律，这些基本的规律，有时也称为本构关系（constitutive relation）。这是材料力学分析的物理学方面。

上述三方面的研究贯穿于材料力学教材的始终。

材料力学的研究方式，从逻辑上，基本分为从一般到特殊和从特殊到一般两种方式。本教材按变形分类，从特殊到一般，由浅入深，循序渐进，易懂易学。

1.1.3　材料力学的任务

综上所述，材料力学的任务就比较明确了：通过实验手段获得材料的特性参数；通过理论分析获得构件或零部件受力后的力、变形、失效方面的规律；为工程构件或机械零部件的设计，选择合适的材料、确定合理的截面形状与尺寸，使设计的构件既满足强度、刚度和稳定性方面的安全要求，同时又合理地节省材料，满足经济性好的要求；为后续专业课（结构力学、钢结构、设计、施工等课程）的学习打下坚实的基础。

1.2　材料力学的基本假设

实际上任何物体受力后总是要发生变形的，只是不同物体、受力大小不同其变形程度不同而已。当只从物体整体的运动层面来研究其运动规律时，可以不考虑构件本身的变形，这就是理论力学研究问题时的简化模型，把物体简化为不变形的刚体，从而使研究的问题大大简化，而不影响研究结果。而材料力学要研究构件的强度、刚度、稳定性问题，必然要考虑构件本身的变形以及与变形有关的失效问题，所以材料力学中的研究对象，必然是可变形固体，而不能再视作刚体了。

在材料力学的研究中，由于研究手段和研究方法的局限性等，常对变形固体作如下基本假设：

二维码1 材料力学的基本假定

1. 连续性（continuous）假设

变形固体的物质内部，由于组成物体的晶粒间有空隙，微观下是不连续的，因而无法用高等数学的连续函数进行描述，但宏观上，可以认为组成物体的物质毫无空隙地充满了整个物体的几何空间，根据这个假设，可以把物体内的一些物理量看成是连续的，因而就可以用连续函数来描述它们的变化规律。即假设构成该变形固体的介质连续地、毫无空隙地充满其整个体积，是连续介质。

2. 均匀性（homogeneous）假设

组成变形固体的连续介质，尽管无法保证各晶粒间的力学性能完全相同，但从宏观上，可以认为各晶粒间是混合均匀的，共同构成了这种物质，这样从宏观统计学的角度，可以假设物体的任意一部分（或称任一点）的性能都是相同的，如物理学中材料的弹性模量，由于有了均匀性假设，因而它对变形固体内任一点具有相同的数值。

3. 各向同性(isotropic)假设

变形固体的物质内部，宏观上可假设晶粒的总体排列使得物体在各方向上具有相同的性质，这种性质称为各向同性(isotropy)。具有各向同性的物体称为各向同性体(isotropic body)。大多数金属材料都是各向同性体，而木材、玻璃钢等是各向异性体。

4. 小变形假设

工程中的构件，在外力不超过一定极限时，当外力撤除后，能够恢复到原始尺寸，这种性质称为弹性(elasticity)，随外力解除消失的变形称为弹性变形(elastic deformation)。若外力解除后，物体只能恢复其中一部分变形，能恢复的变形仍称之为弹性变形，不能恢复的、残留下来的部分变形称之为塑性变形或残余变形(plastic deformation)。

构件在弹性范围内，它的变形量远小于原始尺寸，材料力学假定，所研究的构件在外荷载作用下发生的变形都是微小的。比如工程中的梁，在荷载作用下，整个跨度上产生的变形比梁的横截面的尺寸小得多。实际上工程中的大多数构件在工作状态下都是这样的小变形，这是材料力学采用小变形假设的合理之处。材料力学的小变形假设体现在：①允许使用变形前的形状和尺寸代入相应的分析和计算中。②在分析过程中，对某些高阶小量可适时舍去，从而使计算过程简化，使方程线性化（包括数学中常用函数的近似处理）。

综上所述，材料力学的基本假设，构件被看作是连续、均匀、各向同性、小变形的可变形固体，公式中使用的尺寸量是构件变形前的原始尺寸。

1.3 内力及截面法

1.3.1 内力的概念

内力是指外力作用下构件内部各质点之间的相互作用力。实际上物体不受外力作用时，分子之间的作用力已经使体内任一部分处于平衡的内力状态，正是这种内力状态，使固体各部分紧密相连，保持一定的形状，维持固体质点之间相对位置的平衡力，也是一种内力。当物体受力变形后，各分子之间的距离就会改变，平衡力就会随之增加或减少，这部分增加或减小的内力，必定是与外力相联系，随着外力的增减而增减，称为附加内力(additional internal force)。显然，附加内力对于各种材料均具有一定的限度，超过这个极限物体便会破坏，所以与构件抗力性能紧密相连的是这些附加内力，材料力学讨论的内力是指这部分附加内力。

内力的分析和求解是材料力学的重要内容之一，是解决强度、刚度、稳定性的基础。

1.3.2 截面法求内力

内力是外力作用的内部反应，内力随着外力的变化而变化，内力要通过与外力的平衡而求得，构件的内力可用截面法求出。

什么是截面法？如图 1-1(a) 所示，构件受到了外力的作用，构件内部就有了附加内力，想求哪个截面处的内力，就可以假想地用一截面将它"截开"，将构件分成两部分，这样内力就暴露出来从而变成外力了，如图 1-1(b) 所示。显然，截开的两个截面上的内力必定一一对应，互为作用与反作用力。截开构件的任一部分都处于平衡状态，如图 1-1(c) 所示。用平衡方程可求解出任一部分截面上的内力，这就是截面法(method of section)。图 1-1 为拉伸、压缩杆件截面法求内力示意图。

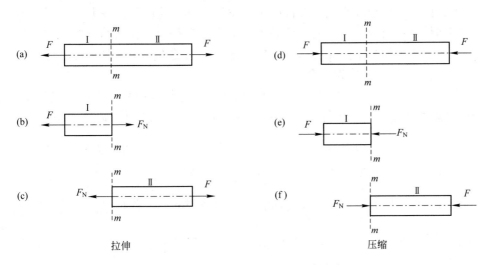

图 1-1　拉伸、压缩杆件截面法求内力

如图 1-2(a) 所示构件，在截开截面上建立直角坐标系，如图 1-2(b) 所示，坐标原点位于截面形心，x 轴垂直于截面向外，y、z 轴相切于截面，截面上的内力有，与三个坐标轴线重合的三个内力分量，即垂直于截面的内力 F_N，相切于截面的两个内力 F_{Sy}、F_{Sz}，绕 x 轴的力偶矩 M_n，绕 y、z 轴的力偶矩 M_y、M_z，在后面的章节中，它们被分别称之为：F_N——轴力；F_{Sy}、F_{Sz}——

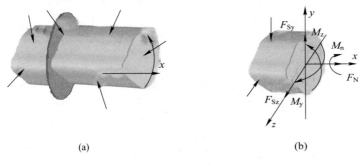

图 1-2　一般情况下截面法求内力

剪力；M_n——扭矩；M_y、M_z——弯矩。

截面法求内力的步骤：

（1）截开——在需要求内力的截面处，用一假想截面将构件一分为二（截）；

（2）留下——把截开的两部分，留下一部分，弃去另一部分，并用内力代替弃去部分对留下部分的作用（代）；

（3）平衡——建立留下部分的平衡方程，确定内力的大小和方向（平衡）。

显然这里对截面法的描述，是一个抽象的整体概念，后面各章节中将使截面法的运用分别具体化。

1.4 内力的集度——应力

众所周知，两根材料相同受力也相同的杆件，求解出的同一截面处的内力是相同的，但粗细不同，杆件的破坏程度不同，这说明仅根据内力的大小决定构件是否失效是不够的，还必须知道内力在截面上各点的分布情况，截面上各点内力的分布情况可以用单位面积上作用的内力来衡量，这就是一点的应力（stress），也称为内力分布集度。

如图 1-3 所示，某截开截面上每一点处的力的大小是各不相同的，若想求出 M 点处的应力，方法是：围绕 M 点取一微小面积 ΔA 进行研究，ΔA 上每一点作用内力的合力为 ΔF，如图 1-3（a），合力 ΔF 的方向是未知的，用 $\dfrac{\Delta F}{\Delta A}$ 得到的是 ΔA 微面积上的平均总应力，把 ΔF 分解为垂直于截面的分力 ΔF_N 和平行于截面的分力 ΔF_S。$\dfrac{\Delta F_N}{\Delta A}$ 代表垂直于截面的 ΔA 微面积上的平均分应力，$\dfrac{\Delta F_S}{\Delta A}$ 代表平行于截面的 ΔA 微面积上的平均分应力，取微面积 ΔA 趋于零，可得到 M 点处的三个应力（图 1-3b）：

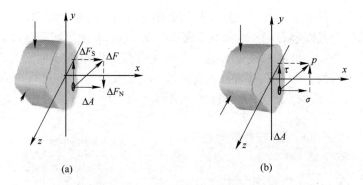

(a)   (b)

图 1-3 截面某点的应力图

$$p = \lim_{\Delta A \to 0} \frac{\Delta F}{\Delta A} = \frac{dF}{dA} \tag{1-1}$$

$$\sigma = \lim_{\Delta A \to 0} \frac{\Delta F_N}{\Delta A} = \frac{dF_N}{dA} \tag{1-2}$$

$$\tau = \lim_{\Delta A \to 0} \frac{\Delta F_s}{\Delta A} = \frac{dF_s}{dA} \tag{1-3}$$

式中 p——M 点处的总应力(total stress),又称应力矢量;

       σ——垂直于截面的 M 点处的法向应力(normal stress),又称正应力;

       τ——平行于截面的 M 点处的切向应力(shearing stress),又称剪应力。

    p、σ、τ 三者之间的关系为 $p^2 = \sigma^2 + \tau^2$。

1.5 杆件变形的基本形式

尽管工程中的构件形式上千差万别,但主要可划分为:

块体——三维尺寸都比较接近。

板与壳体——一个方向的尺寸显著地小于另外两个方向的尺寸。

杆件——一个方向的尺寸显著地大于另外两个方向的尺寸。

材料力学主要研究杆件形状的构件,杆件受力后的变形基本形式有以下四种,如图 1-4 所示:

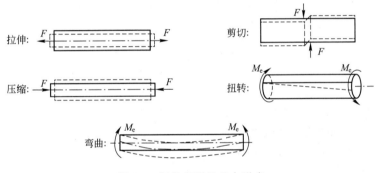

图 1-4 杆件变形的基本形式

1. 轴向拉伸和压缩(axial tension and compression)

外力特点:外力合力的作用线与杆件的轴线重合。

变形特点:杆件的长度发生伸长或缩短,相应的横向尺寸发生了收缩或膨胀。

桁架结构中的杆件、起重吊索、千斤顶螺杆等构件在受力时将发生这种变形。

2. 剪切(shear)

外力特点:一对大小相等、方向相反、作用线平行且相距很近,同时都垂直于杆件轴线的一对力。

变形特点:受剪杆件的两部分,分别沿两外力的作用方向发生相对错动。

销钉、螺栓、连接键等连接件在受力时将发生剪切变形。

3. 扭转(torsion)

外力特点:受到力偶矩矢量方向与杆件轴线重合的外力偶的作用。

变形特点:杆件的任意两个横截面,发生绕杆件轴线的相对转动。

工程机械中的传动轴、汽车方向盘传动杆、钻杆等构件在工作状态会发生扭转变形。

4. 弯曲（bending）

外力特点：受垂直于杆件轴线的横向集中力或横向分布力作用，或受到力偶矩矢量方向与杆件轴线垂直的外力偶的作用。

变形特点：使受弯杆件轴线曲率发生改变。

工程中的横梁、桥式起重机的大梁、火车的轮轴等发生的变形就是弯曲变形的例子。

以上四种变形被称为材料力学的四种基本变形，但工程中更多的是以上几种基本变形的组合，这类变形称为组合变形（combined deformation）。

小结及学习指导

通过绪论的学习要明确材料力学这门课的基本任务和学习目的，掌握构件强度、刚度和稳定性的概念，深入理解变形固体基本假设的内涵和意义，准确理解内力、应力和应变的概念及其物理含义。熟练应用截面法求截面上的内力，掌握变形固体求解问题的基本方法与思路，掌握杆件四种基本变形的受力和变形特点。

思考题

1-1 判断下列失效现象分别属于哪一种失效现象？

（1）开门时钥匙断在锁孔中；

（2）吊车梁变弯，梁上小车行驶困难；

（3）煤气罐爆炸；

（4）水塔箱有四根立柱支撑，蓄满水位时立柱突然变弯导致水箱坠地。

1-2 把木块纵向劈开时毫不费力，"势如破竹"，而横向砍断就比较费力。这种现象反映了木材的哪种力学性能？

1-3 下列体育运动中观察到的变形现象哪些属于小变形？哪些属于大变形？

（1）单杠的弯曲变形；

（2）撑竿跳高时撑竿的变形；

（3）跳水运动员起跳时跳板的变形；

（4）做吊环动作时悬索的变形；

（5）赛车转弯时，方向盘下转向轴的变形。

习题

1-1 小变形的条件是指（　　　）。

A. 构件的变形很小

B. 构件只发生弹性变形

C. 构件的变形比其原尺寸小得多

D. 构件的变形可忽略不计

1-2 下列几种受力情况，是分布力的有(　　　)；是集中力的有(　　　)。

A. 风对烟囱的风压　　　　　　B. 自行车轮对地面的压力

C. 楼板对屋梁的作用力　　　　D. 车削时车刀对工件的作用力

1-3 杆件受力如图 1-5 所示。由力的可传性原理，将图 1-5(a)力 P 由位置 B 移至 C，如图 1-5(b)所示，则(　　　)。

A. 固定端 A 的约束反力不变

B. 两段杆件的内力不变，但变形不同

C. 两段杆件的变形不变，但内力不同

D. 杆件 AC 段的内力和变形均保持不变

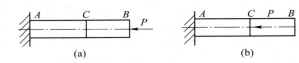

图 1-5　习题 1-3 图

1-4 构件的强度、刚度和稳定性(　　　)。

A. 只与材料的力学性能有关　　B. 只与构件的形状尺寸有关

C. 与二者都有关　　　　　　　D. 与二者都无关

1-5 下列材料中(　　　)不可应用各向同性假设。

A. 合金钢　　　　　　　　　　B. 钢筋混凝土

C. 玻璃钢　　　　　　　　　　D. 松木

习题答案

1-1 C

1-2 A，C，B，D

1-3 A，D

1-4 C

1-5 B，C，D

第2章
轴向拉伸与压缩

本章知识点

【知识点】轴力、轴力图、拉压直杆横截面及斜截面上的应力、圣维南原理、应力集中的概念、材料拉压时的力学性能、应力-应变曲线、拉压杆的强度条件、安全系数、许用应力的确定、拉压杆的变形、胡克定律、弹性模量、泊松比。

【重点】拉压直杆横截面及斜截面上的应力、拉压杆的强度条件、拉压杆的变形、材料拉伸及压缩时的力学性能、拉压超静定问题。

【难点】桁架节点位移的小变形计算、拉压超静定问题的节点位移计算。

2.1 拉伸与压缩变形的概念及工程实例

轴向拉伸与压缩是直杆变形的基本形式之一，在工程实际中经常可见到发生轴向拉伸和压缩变形的构件，例如，起重机的吊缆，桁架结构中的杆件，房屋建筑中的立柱，曲柄连杆机构中的连杆等，如图 2-1 所示。

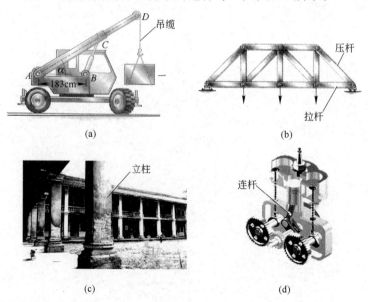

图 2-1　工程中的轴向拉、压杆

发生轴向拉伸和压缩变形的杆件，其受力特征为：外力的合力作用线与杆的轴线重合，杆件只发生轴向拉伸或压缩变形(图 2-2)。

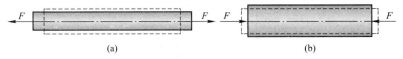

图 2-2　轴向拉伸与压缩变形

2.2　轴向拉伸与压缩时横截面上的内力

2.2.1　截面法求横截面上的内力——轴力

以图 2-3(a)中的轴向拉杆为例，用截面法研究杆件任意横截面 m-m 上的内力。在 m-m 截面处用一个假想截面将杆件分割成左右两部分，如图 2-3(b)、(c)所示，移去右边部分或左边部分，留下左边部分或右边部分加以研究。移去部分对保留部分的作用可用内力 F_N 来代替，F_N 就是 m-m 截面上的内力。由于杆件原来处于平衡状态，因此切开后各部分仍应保持平衡。

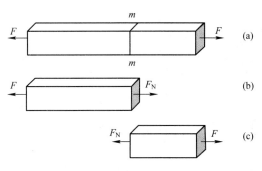

图 2-3　截面法表示杆件内力

对保留部分建立平衡方程即可确定内力 F_N。

$$\sum F_{ix}=0, \quad F_N-F=0, \quad F_N=F$$

由于外力 F 的作用线与杆的轴线重合，故内力 F_N 的作用线也与杆轴线重合，称为轴向内力，简称为轴力(axial force)。在轴向拉伸时，轴力的指向离开截面；而在轴向压缩时，轴力的指向向着截面。通常把拉伸时的轴力规定为正，压缩时的轴力规定为负。

计算中可假定轴力 F_N 为拉力，由平衡条件求出轴力，根据结果的正负，即可确定该截面及其邻近一段杆件是受拉还是受压。

2.2.2　轴力图

当杆件受到多个轴向外力作用时，在杆件的不同段内将有不同的轴力。为了说明杆件内的轴力随截面位置的改变而变化的情况，常以轴力图(normal force diagram)来表示。所谓轴力图，就是用平行于杆件轴线的坐标表示横截面的位置，用垂直于杆件轴线的坐标表示截面对应轴力的大小，从而表示出轴力沿杆轴变化规律的图线。

【例题 2-1】　等截面直杆受力如图 2-4(a)所示。试求各段横截面上的轴力，并绘轴力图。

【解】　(1) 应用截面法求各段横截面上的轴力

AB 段：沿任意截面 1-1 截开，在截面上加一个正号的轴力 F_{N1}。由左段

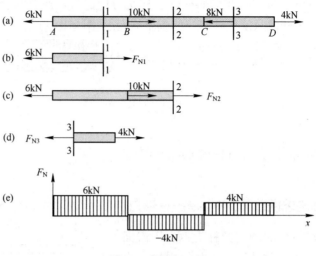

图 2-4　例题 2-1 图

的平衡条件(图 2-4b)

$$\sum F_{ix}=0, \quad F_{N1}=6kN$$

BC 段：沿任意截面 2-2 截开，在截面上加一个正号的轴力 F_{N2}。由左段的平衡条件(图 2-4c)

$$\sum F_{ix}=0, \quad F_{N2}=-10+6=-4kN$$

F_{N2} 为负值，表明原来假设的轴向拉力与实际不符，应为轴向压力。

CD 段：沿任意截面 3-3 截开，仍在截面上加一个正号的轴力 F_{N3}。由右段的平衡条件(图 2-4d)

$$\sum F_{ix}=0, \quad F_{N3}=4kN$$

注意，用截面法假想截开截面时，具体选哪一部分，就看哪一部分受力简单。

（2）　作轴力图

显然，在 AB 段内所有横截面上的轴力均为 $F_{N1}=6kN$，是常数，在轴力图(图 2-4e)上是一条水平直线。同理，根据 $F_{N2}=-4kN$，$F_{N3}=4kN$ 绘出 BC 段和 CD 段的轴力图，如图 2-4(e)所示。

［讨论］

在运用截面法求轴力和画轴力图时，一般在所求内力的截面上假设正号的轴力，然后由静力平衡条件求出轴力 F_N 的数值，若求得的 F_N 为正，说明该截面上的轴力是拉力，若求得的 F_N 为负，则说明该截面上的轴力是压力。

2.3　轴向拉伸与压缩时的应力及强度条件

2.3.1　轴向拉（压）杆横截面上的应力

上一节中已知轴向拉（压）杆横截面上只有轴力 F_N，并可用截面法确定其大小和正负。实际上，轴向拉（压）杆横截面上作用的内力是一个分布力系，其分布规律（内力集度，即应力）与杆件材料的力学性质无关。为解决强度问题，必须确定轴向拉（压）杆横截面上内力的分布规律。由于内力的分布与变形有关，因而可从研究杆件的变形规律入手。

为了便于观察拉（压）杆的变形现象，可在受力前的一等直杆的表面画上垂直于杆轴线的横向线（图 2-5a）。在杆端作用一对轴向拉力 F 后（图 2-5b），可以看到：横向线分别平移到新的位置，且仍保持为直线，并仍垂直于杆的轴线。根据这一表面变形现象，可以作出一个重要假设，即认为变形前原为平面的横截面，变形后仍然为平面且仍垂直于杆轴线。这个假设称为平面假设。

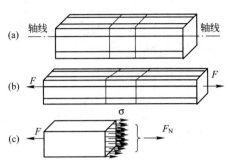

图 2-5 轴向拉（压）杆的变形与内力
(a) 受力前；(b) 受力后；(c) 内力分布

根据平面假设可以推断：任意两个横截面之间所有纵向线段的伸长都相等，又因假设材料是连续均匀的，所以内力在横截面上是均匀分布的，且垂直于横截面，即横截面上只有正应力（normal stress）σ（法向应力）。因轴力 F_N 是横截面上分布内力系的合力，而横截面上各点处分布内力集度即正应力 σ 均相等，故有

$$F_N = \int_A \sigma dA = \sigma \int_A dA = \sigma A$$

于是，拉（压）杆横截面上的正应力为

$$\sigma = \frac{F_N}{A} \tag{2-1}$$

上式就是杆件横截面上正应力 σ 的计算公式，它的正负号规定与轴力 F_N 相同，以拉应力为正，压应力为负。在国际单位制中，正应力的常用单位是帕斯卡，其代号是 Pa，$1\text{Pa}=1\text{N/m}^2$。有时还用 kPa、MPa 或 GPa 来表示（$1\text{kPa}=1\times10^3\text{Pa}$，$1\text{MPa}=1\times10^6\text{Pa}$，$1\text{GPa}=1\times10^9\text{Pa}$）。

2.3.2 轴向拉（压）杆斜截面上的应力

上面讨论了轴向拉（压）杆横截面上的正应力计算，下面将在此基础上进一步研究其他斜截面上的应力。图 2-6(a) 表示一轴向受拉的直杆。该杆件的横截面上有均匀分布的正应力 $\sigma = \frac{F}{A}$。

现在假想用一个与横截面呈 α 角的斜截面（简称 α 截面）将杆件切成两部分，保留左段，弃去右段，用内力 $F_{N\alpha}$ 来表示右段对左段的作用，因为 $F_{N\alpha}$ 在 α 截面上也是均匀分布的，故 α 截面上也有均匀分布的应力（图 2-6b），表达

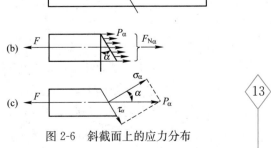

图 2-6 斜截面上的应力分布

14

式为

$$p_\alpha = \frac{F_{N\alpha}}{A_\alpha} \tag{2-2}$$

式中　$F_{N\alpha}$——拉压杆斜截面上的内力；

　　　A_α——斜截面的面积；

　　　p_α——斜截面上的总应力(total stress)，又称该斜截面上的应力矢量。

根据隔离体受力图(图 2-6b)。由平衡条件 $\sum F_{ix}=0$，可求得斜截面上的内力为

$$F_{N\alpha} = F \tag{a}$$

斜截面面积与横截面面积的关系为

$$A_\alpha = \frac{A}{\cos\alpha} \tag{b}$$

将式(a)、式(b)代入式(2-2)，得

$$p_\alpha = \frac{F}{A}\cos\alpha = \sigma\cos\alpha$$

式中，$\sigma = F/A$ 为横截面上的正应力。再将总应力 p_α 分解为垂直于斜截面的正应力(normal stress)σ_α 和相切于斜截面的切应力(shearing stress)τ_α (图 2-6c)，得

$$\sigma_\alpha = p_\alpha\cos\alpha = \sigma\cos^2\alpha = \frac{\sigma}{2}(1+\cos2\alpha) \tag{2-3}$$

$$\tau_\alpha = p_\alpha\sin\alpha = \sigma\sin\alpha\cos\alpha = \frac{\sigma}{2}\sin2\alpha \tag{2-4}$$

式(2-3)、式(2-4)表达了斜截面一点处的应力 σ_α 和 τ_α 的数值随截面位置

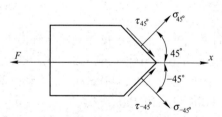

图 2-7　±45°斜截面上的应力状况

(以 α 角表示)而变化的规律。在一般情况下，拉(压)杆斜截面上既有正应力，又有切应力。

当 $\alpha=0°$ 时，斜截面就成为横截面，σ_α 达到最大值，而 $\tau_\alpha=0$，即 $\sigma_{0°}=\sigma_{max}=\sigma$，$\tau_{0°}=0$。

当 $\alpha=\pm45°$(图 2-7)时，τ_α 分别达到最大值和最小值，而 $\sigma_\alpha=\dfrac{\sigma}{2}$，即

$$\tau_{45°}=\tau_{max}=\frac{\sigma}{2}, \quad \sigma_{45°}=\frac{\sigma}{2}$$

$$\tau_{-45°}=\tau_{min}=-\frac{\sigma}{2}, \quad \sigma_{-45°}=\frac{\sigma}{2}$$

［结论］①轴向拉伸(压缩)时杆内最大正应力产生在横截面上，工程中把它作为建立拉(压)杆强度计算的依据；②最大切应力则产生在与杆轴线呈 45°角的斜截面上，其值等于横截面上正应力的一半。如土木工程中常见的基础下沉现象，是产生了 45°方向裂纹；③当 $\alpha=90°$ 时，$\sigma_\alpha=\tau_\alpha=0$，说明在平行于杆轴的纵向截面上没有应力存在。

2.3.3　拉伸与压缩时的强度条件

构件受轴向拉伸或压缩时，构件中的工作应力（working stress）为

$$\sigma=\frac{F_N}{A}$$

为了保证构件安全、正常地工作，构件中的工作应力不得超过材料的许用应力（allowable stress）$[\sigma]$，即

$$\sigma=\frac{F_N}{A}\leqslant[\sigma] \qquad (2\text{-}5)$$

式(2-5)称为拉伸或压缩时的强度条件（strength condition）。根据该强度条件，我们可以对构件进行三个方面的强度计算。

（1）强度校核

在已知构件尺寸、所用材料和荷载的情况下，可用式(2-5)来校核构件的强度，即

$$\sigma=\frac{F_N}{A}\leqslant[\sigma]$$

若 $\sigma\leqslant[\sigma]$，则构件安全可靠；若 $\sigma>[\sigma]$，则构件强度不够。

（2）设计截面

如果已知荷载情况，同时又选定了构件所用的材料及截面形状，则构件所需的截面尺寸可由式 $A\geqslant\dfrac{F_N}{[\sigma]}$ 计算。

（3）确定许可荷载

如果已知构件的横截面面积 A 及材料的许用应力 $[\sigma]$，则构件能承受的许可轴力可由式 $[F_N]\leqslant[\sigma]A$ 计算。然后可以根据静力平衡条件由外力与轴力之间的关系确定结构所能允许承受的最大荷载。

常用工程材料的许用应力值可在有关的设计规范或工程手册中查到，表 2-1 列出了常用几种材料的许用应力值。

材料静载下常规的许用应力值　　　　　　　　　　表 2-1

材料名称	许用应力 $[\sigma]$(MPa)	
	拉　伸	压　缩
Q235 钢	160	160
45 号钢	230	230
16 锰钢(16Mn)	210	210
铜	30~120	30~120
铝	30~80	30~80
松木(顺纹)	5~7	8~12
石砌体	<0.3	0.5~4
砖砌体	<0.2	0.5~2
混凝土	0.1~1.1	10.5~15.5

15

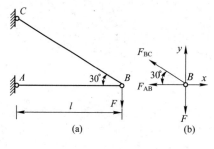

图 2-8 例题 2-2 图

【例题 2-2】 钢木构架如图 2-8 (a)所示。BC 杆为钢制圆杆，AB 杆为木杆。若 $F = 10\text{kN}$，木杆 AB 的横截面面积为 $A_1 = 10000\text{mm}^2$，弹性模量 $E_1 = 10\text{GPa}$，许用应力 $[\sigma_1] = 7\text{MPa}$；钢杆 BC 的横截面面积为 $A_2 = 600\text{mm}^2$，许用应力 $[\sigma_2] = 160\text{MPa}$。试：

(1) 校核两杆的强度；

(2) 求许用荷载 $[F]$；

(3) 根据许用荷载，重新设计钢杆 BC 的直径。

【解】 (1) 校核两杆强度

设两杆均受拉。首先确定两杆的内力，由节点 B 的受力图(图 2-8b)列出静力平衡方程

$$\sum F_{iy} = 0, \quad F_{BC}\cos 60° = F, \quad F_{BC} = 2F = 20\text{kN}(拉)$$

$$\sum F_{ix} = 0, \quad F_{AB} + F_{BC}\cos 30° = 0, \quad F_{AB} = -\sqrt{3}F = -17.3\text{kN}(压)$$

对两杆进行强度校核

$$\sigma_{AB} = \frac{F_{AB}}{A_1} = \frac{17.3 \times 10^3}{10000 \times 10^{-6}} = 1.73\text{MPa} < [\sigma_1] = 7\text{MPa}$$

$$\sigma_{BC} = \frac{F_{BC}}{A_2} = \frac{20 \times 10^3}{600 \times 10^{-6}} = 33.3\text{MPa} < [\sigma_2] = 160\text{MPa}$$

由上述计算可知，两杆内的正应力都远低于材料的许用应力，强度都没有充分发挥。因此，悬吊物的重量还可以增加。

(2) 求许用荷载

两杆分别能承担的许用荷载为

$$[F_{AB}] = [\sigma_1]A_1 = 7 \times 10^6 \times 10000 \times 10^{-6} = 70\text{kN}$$

$$[F_{BC}] = [\sigma_2]A_2 = 160 \times 10^6 \times 600 \times 10^{-6} = 96\text{kN}$$

由前面两杆的内力与外力 F 之间的关系可得

$$F_{AB} = \sqrt{3}F, \quad [F] = \frac{[F_{AB}]}{\sqrt{3}} = 40.4\text{kN}$$

$$F_{BC} = 2F, \quad [F] = \frac{[F_{BC}]}{2} = 48\text{kN}$$

根据上面的计算结果，若以 BC 杆为准，取 $[F] = 48\text{kN}$，则 AB 杆的强度显然不够，为了结构的安全，应取 $[F] = 40.4\text{kN}$。

(3) 重新设计 BC 杆的直径

根据许用荷载 $[F] = 40.4\text{kN}$，对于 AB 杆来说，恰到好处，但对 BC 杆来说，强度是有余的，也就是说 BC 杆的截面还可以适当减小。由 BC 杆的内力与荷载的关系可得

$$F_{BC} = 2F = 2 \times 40.4 = 80.8\text{kN}$$

根据强度条件，BC 杆的横截面面积应为

$$A \geqslant \frac{F_{BC}}{[\sigma_2]} = \frac{80.8 \times 10^3}{160 \times 10^6} = 5.05 \times 10^{-4} \, \text{m}^2 = 505 \text{mm}^2$$

BC 杆的直径为

$$d = \sqrt{\frac{4A}{\pi}} \approx \sqrt{\frac{4 \times 505}{3.14}} = 25.4 \text{mm}$$

2.3.4 圆柱薄壁容器的应力

设圆柱薄壁容器的平均直径为 D，壁厚 $\delta(\delta < D/20)$，气体内压 q（图 2-9a），下面分别计算圆柱薄壁容器横截面上的应力 σ_x 和纵截面上的环向应力 σ_t。

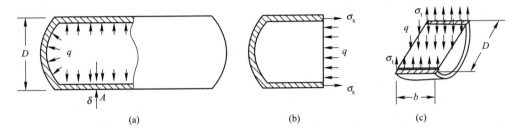

图 2-9　圆柱薄壁容器受力分析图

（1）横截面上的应力 σ_x

考虑图 2-9(b) 所示隔离体的平衡。由于结构、荷载都是轴对称的，故横截面上的应力是均匀分布的，由平衡方程

$$\sum F_{ix} = 0, \quad \pi D\delta\sigma_x - \frac{\pi}{4}D^2 q = 0$$

可得

$$\sigma_x = \frac{qD}{4\delta}$$

（2）纵截面上的环向应力 σ_t

取长为 b 的一段薄壁容器沿纵截面截开（图 2-9c），考虑图示隔离体的平衡。由平衡方程

$$\sum F_{iy} = 0, \quad 2b\delta\sigma_t - bDq = 0$$

可得

$$\sigma_t = \frac{qD}{2\delta} = 2\sigma_x \qquad\qquad (2\text{-}6)$$

式(2-6)即为工程中圆柱薄壁容器应力计算公式。

[讨论]

上式说明薄壁管道纵向截面比横截面易裂开。

2.4　轴向拉伸与压缩时的变形及刚度条件

2.4.1　轴向变形——胡克定律

直杆受轴向拉力或压力作用时，杆件会产生轴线方向的伸长或缩短，如图 2-10 所示，原长为 l 的等直杆，受拉后杆长变为 l_1，杆的轴向伸长为

$$\Delta l = l_1 - l \tag{a}$$

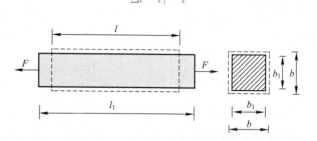

图 2-10　轴向与横向变形图

Δl 称为杆的轴向绝对线变形。线变形 Δl 与杆件原长 l 之比，表示单位长度内的线变形，又称为轴向线应变(linear strain)，以符号 ε 表示，即

$$\varepsilon = \frac{\Delta l}{l} \tag{b}$$

由式(a)、式(b)可见，拉伸时，Δl 和 ε 均为正值，而在压缩时均为负值。

实验表明，工程中使用的大多数材料都有一个线弹性范围。在此范围内，轴向拉(压)杆的伸长(或缩短)Δl 与轴力 F_N、杆长 l 呈正比，而与横截面面积 A 成反比，引入比例常数 E，即为

$$\Delta l = \frac{F_N l}{EA} \tag{2-7}$$

这就是轴向拉伸或压缩时等直杆的轴向变形计算公式，通常称为胡克定律(hooke's Law)。

引入 $\sigma = \frac{F_N}{A}$，$\varepsilon = \frac{\Delta l}{l}$，可得到胡克定律另一表达式

$$\sigma = E\varepsilon \tag{2-8}$$

式(2-8)说明：当杆内应力未超过材料的比例极限 σ_p 时，横截面上的正应力 σ 与轴向线应变 ε 成正比。比例常数 E 称为材料的弹性模量(modulus of elasticity)，又称杨氏模量，其数值根据不同的材料，可由相关实验测定。E 的量纲与应力的量纲相同。弹性模量 E 表示材料抵抗弹性拉压变形能力的大小，E 值越大，则材料越不易产生伸长(缩短)变形。

式(2-7)中的 EA 称为杆件的抗拉(压)刚度(rigidity of tension or compression)，它表示杆件抵抗弹性拉压变形的能力。EA 值越大，即刚度越大。

2.4.2　横向变形——泊松比

实验表明，当杆件受拉伸而沿纵向伸长时，则横向收缩。图 2-10 所示杆件变形前横向尺寸为 b，变形后为 b_1，设横向线应变为 ε'，则

$$\varepsilon' = \frac{\Delta b}{b} = \frac{b_1 - b}{b}$$

显然，杆件受拉伸时，Δb 与 ε' 均为负值。实验证明，只要在线弹性范围内，材料的横向线应变 ε' 与轴向线应变 ε 成比例关系，即横向线应变 ε' 与轴向线应变 ε 之比的绝对值为一常数，即

$$\left|\frac{\varepsilon'}{\varepsilon}\right| = \nu \qquad (2-9)$$

比值 ν 定义为横向变形系数或泊松比（poisson's ratio），它是一个无量纲的量，其值随材料而异，可由实验测定。由于 ε' 与 ε 的符号大多是相反的，在线弹性范围内两者的关系可表示为

$$\varepsilon' = -\nu\varepsilon \qquad (2-10)$$

弹性模量 E 与泊松比 ν 是表示材料性质的两个弹性常数。一些常用材料的 E、ν 值列于表 2-2 中。

常用材料的弹性模量 E 和泊松比 ν 的约值 表 2-2

材料名称	E(GPa)	ν
Q235 钢	200～220	0.24～0.28
16Mn 钢	200	0.25～0.30
合金钢	210	0.28～0.32
铜及其合金	100～110	0.31～0.36
灰口铸铁	60～160	0.23～0.27
球墨铸铁	150～180	0.24～0.27
铝及其合金	72	0.33
钢及其合金	100～110	0.31～0.36
混凝土	15～36	0.16～0.20
木材	9～12(顺纹)	
橡胶	0.008	0.47～0.50

注：目前已有特殊的高分子材料，它的泊松比是负值。

【例题 2-3】 杆件受力如图 2-11(a)所示。设该杆的横截面积为 A，材料弹性模量 E，总长度为 $3l$，BC 段为刚体，试：

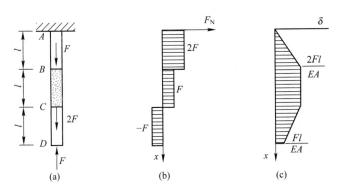

图 2-11 例题 2-3 图

（1）绘轴力图；

（2）计算变形：Δl_{AB}、Δl_{BC}、Δl_{CD}、Δl_{AD}；

（3）计算相对位移：δ_{B-A}、δ_{C-A}、δ_{D-A}、δ_{C-B}、δ_{B-D}、δ_{D-C}。

【解】 （1）绘轴力图如图 2-11(b)所示

（2）变形计算

$$\Delta l_{AB} = \frac{F_{NAB} l_{AB}}{EA} = \frac{2Fl}{EA} \quad \text{（伸长）}$$

$$\Delta l_{BC} = 0 \quad \text{（刚体）}$$

$$\Delta l_{CD} = \frac{F_{NCD} l_{CD}}{EA} = -\frac{Fl}{EA} \quad \text{（缩短）}$$

$$\Delta l_{AD} = \Delta l_{AB} + \Delta l_{BC} + \Delta l_{CD} = \frac{Fl}{EA}$$

（3）位移计算

$$\delta_{B-A} = \Delta l_{AB} = \frac{2Fl}{EA}$$

$$\delta_{C-A} = \Delta l_{AC} = \Delta l_{AB} + \Delta l_{BC} = \frac{2Fl}{EA}$$

$$\delta_{D-A} = \Delta l_{AD} = \Delta l_{AB} + \Delta l_{BC} + \Delta l_{CD} = \frac{Fl}{EA}$$

$$\delta_{C-B} = \Delta l_{BC} = 0$$

$$\delta_{B-D} = \Delta l_{BD} = \Delta l_{BC} + \Delta l_{CD} = -\frac{Fl}{EA}$$

$$\delta_{D-C} = \Delta l_{CD} = -\frac{Fl}{EA}$$

全杆各截面相对 A 截面的位移沿杆轴的变化规律如图 2-11(c)所示。

[讨论]

1. 变形和位移是两个不同的概念。变形与内力是相互依存的，而位移与内力之间并不一定有依存关系。例如，杆件 BC 段的变形 $\Delta l_{BC} = 0$，但是 BC 段各截面相对于杆件其他各段的横截面却都存在位移。

2. 变形是绝对的，而位移是相对的。Δl_{AB}，Δl_{BC}，…均表示各段的绝对变形，而位移是相对于某一截面而言的。例如，同一个 C 截面，相对于 A 截面的位移为 $\delta_{C-A} = \frac{2Fl}{EA}$，相对于 D 截面的位移为 $\delta_{C-D} = \Delta l_{CD} = -\frac{Fl}{EA}$。

【例题 2-4】 结构受荷载作用如图 2-12(a)所示，已知杆 AB 和杆 BC 的抗拉刚度为 EA。试求节点 B 的水平及铅垂位移。

【解】 （1）轴力计算

设两杆均受拉力，由节点 B（图 2-12b）的平衡条件

$$\sum F_{ix} = 0, \quad F_{N2} \cos 45° - F_{N1} = 0$$

$$\sum F_{iy} = 0, \quad F_{N2} \sin 45° - F = 0$$

解得 $\qquad F_{N1} = F\text{（拉）}, \quad F_{N2} = \sqrt{2}F \quad \text{（拉）}$

（2）变形计算

AB 杆：
$$\Delta l_1 = \frac{F_{N1} l_1}{EA} = \frac{Fa}{EA} \quad \text{（伸长）}$$

BC 杆：$$\Delta l_2 = \frac{F_{N2}l_2}{EA} = \frac{\sqrt{2}F\sqrt{2}a}{EA} = \frac{2Fa}{EA} \quad （伸长）$$

（3）节点 B 的位移计算

结构变形后，两杆仍应相交在一点，这就是变形协调条件，根据变形协调条件，可画出结构的变形图（图 2-12c），因为 AB 杆受的是拉力，所以沿 AB 的延长线量取 BB_1 等于 Δl_1；同理，CB 杆受的也是拉力，所以沿杆 CB 的延长线量取 BB_2 等于 Δl_2，分别在点 B_1 和 B_2 处作 BB_1 和 BB_2 的垂线，两垂线的交点 B' 为结构变形后节点 B 应有的新位置。即结构变形后成为 $AB'C$ 的形状。图 2-12(c)称为结构的变形图。

为了求节点 B 的位置，也可以单独作出节点 B 的位移图。位移图的做法和结构变形图的做法相似，如图 2-12(d)所示。

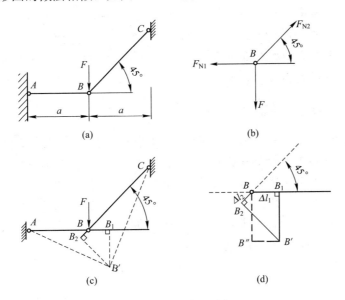

图 2-12 例题 2-4 图

结构变形图和节点位移图，在计算节点位移中是等价的。在今后的计算中，可根据情况选作其中一图。

由位移图的几何关系可得

水平位移 $$\delta_{Bx} = BB_1 = \Delta l_1 = \frac{Fa}{EA} \quad （\rightarrow）$$

垂直位移 $$\delta_{By} = BB'' = \frac{\Delta l_2}{\sin45°} + \Delta l_1\tan45°$$

$$= \sqrt{2}\frac{2Fa}{EA} + \frac{Fa}{EA} = (1+2\sqrt{2})\frac{Fa}{EA} \quad （\downarrow）$$

［讨论］

画结构变形图或节点位移图时，杆件受拉力，则在延长线上画伸长变形；杆件受压力则画缩短变形。由于我们在画节点位移图时，是按杆件的伸长或缩短的实际情况绘制的，即在画节点位移图时已考虑了是拉伸还是压缩这一现实，所以，在节点位移图中各线段之间的关系仅是一般的几何关系，计算位移时，只要代之以各杆伸长或缩短的绝对值就可以了。

思考：上面画节点位移图时，为什么要在点 B_1 和 B_2 处分别作 BB_1 和 BB_2 的垂线？

2.5　材料的力学性能　安全系数和许用应力

前面讨论杆件在拉伸或压缩时的内力、应力和变形的问题时，涉及一些反映材料力学性能的弹性常数，如材料的弹性模量 E 和泊松比 ν 等。

为了解决杆件的强度、刚度和稳定三大问题，还必须研究材料的力学性能(mechanical Property)。所谓材料的力学性能，是指材料从开始受力到最后破坏的整个过程中，在变形和强度方面所表现出来的特征。不同的材料具有不同的力学性能，它们各自的力学性能均可通过材料试验来测定。

下面将着重介绍材料在常温静载下的拉伸与压缩试验，这也是研究材料力学性能最常用和最基本的试验。

2.5.1　试件与试验装置

由于材料的某些性能与试件的尺寸及形状有关，为了使试验结果能互相比较，在做拉伸试验和压缩试验时，将材料按国家标准制成标准试件。

拉伸试验常用的是如图 2-13(a)所示圆形截面试件。试件中部等截面段的直径为 d，试件中段用来测量变形的工作长度为 l(又称标距)。标距 l 与直径 d 的比例规定为 $l=10d$ 或 $l=5d$。标准压缩试件通常采用圆形截面的短柱体(图 2-13b)。l/d 或 l/b 规定为 1～3.5。

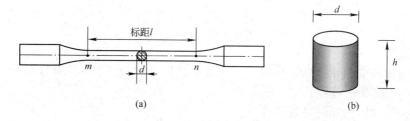

图 2-13　标准拉伸与压缩试件
(a)标准拉伸试件；(b)标准压缩试件

拉压试验的主要设备有两部分。一是加力与测力的设备，常用的是液压万能试验机(图 2-14a)；二是测量变形的仪器，常用的有球铰式引伸仪、杠杆变形仪、变形传感器(图 2-14b)、电阻应变仪；也有用计算机操作、控制、绘图的试验机，这种试验机简称为电拉。

试验时，将试件装入试验机夹头或置于承压平台上。开动试验机对试件施加拉力或压力 F，F 的大小可由试验机的测量装置读出。而试件的标距 l 的伸长或缩短变形 Δl 可用相应的变形仪来测定。测试过程见图 2-15。

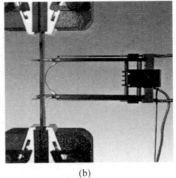

(a)   (b)

图 2-14　材料试件及试验装置

(a)试验装置；(b)变形传感器

　　若以力 F 为纵坐标，变形 Δl 为横坐标，由试验过程中所测得的一系列数据可画出 F-Δl 曲线。这种曲线称为试件的拉伸图或压缩图。一般的万能试验机上都备有绘图仪器，能自动绘出此曲线(图 2-15)。

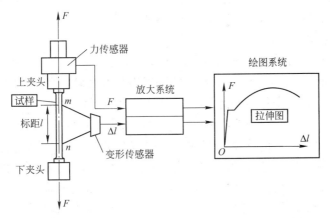

二维码2 虚拟仿真拉伸实验

图 2-15　试验装置的连接示意图

2.5.2　低碳钢在拉伸时的力学性能

1. 拉伸图——应力-应变图

　　低碳钢是工程中使用较广泛的一种材料，它的力学性能具有典型性，常用来说明钢材的一些特性。图 2-15 中的拉伸图(tensile diagram)是低碳钢试件的拉伸图，它描述了试件从开始加载直至断裂的全过程中力与变形的关系，即 F-Δl 曲线。

　　显然，拉伸图中 F 与 Δl 的关系与试件尺寸有关。例如，如果将标距 l 加大，则同一荷载 F 所引起的伸长 Δl 也要变大。因此，为了消除试件尺寸的影响，获得反映材料固有特性的关系曲线，通常以正应力 $\sigma = F_{\mathrm{N}}/A$ 为纵坐标，而以应变 $\varepsilon = \Delta l/l$ 为横坐标，从而将拉伸试验的 F-Δl 曲线改画成 σ-ε 曲线(图 2-16)，该曲线称为应力-应变图(stress-strain diagram)。它的形状与拉伸图相似。

23

24

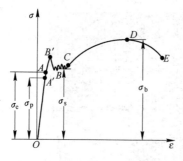

图 2-16　低碳钢 σ-ε 曲线

2. 低碳钢在拉伸过程中的四个阶段

(1) 弹性阶段 OA

应力应变曲线上的 OA' 段称为材料的线弹性阶段。在此阶段内，可以认为变形完全是弹性的，即在此阶段内若将荷载卸去，则变形将完全消失，变形阶段内的 OA' 段为直线，在此范围内，应力 σ 与应变 ε 成正比，材料服从胡克定律，即 $\sigma=E\varepsilon$。此时，OA' 直线的斜率 $\tan\alpha=\sigma/\varepsilon=E$，它就是材料的弹性模量，因此，材料的弹性模量可以通过拉伸试验测得。A' 点所对应的应力值称为比例极限（proportional limit），用 σ_p 表示。低碳钢的比例极限约为 200MPa。

过 A' 点后，从 A' 点到 A 点应力-应变曲线开始微弯，称为非线性，弹性区在此范围内，σ 与 ε 不再成正比。对应于弹性阶段最高点 A 点的应力称为弹性极限（elastic limit），用 σ_e 表示。弹性极限 σ_e 和比例极限 σ_p 的意义并不相同，但由试验测得的结果表明，两者的数值非常接近，很难严格区分。

(2) 屈服阶段 AC

当应力超过弹性极限 σ_e 以后，σ-ε 曲线逐渐变弯。过 A 点后，应变迅速增加，σ-ε 曲线上呈现出接近于水平的"锯齿"形线段，这说明应力在很小的范围内波动，而应变却急剧地增大，此时材料好像对外力屈服了一样，所以此阶段称为屈服阶段（yielding stage）或流动阶段。屈服阶段最高点 B' 对应的应力称为上屈服点，最低点对应的应力称为下屈服点。试验表明，上屈服点的数值受加载速度、试件的形式和截面的形状等因素影响，不太稳定；而下屈服点比较稳定，它代表材料抵抗屈服的能力，所以通常取下屈服点（图 2-16 中 B 点）作为材料的屈服极限（yield limit），以 σ_s 表示。低碳钢的屈服极限约为 240MPa。

在屈服阶段内，如果试件表面抛光，则可以看到在其表面出现许多倾斜的条纹，这些条纹与试件轴线的夹角约 45°，这些条纹通常称为滑移线（slip lines），如图 2-17 所示。这是材料内部的晶格之间发生相互滑移而引起的，晶格间的滑移是产生塑性变形的根本原因。在轴向拉伸时，与杆轴呈 45° 的斜截面上存在最大切应力 τ_{max}，所以滑移线与 τ_{max} 密切相关。

晶格滑移所引起的变形是塑性变形，若在屈服阶段卸除荷载，则在试件上会有显著的残余变形存在。由于工程中一般不允许构件出现明显的塑性变形，所以对于低碳钢这类塑性材料来说，屈服极限 σ_s 是衡量材料强度的一个重要指标。

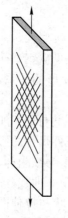

图 2-17　滑移线图

(3) 强化阶段 CD

经过屈服阶段后，材料内部的晶格组织起了变化，使材料重新产生了抵抗变形的能力。图 2-16 中，从 C 点开始，σ-ε 曲线又继续上升，到达 D 点时，与之对应的应力达到最大值。材料经过屈服阶段后抵抗变形能力增加的这种现象称为材料的强化，这个阶段称为强化阶段（strengthing stage）（工程中的冷拔钢筋，就是应用这个原理提高抗拉强度）。最高点 D 对应的应力称为强度极限，用 σ_b 表示。低碳钢的强度极限约为 400MPa。

（4）颈缩阶段 DE

应力达到强度极限 σ_b 之后，试件的变形开始集中在最弱横截面附近的局部区域内，使该区域的横截面面积急剧缩小，出现颈缩（necking）现象，如图 2-18(a)所示。

由于局部区域横截面面积的显著减小，试件继续变形所需的荷载也随之下降，直到试件在颈缩处断裂。图 2-16 中 DE 段称为颈缩阶段（necking stage）。试件拉断后，断口呈杯锥状，即断口的一头向内凹而另一头则向外凸，如图 2-18(b)所示。

(a)   (b)

图 2-18 颈缩现象及断口状

3. 塑性指标——延伸率与截面收缩率

试件断裂后，弹性变形消失，塑性变形则保留了下来。工程中用试件拉断后遗留下来的变形情况来表示材料的塑性性能。常用的塑性指标有两个：一个是延伸率（persentage of elongation）δ，一个是截面收缩率（persentage of cross-section）ψ。将拉断的试件拼合起来，量出断裂后的标距长度 l_1 和断裂处的最小横截面面积 A_1，然后分别用下式进行计算

延伸率 $$\delta = \frac{l_1 - l}{l} \times 100\% \tag{2-11}$$

截面收缩率 $$\psi = \frac{A - A_1}{A} \times 100\% \tag{2-12}$$

式中 l——试件标距原长；

     l_1——试件断裂后的标距长度；

     A——试件原来的横截面面积；

     A_1——试件断裂后断口处的最小横截面面积。

低碳钢的延伸率约为 $\delta = 20\% \sim 30\%$；截面收缩率约为 $\psi = 50\% \sim 60\%$。延伸率和截面收缩率是衡量材料塑性的重要指标。延伸率、截面收缩率越大，说明材料的塑性越好。在工程中一般把 $\delta > 5\%$ 的材料称为塑性材料，如低碳钢、铜、铝等；把 $\delta \leqslant 5\%$ 的材料称为脆性材料，如铸铁、砖石、混凝土等。

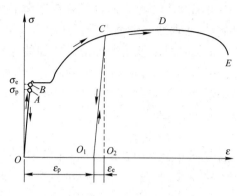

图 2-19 低碳钢的卸载规律图

4. 卸载规律与冷作硬化

若对试件加载到超过屈服阶段后的某应力值，如图 2-19 中的 C 点，然后逐渐将荷载卸除，则卸载路径几乎沿着与 OA 平行的直线 CO_1 回到 ε 轴上的 O_1 点。这说明：在卸载过程中，应力和应变之间呈直线关系，这就是材料的卸载规律。荷载全部卸去后，图 2-19 中 O_1O_2 是消失的弹性应变 ε_e，而 OO_1 则是残留下来的塑性应变 ε_p。

此时，若立即进行第二次加载，则应力-应变曲线将沿 O_1C 发展，到 C 点后即折向 CDE，直到 E 点试件被拉断。

这表明：在常温下将材料预拉到超过屈服极限后卸除荷载，再次加载时，材料的比例极限将得到提高，而断裂时的塑性变形将降低，这种现象称为冷作硬化(cold hardening)或加工硬化。工程中一方面利用钢材的冷作硬化特性，提高构件在弹性范围的承载能力，如对钢筋和起重钢缆进行冷拉处理；另一方面也要消除其不利的一面，如冷轧钢板和冷拔钢丝时，由于加工硬化，材料变硬变脆，使继续加工困难，而且容易产生裂纹；同时冷作硬化对承受冲击或振动荷载的构件也是不利的，可用退火热处理消除材料的冷作硬化效应。

2.5.3 其他材料在拉伸时的力学性能

前面着重地讨论了塑性材料低碳钢的拉伸性能，对于其他的塑性材料和脆性材料的拉伸试验，做法基本相同。图 2-20(a)给出了常用的一些材料的 σ-ε 图。

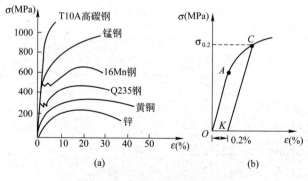

图 2-20 常用材料的 σ-ε 曲线

图 2-20(a)中 16Mn 和低碳钢一样，有明显的弹性阶段、屈服阶段、强化阶段和颈缩阶段。有些材料如铜和锌则没有屈服阶段，但有其他三个阶段。还有些材料如高碳钢，只有弹性阶段和强化阶段，而没有屈服和颈缩阶段。

对于没有明显屈服阶段的材料，在工程中规定，以试件产生 0.2% 的残余变形时的应力作为屈服极限，称为名义屈服极限（offset yielding stress），以 $\sigma_{0.2}$ 表示，如图 2-20(b) 所示。

铸铁的拉伸过程具有以下特征：

①拉伸图（图 2-21a）无明显的直线段；②拉伸图无屈服阶段；③无颈缩现象；④延伸率很小。

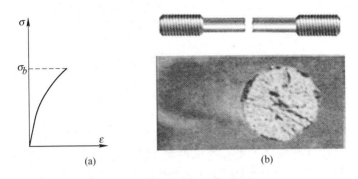

图 2-21　铸铁拉伸图和断口

所以铸铁的抗拉强度很低，延伸率 δ 远小于 5%，属脆性材料。其拉断后无明显的变形，且断口粗糙（图 2-21b）。

而玻璃钢的特点是：几乎到拉断时，都呈直线，即弹性阶段一直延续到几乎断裂。

2.5.4　塑性材料和脆性材料在压缩时的力学性能

低碳钢是典型的塑性材料，其压缩时的 σ-ε 曲线如图 2-22 所示。最初阶段应力与应变呈正比关系，其压缩时的弹性模量 E、比例极限 σ_p 及屈服极限 σ_s 都与拉伸时基本相同。

当应力超过屈服极限后，试件产生显著的横向塑性变形，随着压力的不断增加，试件越压越扁，由

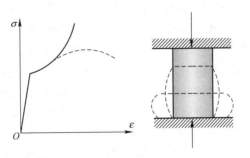

图 2-22　低碳钢压缩时的 σ-ε 曲线

于承压面的摩擦力使两端的横向变形受阻，而使试件变成鼓形。随着荷载的增加，横截面越压越大，最后压成饼形，因而得不到其强度极限。

铸铁是典型的脆性材料，其压缩时的 σ-ε 曲线如图 2-23(a) 所示。铸铁的抗压强度极限远比抗拉时高，残余变形比抗拉时大，破坏形状大致如图 2-23(b) 所示，沿与试件轴线呈 55°～60° 角的斜截面发生断裂。

对于其他脆性材料如石料、混凝土等的压缩试验表明，抗压能力都要比抗拉能力大得多。故工程中一般都把它们用作受压构件或用作拱桥、隧道拱顶的材料。

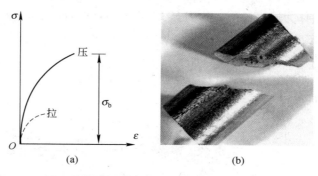

图 2-23 铸铁压缩时的 σ-ε 曲线和破坏形状

2.5.5 两类材料的力学性能比较

工程上一般根据常温、静载下拉伸试验的伸长率的大小，将材料大致分为塑性材料和脆性材料两大类。这里再用低碳钢作为塑性材料的代表，铸铁作为脆性材料的代表，将两类材料在力学性能上的主要差别归纳如下：

（1）变形方面

塑性材料在破坏前有较大的塑性变形，一般都有屈服阶段；脆性材料则没有屈服现象，并在变形不大的情况下就发生断裂。

（2）强度方面

塑性材料在拉伸和压缩时抵抗屈服的能力是相等的，但脆性材料的抗压强度远比抗拉强度大。因此脆性材料宜用于承压构件，而塑性材料既可用于受拉构件，也可用于承压构件。

（3）抗冲击方面

试件拉断前，塑性材料显著的塑性变形使其 σ-ε 曲线下的面积远大于脆性材料相应的面积。可见，使塑性材料试件破坏所需要的功远大于使脆性材料相同规格试件破坏所需的功。由于使试件破坏所需功的大小可以用来衡量试件材料抗冲击性能的高低，故塑性材料抵抗冲击的性能一般要比脆性材料好得多。所以，对承受冲击或振动的构件，宜采用塑性材料。

（4）对应力集中的敏感性

当杆件上有圆孔（图 2-24a）、凹槽时，受力后，在截面突变处的附近，有应力集中（stress concentration）现象。如圆孔边缘处的最大应力要比平均应力高得多（图 2-24b）。

对于塑性材料来说，因为有较长的屈服阶段，所以在孔边最大应力到达屈服极限时（加力到 F_1），若继续加力（到 F_2），圆孔边缘的应力仍为屈服极限值，所以应力并不增加，所增加的外力只使屈服区域不断扩展。显然塑性材料的屈服阶段，对于应力集中起着应力平均化（重分布）的作用。因此，塑性材料对应力集中不敏感。对于脆性材料，随着外力的增加，孔边应力也急剧地上升并始终

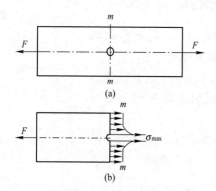

图 2-24 有孔塑性材料杆件横截面上应力变化

保持最大值，当达到强度极限时，该处首先破裂。因此，脆性材料对于应力集中十分敏感，应力集中使脆性材料的承载能力显著降低，即使在静载下，也应考虑应力集中对构件强度的影响。

必须指出，通常所说的塑性材料和脆性材料，是根据常温、静载下拉伸试验所得的伸长率的大小来区分的。但是材料的塑性和脆性是随外界条件(如温度、应变速率、应力状态等)而互相转化的。例如，在常温、静载下塑性很好的低碳钢在低温、高速荷载下会发生脆性破坏。所以，材料的塑性和脆性是相对的、有条件的。

现在工程应用中材料已有很多种，各种高分子材料如增强 ABS、增强尼龙、碳纤维、记忆金属等，它们的力学性能可参阅相关材料手册。

2.5.6 材料的极限应力、许用应力与安全系数

通过材料的拉伸(压缩)试验可以看到，当正应力到达强度极限 σ_b 时，就会引起断裂，当正应力到达屈服极限 σ_s 时，试件就会产生显著的塑性变形。一般情况下，为保证工程结构能正常工作，则要求组成结构的每一构件既不发生断裂，也不产生过大的变形。因此，工程中把材料断裂或产生塑性变形时的应力统称为材料的极限应力(limit stress)，用 σ^0 表示。

对于脆性材料，因为没有屈服阶段，在变形很小的情况下就发生断裂破坏，只有一个强度指标，即强度极限 σ_b。因此，通常以强度极限作为脆性材料的极限应力，即 $\sigma^0 = \sigma_b$。对于塑性材料，一旦屈服就会产生显著的塑性变形，所以通常以屈服极限作为塑性材料的极限应力，即 $\sigma^0 = \sigma_s$。

为了保证构件能够正常工作，构件的工作应力必须低于材料的极限应力，同时应有必要的安全储备。因此，强度公式(2-5)中材料的许用应力$[\sigma]$等于极限应力 σ^0 除以一个数值大于1的安全系数(factor of safety)n，即

$$[\sigma] = \frac{\sigma^0}{n} \tag{2-13}$$

由上述分析可知，塑性材料的许用应力$[\sigma] = \dfrac{\sigma_s}{n_s}$，脆性材料的许用应力$[\sigma] = \dfrac{\sigma_b}{n_b}$。

安全系数 n 的取值，直接影响到许用应力的高低。如果许用应力定得太高，即安全系数偏低，结构偏于危险；反之，则材料的强度不能充分发挥，造成浪费，所以，安全系数成为使用材料的安全与经济的矛盾中的关键。正确选取安全系数是一个很重要的问题，一般要考虑以下一些因素：

(1) 材料的不均匀性；

(2) 荷载估算的近似性；

(3) 计算理论及公式的近似性；

(4) 构件的工作条件、使用年限、可靠度要求等差异。

安全系数通常可在相关规范中查到。目前，在一般静载条件下，塑性材料可取 $n_s = 1.2 \sim 2.5$，脆性材料可取 $n_b = 2 \sim 5$。随着材料质量和施工方法的

不断改进，计算理论和设计方法的不断完善，安全系数的选择将会日趋合理。

【例题 2-5】 结构受力如图 2-25(a)所示。BD 杆可视为刚体，AB 和 CD 两杆的横截面面积分别为 $A_1 = 150\text{mm}^2$，$A_2 = 400\text{mm}^2$，其材料的应力-应变曲线表示于图 2-25(b)中。求(1) 当 F 到达何值时，BD 杆开始明显倾斜(以 AB 杆或 BC 杆中的应力到达屈服极限时作为杆件产生明显变形的标志)？(2)若设计要求安全系数 $n=2$，试求结构能承受的许用荷载 $[F]$。

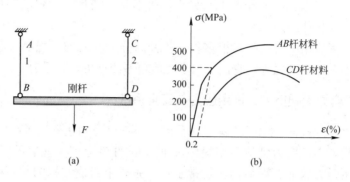

图 2-25 例题 2-5 图

【解】 (1) 求 BD 杆开始明显倾斜的 F 值

(a) AB 杆：由图 2-25(b)可知，AB 杆是塑性材料，它由于没有明显的屈服阶段，因此以名义屈服极限 $\sigma_{0.2}$ 作为它的屈服极限。由图可知 $\sigma_{0.2} = \sigma_s = 400\text{MPa}$。则由 $\sigma = \dfrac{F_{N_1}}{A_1} = \sigma_s$，得

$$F_{N_1} = \sigma_s A_1 = 400 \times 10^6 \times 150 \times 10^{-6} = 60\text{kN}$$

相应的外荷载为
$$F_1 = 2F_{N_1} = 2 \times 60 = 120\text{kN}$$

(b) CD 杆：由图 2-25(b)可知，CD 杆的屈服极限 $\sigma_s = 200\text{MPa}$，得

$$F_{N_2} = \sigma_s A_2 = 200 \times 10^6 \times 400 \times 10^{-6} = 80\text{kN}$$

相应的外荷载为
$$F_2 = 2F_{N_2} = 2 \times 80 = 160\text{kN}$$

(c) 由以上计算可知，当外力 $F = F_1 = 120\text{kN}$ 时，AB 杆内的应力首先达到材料的屈服极限，这时 AB 杆将开始产生显著的变形(伸长)，BD 杆则开始明显地向左倾斜。

(2) 计算许用荷载 $[F]$

(a) AB 杆的强度计算

AB 杆的许用应力
$$[\sigma_1] = \frac{\sigma^0}{n} = \frac{\sigma_{0.2}}{n} = \frac{400}{2} = 200\text{MPa}$$

AB 杆的许用轴力
$$[F_{N1}] = [\sigma_1]A_1 = 200 \times 10^6 \times 150 \times 10^{-6} = 30\text{kN}$$

相应的结构许用荷载为
$$[F_1] = 2[F_{N1}] = 2 \times 30 = 60\text{kN}$$

(b) CD 杆的强度计算

CD 杆的许用应力
$$[\sigma_2] = \frac{\sigma^0}{n} = \frac{\sigma_s}{n} = \frac{200}{2} = 100\text{MPa}$$

CD 杆的许用轴力
$$[F_{N2}] = [\sigma_2]A_2 = 100 \times 10^6 \times 400 \times 10^{-6} = 40\text{kN}$$

相应的结构许用荷载为 $\qquad [F_2]=2[F_{N2}]A_2=2\times40=80\mathrm{kN}$

由以上计算可知，该结构的许用荷载$[F]=60\mathrm{kN}$，它是由 AB 杆的强度条件所确定的。

2.6 简单拉压超静定问题

2.6.1 超静定问题的提出及求解方法

在前面讨论的问题中，杆件的内力或杆系结构的约束反力只需根据静力平衡方程就可以确定，这类问题称为静定问题(statically determinate problem)。

工程上也常遇到另一类结构，其约束反力或杆件内力的数目超过静力平衡方程的数目，单凭静力平衡方程不能求出全部未知力，这类问题称为超静定问题(statically indeterminate problem)。未知力的数目与独立的平衡方程数目之差值，称为超静定数(degree of statically indeterminate problem)。

为了求出超静定结构的全部未知力，除利用平衡方程外，必须同时考虑结构的变形情况以建立补充方程，并使补充方程的数目等于超静定数。结构在正常使用的情况下，各部分的变形之间必然存在一定的几何关系，称为变形协调条件(condition of deformation compatibility)。解超静定问题的关键在于根据变形协调条件写出变形几何方程(geometrically equation of deformation)。将杆件的变形与内力之间的物理关系即胡克定律代入变形几何关系的补充方程。

求解拉压超静定问题时，一般可按以下步骤进行：

(1) 根据约束的性质画出杆件或节点的受力图；

(2) 根据静力平衡条件列出所有独立的静力平衡方程；

(3) 画出杆件或杆系节点的变形-位移图；

(4) 根据变形几何关系图建立变形几何关系的补充方程；

(5) 将静力平衡方程与补充方程联立，解出全部的约束反力或杆件的内力。

应该指出的是，在超静定汇交杆系中，各杆的内力是受拉还是受压在解题前往往是未知的。为此，在绘受力图时，可假定各杆均受拉力，并以此方法画受力图、列出静力平衡方程；根据杆件变形与内力一致的原则，绘制节点位移图，建立几何关系方程。最后解得的结果若为正，则表示杆件的轴力与假设的一致；若为负，则表示杆件中轴力与假设的相反。

【例题 2-6】 如图 2-26(a)所示结构中三杆的截面和材料均相同。若 $F=60\mathrm{kN}$，$[\sigma]=140\mathrm{MPa}$，试计算各杆所需的横截面面积。

【解】 这是一次超静定问题。

(1) 画出 A 点的受力图(图 2-26b)

静力平衡方程

$$\sum F_{ix}=0,\quad F_{N1}-F_{N2}\cos30°=0 \qquad\qquad (\text{a})$$

$$\sum F_{iy}=0, \quad F_{N3}+F_{N2}\sin30°-F=0 \tag{b}$$

（2）画节点 A 的位移图

根据内力和变形一致的原则，绘 A 点位移图如图 2-26(c)所示。

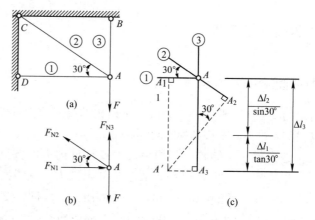

图 2-26　例题 2-6 图

（3）建立变形方程

根据 A 点位移图的几何关系，变形方程为

$$\Delta l_3=\frac{\Delta l_2}{\sin30°}+\frac{\Delta l_1}{\tan30°}$$

即

$$\Delta l_3=2\Delta l_2+\sqrt{3}\Delta l_1$$

（4）建立补充方程

由胡克定律

$$\Delta l_3=\frac{F_{N3}l_3}{EA}$$

$$\Delta l_2=\frac{F_{N2}l_2}{EA}=\frac{F_{N2}\times2l_3}{EA}$$

$$\Delta l_1=\frac{F_{N1}l_1}{EA}=\frac{F_{N1}\times\sqrt{3}l_3}{EA}$$

代入变形方程得补充方程

$$\frac{F_{N3}l_3}{EA}=\frac{F_{N2}\times2l_3}{EA}+\frac{F_{N1}\times\sqrt{3}l_3}{EA}\times\sqrt{3}$$

得

$$F_{N3}=4F_{N2}+3F_{N1} \tag{c}$$

联立式(a)、式(b)、式(c)，解得各杆的轴力分别为

$$F_{N1}=7.32\text{kN（压）}$$

$$F_{N2}=8.45\text{kN（拉）}$$

$$F_{N3}=55.8\text{kN（拉）}$$

（5）各杆的横截面面积计算

根据题意，三杆面积相同，由杆③的强度条件 $\sigma_3=\dfrac{F_{N3}}{A_3}\leqslant[\sigma]$

得 $$A_3 = \frac{F_{N3}}{[\sigma]} = \frac{55.8 \times 10^3}{140 \times 10^6} = 398 \times 10^{-6} \, m^2 = 398 mm^2$$

即 $$A_1 = A_2 = A_3 = 398 mm^2$$

[讨论]

由于在超静定结构中各杆件的内力分配与各杆件之间的相对刚度有关，因此，在超静定结构中求解杆件的内力，必须已知结构中各杆件之间的刚度比值。本例题中，各杆的刚度（材料和截面）是相同的，设计所需的横截面面积应是相等的。

2.6.2 装配应力

杆件在制造过程中，其尺寸有微小的误差是在所难免的。对于静定结构，这种微小的误差只是引起结构的几何形状的极小改变，而不会在各杆中产生内力。

如图 2-27(a)所示的两根长度相同的杆件组成一个简单结构，若由于两根杆制成后的长度（图中虚线表示）均比设计长度（图中实线表示）超出了 δ，在装配好以后，只是两杆原应有的交点 C 下移一个微小的距离 Δ 至 C' 点，两杆的夹角略有改变，但两杆不会因尺寸误差产生内力。

对于超静定结构，情况就不同了。如图 2-27(b)所示的超静定桁架，若两斜杆的长度制造得不精确，均比设计长度长些，这样就使三杆交不到一起，而实际装配往往强行完成，装配后的结构形状如图 2-27(b)中的虚线所示。设三杆交于 C''（介于 C 及 C' 之间），由于各杆长度都有所变化，显然在结构完成装配但尚未承载时，各杆就已经有了应力，这种应力称为装配应力(assembled stress)。根据变形协调条件建立变形几何方程，是计算装配应力的关键。下面以实例说明。

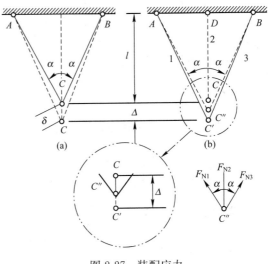

图 2-27 装配应力

【例题 2-7】 图 2-28(a)所示构架，三根杆件由同一材料制成。各杆的横截面面积分别为 $A_1 = 400 cm^2$，$A_2 = 200 cm^2$，$A_3 = 300 cm^2$。因加工不精确，杆 1 比设计长度长了 Δ。结构被强行安装后，节点 B 处承受铅垂力 $F = 50 kN$。试列出求解三杆内力所需的方程。

【解】 (1) 画节点 B 的受力图

结构强行安装并承载后，假设三杆均受拉力，节点 B 的受力如图 2-28(b)所示。

(2) 列静力平衡方程

$$\sum F_{ix} = 0, \quad (F_{N1} + F_{N2})\cos 30° + F_{N3} = 0 \qquad (a)$$

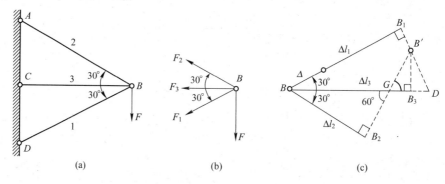

图 2-28　例题 2-7 图

$$\sum F_{iy}=0,\quad (F_{N2}-F_{N1})\sin30°-F=0 \tag{b}$$

（3）画节点 B 的位移图

节点 B 的位移如图 2-28(c)所示，注意杆 1 的变形 $\overline{BB_1}$ 为 $\Delta l_1+\Delta$。

（4）建立变形几何关系

由 B 点的位移图可知：$\overline{BB_3}=\overline{BD}-\overline{B_3D}=\overline{BD}-\overline{B_3G}=\overline{BD}-(\overline{BB_3}-\overline{BG})$

即

$$\Delta l_3=\frac{\Delta l_1+\Delta}{\cos30°}-\left(\Delta l_3-\frac{\Delta l_2}{\cos30°}\right)$$

化简后得

$$\Delta l_3=\frac{\sqrt{3}}{3}(\Delta l_1+\Delta+\Delta l_2)$$

（5）建立补充方程

将物理关系 $\Delta l_1=\dfrac{F_{N1}l_1}{EA}$，$\Delta l_2=\dfrac{F_{N2}l_2}{EA}$，$\Delta l_3=\dfrac{F_{N3}l_3}{EA}$ 代入上面变形几何关系，化简后得补充方程

$$3F_{N3}-2(F_{N1}+F_{N2})=\frac{2\Delta EA}{l} \tag{c}$$

（a）、（b）、（c）三式即为求解三杆内力所必需的方程。

2.6.3　温度应力

实际工程中的构件常处于温度变化的环境下工作。如果杆内温度变化是均匀的，即同一截面上各点的温度变化相同，则直杆只发生伸长或缩短变形（热胀冷缩）。在静定结构中，杆件能自由伸缩，由温度变化引起的变形不会在杆中产生应力。但在超静定结构中，由于温度变化引起的伸缩变形要受到外界约束或各杆之间的相互约束的限制，杆件内将产生应力，这种应力称为温度应力（thermal stress）。根据变形协调条件建立变形几何方程，依然是计算温度应力的关键。

以 AB 杆为例，杆的两端固定，如图 2-29 所示，当温度由 t_1 升至 t_2 时，杆件就要膨胀，由于固定端的约束，在 AB 杆的两端将引起反力 F_{RA} 和 F_{RB}，

使杆件受到压缩。由平衡方程 $\sum F_{ix}=0$，得 $F_{RA}=F_{RB}=F_N$，两端的反力不能单独由平衡方程求得，所以这也是一个超静定问题，必须再补充一个方程式。

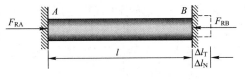

图 2-29　两端固定的直杆的温度应力

先假设移去 B 端约束，使杆件可以自由伸长，因温度的增加，杆件将伸长 Δl_T，由物理学可知

$$\Delta l_T=\alpha(t_2-t_1)l$$

式中　α——材料的线膨胀系数，表示温度改变 1℃ 时单位长度的伸缩，表 2-3 列出了几种常用材料的平均线膨胀系数。

几种材料的平均线膨胀系数（℃$^{-1}$）　　　　　　　　　表 2-3

材料名称	α（温度升高 1℃ 时单位长度的伸长）	材料名称	α（温度升高 1℃ 时单位长度的伸长）
钢	12.5×10^{-6}	混凝土	12.4×10^{-6}
铜	16.5×10^{-6}	砖	9×10^{-6}
铸铁	10.4×10^{-6}		

而杆件的膨胀 Δl_T，正好是受压力 F_N 后被压缩的长度 Δl_N，所以有 $\Delta l_T=\Delta l_N$，即

$$\alpha(t_2-t_1)l=\frac{F_N l}{EA}$$

解得

$$F_N=\alpha(t_2-t_1)EA$$

温度应力为

$$\sigma_t=\frac{F_N}{A}=\alpha E(t_2-t_1) \tag{2-14}$$

【例题 2-8】　简单构架如图 2-30（a）所示。A 点为铰接，可水平移动。当 AB 杆的温度升高 30℃ 时，试求两杆内横截面上的应力。已知两杆的面积均为 $A=1000\text{mm}^2$，材料的线膨胀系数 $\alpha=12\times10^{-6}/℃$，弹性模量 $E=200\text{GPa}$。

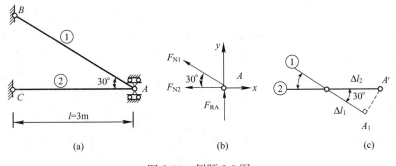

图 2-30　例题 2-8 图

【解】　（1）画出 A 点的受力图（图 2-30b）

因为节点 A 有三个未知力，而平面汇交力系只有两个独立的平衡方程，

所以本题为一次超静定问题。列 x 方向的静力平衡方程

$$\sum F_{ix}=0, \quad F_{N1}\cos30°+F_{N2}=0 \tag{a}$$

（2）画节点 A 的位移图（图 2-30c）

（3）建立变形方程

$$\Delta l_1=\Delta l_2\cos30°$$

（4）建立补充方程

$\Delta l_1=\Delta l_{N1}+\Delta l_T$，即杆①的伸长 Δl_1 由两部分组成，Δl_{N1} 表示由轴力 F_{N1} 引起的变形，Δl_T 表示温度升高引起的变形，因为 ΔT 升温，故 Δl_T 是正值。

$$\Delta l_1=\frac{F_N l_1}{EA}+\alpha\Delta T l_1=\frac{F_{N1}\times3.46}{200\times10^9\times1000\times10^{-6}}+12\times10^{-6}\times30\times3.46$$

$$\Delta l_2=\frac{F_{N2} l_2}{EA}=\frac{F_{N2}\times3}{200\times10^9\times1000\times10^{-6}}$$

代入变形方程得补充方程

$$\frac{F_{N1}\times3.46}{200\times10^9\times1000\times10^{-6}}+12\times10^{-6}\times30\times3.46=\frac{F_{N2}\times3}{200\times10^9\times1000\times10^{-6}}\times\cos30°$$

即

$$2.598 F_{N2}-3.46 F_{N1}=249\times10^3 \tag{b}$$

联立式(a)、式(b)，可求得 $F_{N1}=-43.6\text{kN}$（压）；$F_{N2}=37.8\text{kN}$（拉）。

（5）应力计算

$$\sigma_1=\frac{F_{N1}}{A}=\frac{43.6\times10^3}{1000\times10^{-6}}=43.6\text{MPa}（压应力）$$

$$\sigma_2=\frac{F_{N2}}{A}=\frac{37.8\times10^3}{1000\times10^{-6}}=37.8\text{MPa}（拉应力）$$

小结及学习指导

本章研究轴向拉(压)直杆横截面上的内力及应力计算、强度计算、变形及位移计算、材料在拉压时的力学性能以及简单拉压超静定问题的计算。

轴向拉伸与压缩变形是材料力学中最简单的一种基本变形，读者在学习的时候要注意其研究问题的方法。

深入理解轴向拉(压)杆的应力公式、变形公式的物理意义及其适用条件，注意变形和位移是两个不同的概念，变形与内力相互依存，位移与内力之间并不一定有依存关系。掌握通过强度条件解决实际问题(强度校核、设计截面和确定许用荷载)的方法。了解材料的力学性能及其主要力学指标的内容及测定方法，塑性材料和脆性材料的概念、性质及判别依据。

正确理解拉(压)超静定问题的概念及其解题方法很重要，这有助于读者深入理解本章内容，而且对后面各章及结构力学等后续课程的学习有帮助。

思考题

2-1　使用截面法时，不在集中荷载作用处截开，为什么？

2-2 两根直杆的长度和横截面面积均相同，两杆所受的轴向外力也相同，其中一根为钢杆，一根为木杆，试问：

(1) 两杆的内力是否相同？

(2) 两杆的应力是否相同？强度是否相同？

(3) 两杆的应变、伸长、刚度是否相同？

2-3 两根等截面直杆 AB 和 CD 均受自重作用，它们的材料和长度均相同，横截面面积分别为 $2A$ 和 A，垂直悬挂时，试问：

(1) 两杆的最大轴力是否相同？

(2) 两杆的最大应力是否相同？

(3) 两杆的最大应变是否相同？

2-4 变形和应变有何区别？变形和位移有何区别？杆件的总伸长若为零，那么杆内各点的应变是否也为零？杆内各点的位移是否也都等于零？

2-5 试述胡克定律及其适用范围，再述材料拉(压)弹性模量 E 及杆件抗拉(压)刚度 EA 的物理意义。

2-6 线变形量 Δl 有三个计算式：

(1) $\Delta l = \int_l \varepsilon \mathrm{d}l$； (2) $\Delta l = \int_l \dfrac{F_N}{EA}\mathrm{d}x$； (3) $\Delta l = \dfrac{F_N l}{EA}$

这三个计算式的适用范围有何区别？

2-7 度量材料的塑性性质有哪些主要指标？圆截面标准拉伸试样的标距 l 采用 $5d$ 和 $10d$，它对哪些塑性指标有影响？为什么？对于低碳钢材料，两种试样测得的延伸率哪个较大？

2-8 什么是弹性阶段？弹性极限和比例极限有何区别？

2-9 什么是强度条件？根据强度条件可以解决工程实际中的哪些问题？

习题

2-1 试作图 2-31 所示杆的轴力图。已知：$F_1 = 500\mathrm{N}$，$F_2 = 420\mathrm{N}$，$F_3 = 280\mathrm{N}$，$F_4 = 400\mathrm{N}$，$F_5 = 240\mathrm{N}$。

2-2 杆件的荷载和尺寸如图 2-32 所示。已知横截面面积 $A = 400\mathrm{mm}^2$。试：(1) 作轴力图；(2) 求各段杆横截面上的应力。

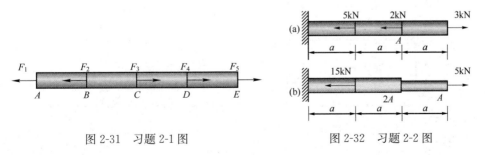

图 2-31 习题 2-1 图   图 2-32 习题 2-2 图

2-3 如图 2-33 所示，木杆的横截面为边长 $a = 200\mathrm{mm}$ 的正方形，在 BC 段开一长为 l，宽为 $a/2$ 的槽，杆件受力（$F = 10\mathrm{kN}$）如图所示。试绘全杆的轴力图，并求出各段横截面上的正应力(不考虑槽孔角点处应力集中的影响)。

2-4　木架受力如图 2-34 所示，已知两立柱横截面均为 $100\text{mm}\times100\text{mm}$ 的正方形，受力 $F_1=10\text{kN}$，$F_2=6\text{kN}$，$F_3=8\text{kN}$。试求：(1)绘左、右立柱的轴力图；(2)求左、右两立柱上、中、下三段内横截面上的正应力。

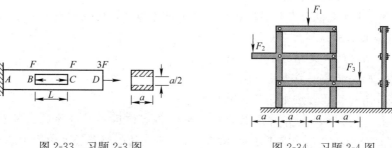

图 2-33　习题 2-3 图　　　　　　　　图 2-34　习题 2-4 图

2-5　图 2-35 所示压杆受轴向压力 $F=5\text{kN}$ 的作用，杆件的横截面面积 $A=100\text{mm}^2$。试求 $\alpha=0°$、$30°$、$45°$、$60°$、$90°$ 时各斜截面上的正应力和切应力，并分别用图表示。

2-6　直杆受力如图 2-36 所示。已知 $a=1\text{m}$，直杆的横截面面积为 $A=400\text{mm}^2$，材料的弹性模量 $E=2\times10^5\text{MPa}$。试求各段的伸长(或缩短)，并计算全杆的总伸长。

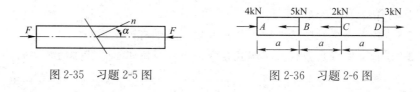

图 2-35　习题 2-5 图　　　　　　　　图 2-36　习题 2-6 图

2-7　图 2-37 所示结构中，梁 AB 为刚性杆。已知：AD 杆是钢杆，其面积 $A_1=1000\text{mm}^2$，弹性模量 $E_1=200\text{GPa}$；BE 杆是木杆，其面积 $A_2=10000\text{mm}^2$，弹性模量 $E_2=10\text{GPa}$；CH 杆是铜杆，其面积 $A_3=3000\text{mm}^2$，弹性模量 $E_3=100\text{GPa}$。设在 H 点处的作用力 $F=120\text{kN}$。试求：(1)C 点和 H 点的位移；(2)AD 杆的横截面面积扩大一倍时 C 点和 H 点的位移。

2-8　杆件受力如图 2-38 所示。

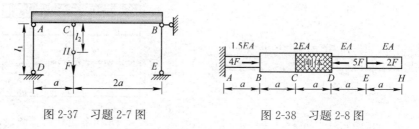

图 2-37　习题 2-7 图　　　　　　　　图 2-38　习题 2-8 图

(1)计算杆件中各段的变形及全杆的总变形；

(2)计算 B、C、D、E、H 各截面相对于 A 截面的位移 δ_{B-A}、δ_{C-A}、

δ_{D-A}、δ_{E-A}、δ_{H-A}；

（3）绘出全杆各截面相对于 A 截面的位移沿杆轴的变化规律图。

2-9 如图 2-39 所示，长度为 l，厚度为 δ 的平板，两端宽度分别为 b_1 和 b_2，弹性模量为 E，两端受轴向拉力 F 作用，求杆的总伸长。

2-10 如图 2-40 所示，长度为 l 的圆锥形杆，两端直径分别为 d_1 和 d_2，弹性模量为 E，两端受轴向拉力 F 作用，求杆的总伸长。

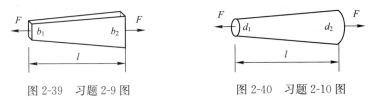

图 2-39 习题 2-9 图　　　　　　图 2-40 习题 2-10 图

2-11 图 2-41 所示的构架中，AB 为刚性杆，CD 杆的刚度为 EA，试求：
(1)CD 杆的伸长；(2)C、B 两点的位移。

2-12 一块厚10mm，宽200mm 的钢板，其截面被直径 $d=20$mm 的圆孔所削弱，圆孔的排列对称于杆的轴线，如图 2-42 所示。若轴向拉力 $F=200$kN，材料的许用应力 $[\sigma]=170$MPa，并假设削弱的截面上应力为均匀分布，试校核钢板的强度。

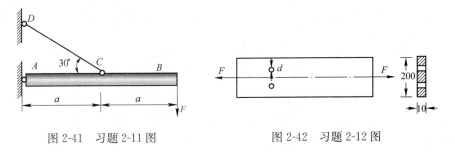

图 2-41 习题 2-11 图　　　　　图 2-42 习题 2-12 图

2-13 用绳索起吊重物如图 2-43 所示。已知重量 $W=10$kN，绳索的直径 $d=40$mm，许用应力 $[\sigma]=10$MPa，试校核绳索的强度。绳索的直径 d 应为多大则更经济？

2-14 如图 2-44 所示矩形截面拉伸试件，其宽度 $b=40$mm，厚度 $h=5$mm。每增加 5kN 拉力，测得轴向应变 $\varepsilon_1=120\times10^{-6}$，横向应变 $\varepsilon_2=-32\times10^{-6}$，试求材料的弹性模量 E 和泊松比 ν。

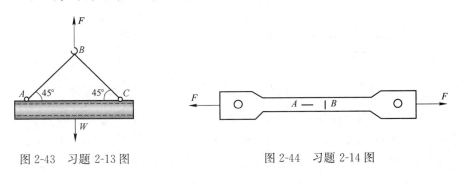

图 2-43 习题 2-13 图　　　　　图 2-44 习题 2-14 图

2-15　图 2-45 所示结构中 AC 杆的截面积为 $A_1 = 600\text{mm}^2$，材料的许用应力 $[\sigma]_1 = 160\text{MPa}$；$BC$ 杆的截面积为 $A_2 = 900\text{mm}^2$，材料的许用应力 $[\sigma]_2 = 100\text{MPa}$。试求结构的许用荷载 $[F]$。

2-16　结构受力如图 2-46 所示。各杆的材料和横截面面积均相同：$A = 200\text{mm}^2$，$E = 200\text{GPa}$，$\sigma_s = 280\text{MPa}$，$\sigma_b = 460\text{MPa}$。求：（1）当 $F = 50\text{kN}$ 时，试计算各杆中的线应变 ε_1、ε_2、ε_3 和节点 B 的水平位移 δ_{Bx}，竖直位移 δ_{By} 及总位移 δ_B；（2）当 $F = 40\text{kN}$ 时，结构的强度安全系数为多大？（3）结构可能发生断裂时的外荷载 F 为多大？

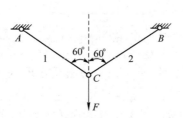

图 2-45　习题 2-15 图

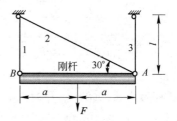

图 2-46　习题 2-16 图

2-17　图 2-47 所示的 AB 杆可视为刚性杆，结构承受荷载为 $F = 50\text{kN}$。设计要求强度安全系数 $n \geqslant 2$，并要求刚性杆只能向下平移而不能转动，竖向位移又不允许超过 1mm。试计算 AC 杆和 BD 杆所需的横截面面积。材料的力学性能如下：

AC 杆：$E = 200\text{GPa}$　$\sigma_s = 200\text{MPa}$　$\sigma_b = 400\text{MPa}$

BD 杆：$E = 200\text{GPa}$　$\sigma_s = 400\text{MPa}$　$\sigma_b = 600\text{MPa}$

2-18　一正方形的混凝土短柱，受轴向压力 F 的作用，如图 2-48 所示。柱高 l，截面每边长 $a = 400\text{mm}$。柱内埋有直径 $d = 30\text{mm}$ 的钢筋 4 根。已知柱受压后混凝土内横截面上的正应力 $\sigma_{混} = 6\text{MPa}$，试求钢筋中的应力和外部轴向压力 F 的值。假设钢筋与混凝土的弹性模量之比 $E_{钢}/E_{混} = 15$。

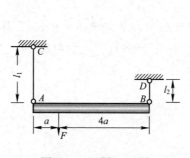

图 2-47　习题 2-17 图

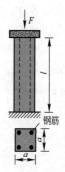

图 2-48　习题 2-18 图

2-19　有一结构受力如图 2-49 所示。水平梁 $ABCD$ 可视为刚性杆，杆 1 和杆 2 均采用 Q235 钢，材料的弹性模量 $E = 200\text{GPa}$，许用应力 $[\sigma] = 120\text{MPa}$。杆长均为 $l = 1\text{m}$，杆 1 的直径 $d_1 = 10\text{mm}$，杆 2 的直径 $d_2 = 20\text{mm}$。

试求结构的许用荷载$[F]$。

2-20 图 2-50 所示构架，刚性梁 AD 铰支于 A 点，并以两根材料和横截面积都相同的钢杆悬吊于水平位置。设 $F = 50\text{kN}$，钢杆许用应力 $[\sigma] = 100\text{MPa}$，求两吊杆的内力及所需横截面面积 A。

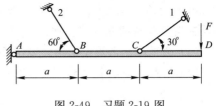

图 2-49　习题 2-19 图

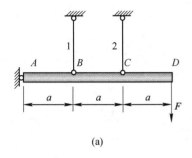

(a)

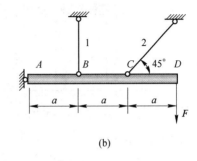

(b)

图 2-50　习题 2-20 图

2-21 图 2-51 所示结构中钢杆 1、2、3 的横截面面积均为 $A = 200\text{mm}^2$，长度 $l = 1\text{m}$，$E = 200\text{GPa}$。杆 3 因制造不准而比其余两杆短了 $\delta = 0.8\text{mm}$。试求将杆 3 安装在刚性梁上后三杆的轴力。

2-22 将阶梯形状的杆装在两刚性支座之间，杆的上端固定，如图 2-52 所示。下端留有空隙 $\Delta = 0.08\text{mm}$。杆的上段是铜材，长度 $a = 1\text{m}$，其横截面面积 $A_1 = 4000\text{mm}^2$，弹性模量 $E_1 = 100\text{GPa}$，线膨胀系数 $\alpha_1 = 16 \times 10^{-6}/℃$。下段是钢材，横截面面积 $A_2 = 2000\text{mm}^2$，弹性模量 $E_2 = 200\text{GPa}$，线膨胀系数 $\alpha_2 = 12 \times 10^{-6}/℃$。若在两段交界处施加荷载沿轴线向下的力 F，试求：

（1）F 力为多大时，下端空隙消失；

（2）$F = 500\text{kN}$ 时各段内的应力；

（3）$F = 500\text{kN}$ 时若温度又上升 $20℃$，各段内的应力值。

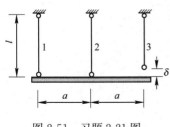

图 2-51　习题 2-21 图

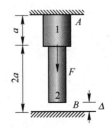

图 2-52　习题 2-22 图

2-23 如图 2-53 所示，刚性梁放在三根材料相同、截面积都为 $A = 400\text{cm}^2$ 的支柱上，因制造不准确，中间柱短了 $\Delta = 1.5\text{mm}$，材料的 $E = 1.4 \times 10^4\text{MPa}$，求梁上受集中力 $F = 720\text{kN}$ 时三柱内的应力。

2-24 如图 2-54 所示，悬挂荷载 $F = 60\text{kN}$ 的钢丝 a，因强度不够，另加

截面相同的钢丝 b 相助，但长度略长，$l_a = 30\text{cm}$，$l_b = 30.015\text{cm}$，$A_a = A_b = 50\text{mm}^2$，钢丝的强度极限 $\sigma_b = 1000\text{MPa}$，$E = 2 \times 10^5\text{MPa}$，钢丝经过冷拔硬化，在断前服从胡克定律，问：

（1）两根钢丝共同受力时，应力各为多少？

（2）l_b 超过多少长度时，将发生断裂？

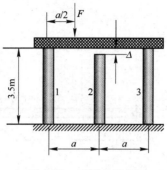
图 2-53　习题 2-23 图

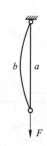
图 2-54　习题 2-24 图

习题答案（部分）

2-1　$F_{\text{Nmax}} = 920\text{kN}$

2-2　（1）$\sigma_1 = -10\text{MPa}$，$\sigma_2 = 2.5\text{MPa}$，$\sigma_3 = 7.5\text{MPa}$

　　　　（2）$\sigma_1 = -12.5\text{MPa}$，$\sigma_2 = 6.3\text{MPa}$，$\sigma_3 = 12.5\text{MPa}$

2-3　$\sigma_{\text{AB}} = 0.75\text{MPa}$，$\sigma_{\text{BC}} = 2\text{MPa}$，$\sigma_{\text{CD}} = 0.75\text{MPa}$

2-4　$\sigma_{\text{AC}} = -0.5\text{MPa}$，$\sigma_{\text{CE}} = -1.4\text{MPa}$，$\sigma_{\text{EG}} = -1\text{MPa}$

　　　　$\sigma_{\text{BD}} = -0.5\text{MPa}$，$\sigma_{\text{DF}} = -0.2\text{MPa}$，$\sigma_{\text{FH}} = -1.4\text{MPa}$

2-6　$\Delta l_{\text{AB}} = -0.05\text{mm}$，$\Delta l_{\text{BC}} = 0.0125\text{mm}$，$\Delta l_{\text{CD}} = 0.0375\text{mm}$，$\Delta l = 0$

2-7　（1）$\delta_{\text{C}} = 0.4\text{mm}$，$\delta_{\text{H}} = 0.6\text{mm}$

　　　　（2）$\delta_{\text{C}} = 0.267\text{mm}$，$\delta_{\text{H}} = 0.467\text{mm}$

2-8　（1）$\Delta l_{\text{AB}} = \dfrac{2Fa}{3EA}$，$\Delta l_{\text{BC}} = -\dfrac{3Fa}{2EA}$，$\Delta l_{\text{CD}} = 0$，$\Delta l_{\text{DE}} = \dfrac{2Fa}{EA}$，$\Delta l_{\text{EH}} = 0$，

　　　　$\Delta l = \dfrac{7Fa}{6EA}$

　　　　（2）$\delta_{\text{B-A}} = \dfrac{2Fa}{3EA}$，$\delta_{\text{C-A}} = -\dfrac{5Fa}{6EA}$，$\delta_{\text{D-A}} = -\dfrac{5Fa}{6EA}$，$\delta_{\text{E-A}} = \dfrac{7Fa}{6EA}$，

　　　　$\delta_{\text{H-A}} = \dfrac{7Fa}{6EA}$

2-9　$\Delta l = \dfrac{F}{E\delta} \cdot \dfrac{l}{b_2 - b_1} \ln \dfrac{b_2}{b_1}$

2-10　$\Delta l = \dfrac{4Fl}{\pi E d_1 d_2}$

2-11　$\Delta l = \dfrac{8\sqrt{3}}{3} \dfrac{Fa}{EA}$，$\delta_{\text{C}} = 2\Delta l$，$\delta_{\text{B}} = 4\Delta l$

2-12　$\sigma = 125\mathrm{MPa}$

2-13　$\sigma = 5.63\mathrm{MPa}$，$d = 30\mathrm{mm}$

2-14　$E = 208\mathrm{GPa}$，$\nu = 0.267$

2-15　$[F] = 90\mathrm{kN}$

2-16　(1) $\varepsilon_1 = 625 \times 10^{-6}$，$\varepsilon_2 = 0$，$\varepsilon_3 = 625 \times 10^{-6}$

　　　　　　$\delta_{Bx} = 0.361\mathrm{mm}$，$\delta_{By} = 0.625\mathrm{mm}$，$\delta_B = 0.722\mathrm{mm}$

　　　　(2) $n = 2.8$

　　　　(3) $F_{\max} = 184\mathrm{kN}$

2-17　$A_{AC} = 400\mathrm{mm}^2$，$A_{BD} = 50\mathrm{mm}^2$

2-18　$F = 1200\mathrm{kN}$，$\sigma_{钢} = 90\mathrm{MPa}$

2-19　$[F] = 12.6\mathrm{kN}$

2-20　(a) $F_{N1} = 30\mathrm{kN}$，$F_{N2} = 60\mathrm{kN}$，$A = 600\mathrm{mm}^2$

　　　　(b) $F_{N1} = F_{N2} = 62.1\mathrm{kN}$，$A = 621\mathrm{mm}^2$

2-21　$F_{N1} = F_{N3} = 5.33\mathrm{kN}$，$F_{N2} = -10.66\mathrm{kN}$

2-22　(1) $F = 320\mathrm{kN}$；

　　　　(2) $\sigma_1 = 86\mathrm{MPa}$，$\sigma_2 = -78\mathrm{MPa}$

　　　　(3) $\sigma_1 = 59.3\mathrm{MPa}$，$\sigma_2 = -131\mathrm{MPa}$

2-23　$\sigma_1 = 12.5\mathrm{MPa}$，$\sigma_2 = 2\mathrm{MPa}$，$\sigma_3 = 3.5\mathrm{MPa}$

2-24　(1) $\sigma_a = 650\mathrm{MPa}$，$\sigma_b = 550\mathrm{MPa}$

　　　　(2) $l_b > 30.15\mathrm{cm}$

第3章
剪　切

本章知识点

【知识点】剪力与剪切面、挤压力与挤压面、剪切与挤压的
实用计算、切应力互等定理、剪切胡克定律。
【重点】剪切、挤压的实用计算；连接件的强度计算。
【难点】剪切面及挤压面的确定。

3.1　剪切变形的概念及工程实例

工程实际中，许多构件需要通过各种连接与其他构件组成结构或机构。
例如连接拉(压)杆的销轴(图 3-1a)，钢板间的铆钉连接(图 3-1b)，传动轴通
过联轴器的螺栓连接(图 3-1d)，齿轮与轮轴的键连接(图 3-1c)，木接头的榫

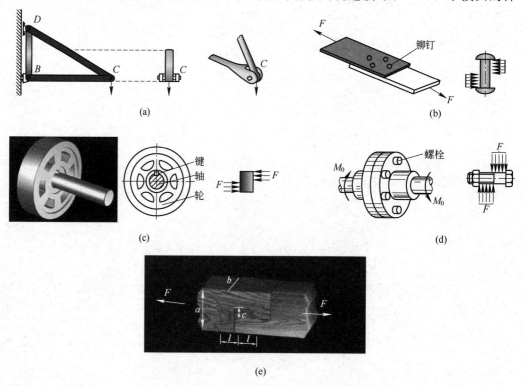

图 3-1　受剪构件工程实例

连接(图 3-1e)等。在这些连接中的销钉、铆钉、螺栓、键、榫头等称为连接件。

上述连接件的受力特征为：构件两侧受到一对大小相等、方向相反、作用线间距极近的外力 F 的作用，变形特征为：构件在两力作用线之间的各横截面沿着力的方向产生相对错动，发生剪切变形(shearing deformation)(图 3-2)。

若作用在构件上的外力过大，杆件就可能在两力之间的某一截面 $m\text{-}m$ 处发生先错动后剪断，$m\text{-}m$ 截面称为剪切面(shearing section)。工程实际中，除连接件外，剪切机剪切钢筋或钢板、冲床加工零件等都是剪切变形的实例。

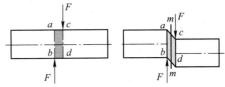

图 3-2 剪切变形图

3.2 切应力的常用性质

3.2.1 剪力与切应力

构件在承受剪切时，在两个外力之间的剪切面上将产生内力，作用在剪切面上的内力称为剪力(shearing force)，以符号 F_S 表示，它与剪切面相切。

由于内力 F_S 在横截面上的实际分布规律是很复杂的，在实际计算中，为了简化计算，可以假设剪力 F_S 均匀地分布在剪切面上，则切应力 τ 可近似地表示为 $\tau = \dfrac{F_\mathrm{S}}{A_\mathrm{S}}$。

3.2.2 切应力互等定律

在受力物体中，可以围绕任意一点截取一个边长为 $\mathrm{d}x$、$\mathrm{d}y$、$\mathrm{d}z$ 的微小正六面体，该六面体称为单元体，单元体各个面上的应力可以认为是均匀分布的。如果单元体上只有切应力而无正应力，那么该单元体处于纯剪切状态(图 3-3a)，如果单元体上有一对相互平行的平面上既无正应力，又无切应力，那么又可以把单元体简化成如图 3-3(b)所示的平面形式。

现在来研究图示纯剪切单元体的静力平衡条件。假设单元体四个侧面上的切应力分别为 τ_x，τ_x'，τ_y，τ_y'。根据静力平衡条件

$$\sum F_{ix}=0, \quad \tau_\mathrm{y}\mathrm{d}x\mathrm{d}z-\tau_\mathrm{y}'\mathrm{d}x\mathrm{d}z=0, \quad \tau_\mathrm{y}=\tau_\mathrm{y}'$$

此关系式表明，上、下两个平行平面上的切应力大小相等，方向相反。同理

$$\sum F_{iy}=0, \quad \tau_\mathrm{x}\mathrm{d}y\mathrm{d}z-\tau_\mathrm{x}'\mathrm{d}y\mathrm{d}z=0, \quad \tau_\mathrm{x}=\tau_\mathrm{x}'$$

此关系式表明，左、右两个平行平面上的切应力也是大小相等，方向相反。

再根据静力平衡条件 $\sum M_{iz}=0$，则有

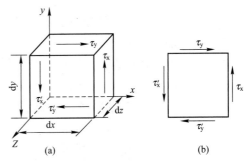

图 3-3 纯剪切单元体

$$(\tau_x \mathrm{d}y\mathrm{d}z)\mathrm{d}x - (\tau_y \mathrm{d}x\mathrm{d}z)\mathrm{d}y = 0$$

得
$$\tau_x = \tau_y \tag{3-1}$$

上式表明：在单元体相互垂直的两个平面上，切应力成对出现，它们大小相等，都垂直于两个平面的交线，其方向则共同指向或共同背离此交线。这个关系式称为切应力互等定理(theorem of conjugation shearing stress)。当单元体上同时有正应力作用时，切应力互等定理同样适用。

3.2.3 切应变、剪切胡克定律

假设从受力物体中取出一纯剪切单元体(图 3-4a)，由于单元体上没有正

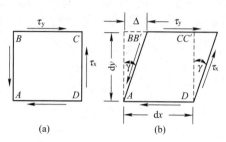

图 3-4 单元体剪切变形

应力作用，所以单元体各边的长度不变。但由于切应力的作用，单元体要产生剪切变形，BC 面相对 AD 面有了微小错动(图 3-4b)。B、C 两点相对原来的位置有了一个线位移 Δ，原为矩形的 $ABCD$ 变为平行四边形 $AB'C'D$，原为直角的 $\angle A$，$\angle B$，$\angle C$，$\angle D$ 都改变了一个微量 γ，γ 称为切应变(shear strain)。

实验结果表明：当切应力不超过材料的剪切比例极限 τ_p 时，切应力 τ 与切应变 γ 成正比关系，这就是剪切胡克定律(shearing Hooke's Law)，可写作

$$\tau = G\gamma \tag{3-2}$$

式中的比例常数 G 称为材料的剪变模量(shear modulus)。它的单位与拉压弹性模量 E 相同，用 Pa、MPa 表示。

3.2.4 三个材料常数 E、G、ν 之间的关系

弹性模量 E，剪变模量 G，泊松比 ν 是表征材料性质的三个常数，其数值均由实验确定。对于均质各向同性材料，可以证明这三个常数之间有如下关系

$$G = \frac{E}{2(1+\nu)} \tag{3-3}$$

所以只要通过试验测得其中任意两个，就可以利用上式计算第三个常数。例如，钢材的 $E = 2 \times 10^5 \mathrm{MPa}$ 左右，$\nu = 0.3$ 左右，利用上式可得 $G = 8 \times 10^4 \mathrm{MPa}$ 左右，它比 E 小得多。

3.3 剪切与挤压的实用计算

下面以铆接接头的强度计算来说明连接接头的计算。

3.3.1 剪切的实用计算

图 3-5(a) 是用铆钉连接(reveted joints)两块钢板的接头,设铆钉数为 n 个,从接头中取出铆钉,其受力情况如图 3-5(b) 所示。现假设每个铆钉所受力相等,即所有铆钉平均分担接头所承受的总拉力 F。每个铆钉所受的剪力(图 3-5c)可表示为 $F_S = \dfrac{F}{n}$。

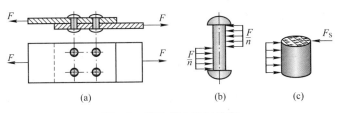

图 3-5　假设剪力均匀分布

内力 F_S 在横截面上的实际分布规律是很复杂的,在实际计算中,为了简化计算,可以假设剪力 F_S 均匀地分布在横截面(剪切面)上(图 3-5c)。设 A_S 为剪切面面积,则切应力 τ 可按下式计算

$$\tau = \frac{F_S}{A_S} \tag{3-4}$$

式(3-4)为剪切应力的计算公式。根据式(3-4)可写出剪切强度条件如下

$$\tau = \frac{F_S}{A_S} = \frac{\dfrac{F}{n}}{\dfrac{\pi}{4}d^2} \leqslant [\tau] \tag{3-5}$$

式中的 $[\tau]$ 为铆钉材料的容许切应力,可从有关规范中查到。对于钢材,可取 $[\tau] = (0.6 \sim 0.8)[\sigma]$,$[\sigma]$ 为材料的许用拉伸应力。$A_S = \dfrac{\pi}{4}d^2$ 为剪切面积。根据这个强度条件还可计算该接头所需铆钉的个数,即

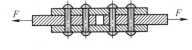

图 3 6　铆钉受剪(双剪)

$$n \geqslant \frac{F}{\dfrac{\pi}{4}d^2[\tau]} \tag{3-6}$$

必须指出,以上所述只是对单剪(single shear)铆钉而言。所谓单剪,就是铆钉只有一个受剪面。如果钢板采用对接连接如图 3-6 所示,则铆钉有两个剪切面,这就称为双剪(double shear)。

此时的计算式(3-5)和式(3-6)则相应改为

$$\tau = \frac{F}{2n \times \dfrac{\pi d^2}{4}} \leqslant [\tau] \tag{3-7}$$

和

$$n \geqslant \frac{F}{2 \times \dfrac{\pi d^2}{4}[\tau]} \tag{3-8}$$

47

要注意的是：式中的 n 在图 3-6 所示的对接连接中，是指对接口一侧的铆钉数。

3.3.2　挤压的实用计算

连接件除了承受剪切外，还在连接和被连接件的相互接触面上产生局部承压，称之为挤压(bearing)（图 3-7a）。相互接触面称为挤压面(bearing section)，用 A_C 表示，作用在接触面上的压力称为挤压力(bearing force)，用 F_C 表示，挤压力垂直于挤压面。

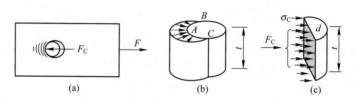

图 3-7　挤压力、挤压面与挤压应力

挤压应力在挤压面上的分布情况是比较复杂的。对于铆接接头来说，铆钉与钢板之间的接触面为圆柱形曲面，挤压应力沿此挤压面的分布是不均匀的（图 3-7b），在挤压最紧的 A 点，挤压应力最大。挤压应力向两旁逐步减小，在 B、C 部位挤压应力为零，要精确计算这样分布的挤压应力是比较困难的。

在工程中采用挤压面的正投影面积作为挤压面面积（图 3-7c），即 $A_C = dt$，挤压力 F_C 除以挤压面面积 A_C 所得到的平均值作为计算挤压应力，即

$$\sigma_C = \frac{F_C}{A_C} \tag{3-9}$$

如两块钢板由 n 个铆钉连接，则建立挤压应力的强度条件为

$$\sigma_C = \frac{F_C}{A_C} = \frac{F}{ndt} \leqslant [\sigma_C] \tag{3-10}$$

式中　d——铆钉直径；

　　　t——钢板厚度，当两块钢板厚度不同时，应取其中较小者；

　　　$[\sigma_C]$——材料的许用挤压应力。

材料的许用挤压应力 $[\sigma_C]$ 由材料直接进行挤压试验得到，对于钢材，可取 $[\sigma_C] = (1.7 \sim 2.0)[\sigma]$，$[\sigma]$ 为材料的许用拉伸应力。

显然，为了使一个铆接接头在传递外力时既不会发生剪切破坏，又不会发生挤压破坏，对于"单剪"的情况，就必须按式(3-5)和式(3-9)来进行强度计算。而对于"双剪"的情况，则按式(3-7)和式(3-10)来进行强度计算。

3.3.3　钢板的抗拉强度计算

由于铆钉孔的存在，钢板的横截面在开孔处受到削弱，为此必须对钢板削弱的截面进行强度计算。

如图 3-8 所示的接头，钢板在 n-n 截面处由于铆钉孔的存在而被削弱，它的实际面积（如图 3-8 中阴影部分）为

$$A_j = t(b - nd)$$

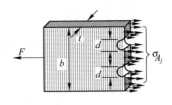

图 3-8 开孔钢板的
实际截面积

式中 A_j——净截面积；

      b——钢板宽度；

      t——钢板厚度；

      n——危险截面上排列的铆钉数；

      d——铆钉的直径。

于是，钢板的强度条件应为

$$\sigma = \frac{F}{A_j} \leqslant [\sigma] \qquad (3\text{-}11)$$

【例题 3-1】 如图 3-9(a)所示一拖车挂钩通过螺栓连接，已知：螺栓材料的许用切应力 $[\tau]=30\mathrm{MPa}$，许用挤压应力 $[\sigma_c]=100\mathrm{MPa}$，直径 $d=20\mathrm{mm}$。挂钩和连接板厚度分别为 $\delta=8\mathrm{mm}$ 和 1.5δ。牵引力 $F=15\mathrm{kN}$，试校核螺栓的强度。

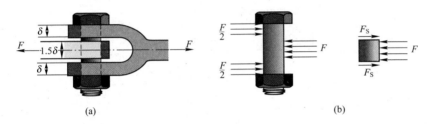

图 3-9 例题 3-1 图

【解】 螺栓的受力图如图 3-9(b)所示。

（1）校核螺栓的剪切强度

由受力分析，螺栓有上下两个剪切面，剪力均为 $\frac{F}{2}$，剪切应力

$$\tau = \frac{F_s}{\frac{\pi}{4}d^2} = \frac{2F}{\pi d^2} = \frac{2 \times 15 \times 10^3}{3.14 \times 20^2 \times 10^{-6}} = 23.9\mathrm{MPa} < [\tau]$$

（2）校核螺栓的挤压强度

螺栓上下段受向右的挤压，挤压面面积为 $2d\delta$，中段受向左的挤压，挤压面面积为 $1.5d\delta$，挤压力均为 F，因此应取中段校核挤压强度

$$\sigma_C = \frac{F}{1.5\delta d} = \frac{15 \times 10^3}{1.5 \times 20 \times 10^{-3} \times 8 \times 10^{-3}} = 62.5\mathrm{MPa} < [\sigma_C] = 100\mathrm{MPa}$$

故螺栓强度满足要求。

【例题 3-2】 如图 3-10(a)所示接头，已知：$F=80\mathrm{kN}$，钢板厚度 $\delta=10\mathrm{mm}$，宽度 $b=80\mathrm{mm}$，铆钉直径 $d=16\mathrm{mm}$，材料的许用切应力 $[\tau]=100\mathrm{MPa}$，许用挤压应力 $[\sigma_C]=300\mathrm{MPa}$，许用拉应力 $[\sigma]=160\mathrm{MPa}$，试校核接头的强度。

【解】 钢板和铆钉的受力图如图 3-10(b)所示。

（1）校核铆钉的剪切强度

$$F_s = \frac{F}{4}, \qquad \tau = \frac{F_s}{\frac{\pi}{4}d^2} = \frac{F}{\pi d^2} = \frac{80 \times 10^3}{3.14 \times 16^2 \times 10^{-6}} = 99.5\mathrm{MPa} < [\tau] = 160\mathrm{MPa}$$

49

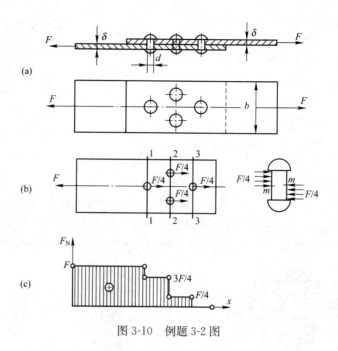

图 3-10　例题 3-2 图

（2）校核铆钉的挤压强度

$$\sigma_C = \frac{\dfrac{F}{4}}{\delta d} = \frac{80 \times 10^3}{4 \times 10^{-2} \times 16 \times 10^{-3}} = 125 \text{MPa} < [\sigma_C] = 300 \text{MPa}$$

（3）校核钢板的抗拉强度

画出左边钢板的轴力图（图 3-10c），校核 1-1、2-2 截面的抗拉强度。

$$\sigma_1 = \frac{F_{N1}}{A_1} = \frac{F}{(b-d)\delta} = \frac{80 \times 10^3}{(80-16) \times 10 \times 10^{-6}} = 125 \text{MPa} < [\sigma] = 160 \text{MPa}$$

$$\sigma_2 = \frac{F_{N2}}{A_2} = \frac{3F}{4(b-2d)\delta} = \frac{3 \times 80 \times 10^3}{4 \times (80-2 \times 16) \times 10 \times 10^{-6}} = 125 \text{MPa} < [\sigma] = 160 \text{MPa}$$

综合上述计算，该连接件强度条件满足。

【例题 3-3】　如图 3-11(a)所示，中间的两块主钢板通过上下两块盖板对接。铆钉与钢板材料相同。材料的许用切应力 $[\tau] = 130 \text{MPa}$，许用挤压应力 $[\sigma_C] = 300 \text{MPa}$，许用拉应力 $[\sigma] = 170 \text{MPa}$。铆钉直径 $d = 20 \text{mm}$，主板厚度 $t_1 = 10 \text{mm}$，盖板厚度 $t_2 = 6 \text{mm}$，宽度 $b = 200 \text{mm}$。在 $F = 200 \text{kN}$ 作用下，试校核该接头的强度。

【解】　（1）校核铆钉的剪切强度

F 力由主板传给铆钉，再由铆钉将力传给盖板。当接头处的铆钉直径相同时，外力 F 由铆钉平均承担，左（右）侧主板传给每个铆钉的外力为 $\dfrac{F}{n} = \dfrac{F}{5}$，盖板传给每个铆钉的外力为 $\dfrac{F}{2n} = \dfrac{F}{10}$，铆钉受力如图 3-11(b)所示。此铆钉有两个剪切面，由平衡条件得剪切面上的剪力为 $F_s = \dfrac{F}{10}$。则

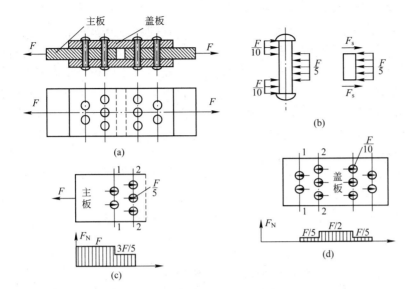

图 3-11　例题 3-3 图

$$\tau=\frac{F_S}{A_S}=\frac{\dfrac{F}{10}}{\dfrac{\pi}{4}d^2}=\frac{4\times20\times10^3}{\pi\times(20\times10^{-3})^2}=63.6\mathrm{MPa}<[\tau]=130\mathrm{MPa}$$

（2）校核铆钉的挤压强度

主板厚度 10mm，比两块盖板厚度之和 12mm 小，而它们受到的挤压力一样，故应该校核铆钉与主板之间的挤压强度，即

$$\sigma_C=\frac{F_C}{A_C}=\frac{\dfrac{F}{5}}{dt_1}=\frac{200\times10^3}{5\times20\times10\times10^{-6}}=200\mathrm{MPa}<[\sigma_C]=300\mathrm{MPa}$$

（3）校核主板的抗拉强度

画出左边主板的受力图和轴力图（图 3-11c），校核 1-1、2-2 截面的抗拉强度。

$$\sigma_1=\frac{F_{N1}}{A_1}=\frac{F}{(b-2d)t_1}=\frac{200\times10^3}{(200-2\times20)\times10\times10^{-6}}$$

$$=125\mathrm{MPa}<[\sigma]=170\mathrm{MPa}$$

$$\sigma_2=\frac{F_{N2}}{A_2}=\frac{3F/5}{(b-3d)t_1}=\frac{3\times200\times10^3}{5\times(200-3\times20)\times10\times10^{-6}}$$

$$=85.7\mathrm{MPa}<[\sigma]=170\mathrm{MPa}$$

（4）校核盖板的抗拉强度

画出盖板受力图和轴力图（图 3-11d），可见在 2-2 截面处轴力最大而截面积最小，2-2 截面即为危险截面。

$$\sigma_2=\frac{F_{N2}}{A_2}=\frac{F/2}{(b-3d)t_2}=\frac{200\times10^3}{2\times(200-3\times20)\times6\times10^{-6}}$$

$$=119\mathrm{MPa}<[\sigma]=170\mathrm{MPa}$$

3.3　剪切与挤压的实用计算

综合上述计算，该连接件强度条件满足。

工程实际中有时会遇到一群铆钉（螺栓）共同承担力偶的情况，此时一般假定每一个铆钉承受的力垂直于铆钉和铆钉群中心的连线，且与该铆钉到铆钉群中心的距离成正比，各铆钉所受的力组成的力偶矩等于外力偶矩。若铆钉群所受的外力不通过铆钉群的中心，可利用力的平移定理把外力移到铆钉群的中心位置，同时附加一个力偶，此时铆钉群受到一个通过铆钉群中心的外力和一个外力偶的共同作用，按照上面的假定可计算每个铆钉的受力。下面举例说明。

【例题 3-4】 两块厚度为 $\delta = 5mm$ 的钢板由 4 个铆钉连接（图 3-12a），铆钉间距 $a = 200mm$，已知 $F = 2kN$，钢板、铆钉的材料相同，许用切应力 $[\tau] = 130MPa$，许用挤压应力 $[\sigma_C] = 300MPa$，试设计铆钉的直径。

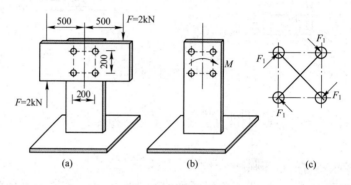

图 3-12 例题 3-4 图

【解】 （1）荷载向铆钉群中心简化得

合力 $F_R = 0$，合力偶 $M = 2kN \cdot m$（图 3-12b）。

在合力偶 M 作用下，铆钉的受力图如图 3-12(c) 所示，每个铆钉受力 F，列出静力平衡方程

$$4F_1 \times \frac{\sqrt{2}}{2} a = M$$

$$F_1 = \frac{2 \times 10^3}{4 \times \frac{\sqrt{2}}{2} \times 200 \times 10^{-3}} = 3.54kN$$

（2）由剪切强度条件求铆钉的直径

$$\frac{F_1}{A_S} \leqslant [\tau], \quad \frac{\pi}{4}d^2 \geqslant \frac{F_1}{[\tau]}$$

解得：$d > 5.9mm$。

（3）由挤压强度条件求铆钉的直径

$$\frac{F_1}{A_C} \leqslant [\sigma_C], \quad d\delta \geqslant \frac{F_1}{[\sigma_C]}$$

解得：$d > 2.36mm$。

结论：选用 $d = 6mm$ 的铆钉。

小结及学习指导

本章介绍切应力的一些常用性质，研究剪切和挤压强度的实用计算及拉（压）杆连接件的剪切和挤压综合计算。

掌握和理解剪切胡克定律、切应力互等定理，了解材料三个弹性常数 E、G、ν 之间的关系。

剪切强度实用计算和挤压强度实用计算分别针对剪切变形时剪切和挤压两种破坏现象。在具体分析时，注意剪切面和挤压面的确定方法：剪切面一般与作用力平行，且位于一对外力作用线之间，挤压面则是与作用力垂直的接触面或相应的投影面。拉（压）杆连接件的剪切和挤压综合计算问题，除了对杆件进行剪切、挤压强度计算外，还须对连接处的拉（压）杆进行抗拉（压）强度计算。

思考题

3-1 剪切变形的外力特点是什么？

3-2 什么是剪切与挤压的实用计算方法？

3-3 切应力 τ 与正应力 σ 的区别是什么？挤压应力 σ_{C} 和正应力 σ 又有何区别？

3-4 列出图 3-13 中各连接件的剪切面面积和挤压面面积的计算式。

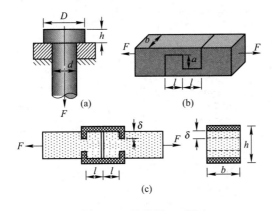

图 3-13　思考题 3-4 图

习题

3-1 为了测定胶合板中胶接的抗剪强度，分别采用图 3-14(a) 与图 3-14(b) 两种试件。图中所给的 F 值是胶接处发生剪切破坏时的荷载值，试求胶接处的抗剪强度。

3-2 如图 3-15 所示，用冲床在钢板上冲孔，已知钢板的剪切强度极限 $\tau_b=350$MPa，现欲将厚度 $\delta=10$mm 的钢板冲击出一直径 $d=16$mm 的圆孔，问需要的冲压力 F_b 为多大？

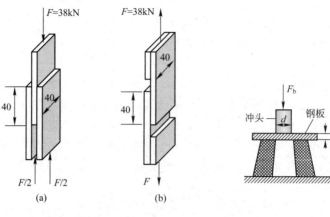

图 3-14　习题 3-1 图　　　　　图 3-15　习题 3-2 图

3-3 夹剪如图 3-16 所示。销子 C 的直径 $d=5$mm。当加力 $F=0.2$kN，剪直径与销子直径相同的铜丝时，求铜丝与销子横截面上的平均切应力。已知 $a=30$mm，$b=150$mm。

3-4 试写出图 3-17 所示结构的剪切面和挤压面的计算式。

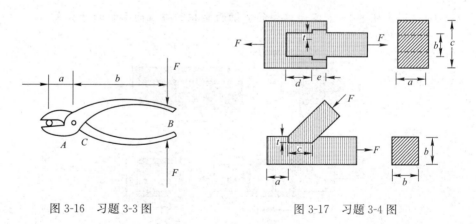

图 3-16　习题 3-3 图　　　　　图 3-17　习题 3-4 图

3-5 两块厚度为 10mm 的钢板，用两个直径为 17mm 的铆钉搭接在一起，如图 3-18 所示。$F=60$kN，$[\tau]=140$MPa，$[\sigma_c]=280$MPa，$[\sigma]=160$MPa，试校核该铆接件的强度。

3-6 两块钢板搭接如图 3-19 所示。已知两板的宽度均为 $b=180$mm，厚度分别为 $t_1=16$mm，$t_2=18$mm，铆钉直径 $d=25$mm，所有构件的材料的许用应力均为：$[\tau]=100$MPa，$[\sigma_c]=280$MPa，$[\sigma]=140$MPa。试求：（1）接头的许用荷载；（2）若铆钉的排列次序相反（即自左向右，第一列是 2 只，第二列是 3 只），则接头的许用荷载为多大？

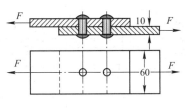

图 3-18　习题 3-5 图

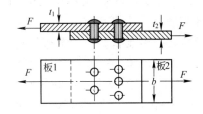

图 3-19　习题 3-6 图

3-7　结构受力如图 3-20 所示。已知 $d=10$mm，$t_1=7$mm，$t=10$mm，$b=160$mm，$[\tau]=100$MPa，$[\sigma_c]=250$MPa，$[\sigma]=120$MPa，试求许用荷载 $[F]$。

3-8　结构受力如图 3-21 所示。两块厚度 $t=10$mm 的钢板，通过两块厚度为 $t_1=6$mm 的盖板用铆钉进行对接。材料的许用应力均为：$[\tau]=100$MPa，$[\sigma_c]=280$MPa。若钢板承受拉力 $F=200$kN，试问共需直径为 $d=17$mm 的铆钉几只？

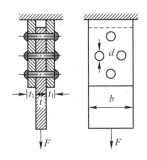

图 3-20　习题 3-7 图

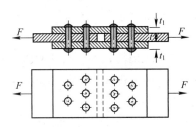

图 3-21　习题 3-8 图

3-9　如图 3-22 所示，截面为 $200\text{mm}\times 200$mm 的正方形立柱，受压力 $F=100$kN，竖立在边长 $a=1$m 的正方形混凝土基础板上，设地基对混凝土基础板的支承力均匀分布，混凝土的许用剪切应力 $[\tau]=1.5$MPa，混凝土基础板的厚度 δ 至少为多少？

3-10　两根圆轴通过端部的法兰用 8 只螺栓连接，螺栓布置在 $D_0=150$mm 的圆周上，如图 3-23 所示。已知轴受扭时传递力偶矩 $M_e=5.4$kN·m，设螺栓的许用切应力为 $[\tau]=80$MPa，试求螺栓的直径 d_1。

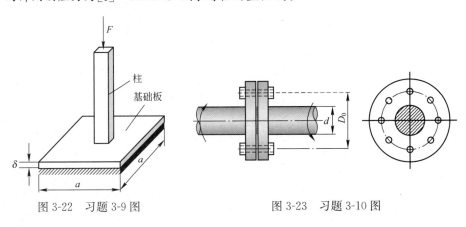

图 3-22　习题 3-9 图　　　　　　图 3-23　习题 3-10 图

3-11 矩形截面(30mm×5mm)的低碳钢拉伸试件如图 3-24 所示。试件两端开有圆孔，孔内插有销钉，荷载通过销钉传递至试件。试件和销钉材料相同，其强度极限 σ_b ＝ 400MPa，许用应力 $[\sigma]$ ＝ 160MPa，$[\tau]$ ＝ 100MPa，$[\sigma_C]$ ＝ 320MPa。在试验中为了确保试件在端部不被破坏，试设计试件端部的尺寸 a、b 和销钉的直径 d。

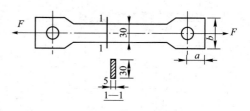

图 3-24 习题 3-11 图

习题答案

3-1 (a) τ_b＝11.9MPa，(b) τ_b＝12.5MPa

3-2 F_b＝176kN

3-3 铜丝 τ＝50.9MPa， 销子 τ＝61.1MPa

3-4 (a) A_Q＝ad， A_C＝ae

　　　(b) A_Q＝ab，A_C＝bt

3-5 τ＝132MPa， σ_C＝176MPa， σ＝140MPa

3-6 $[F]$＝265kN， $[F]$＝235kN

3-7 $[F]$＝62.7kN

3-8 每边 5 只，共 10 只

3-9 δ＝80mm

3-10 d_1＝12mm

3-11 a＝60mm， b＝12mm， d＝40mm

第4章

扭　转

本章知识点

【知识点】扭转的概念、外力偶矩的计算、扭矩和扭矩图、圆轴扭转时的应力和强度条件、圆轴扭转时的变形和刚度条件、矩形截面杆自由扭转的概念、薄壁杆件的自由扭转。

【重点】圆轴扭转时的应力与变形计算，扭转强度及刚度条件。

【难点】变截面圆轴在复杂扭矩下的变形计算，薄壁杆件的自由扭转。

4.1 扭转变形的概念与工程实例

工程实际中，受扭转(torsion)变形的杆件很多，通常把以扭转(torsion)变形为主的杆件称为轴(shaft)。最常见的扭转杆件是传输机械动力或运动的轴，如风力发电机连接转子叶片和齿轮箱的主轴(图 4-1a)，连接电动机和汽

二维码3 虚拟仿真扭转实验

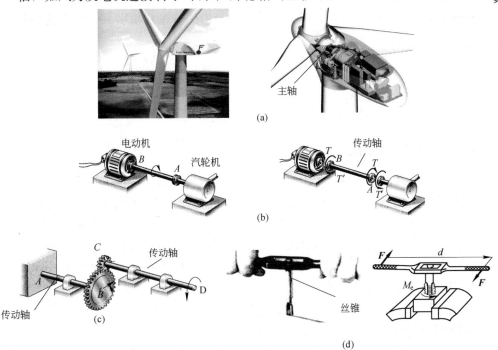

(a)

(b)

(c)

(d)

图 4-1　扭转实例

轮机的传动轴 AB(图 4-1b)，齿轮传动系统中的传动轴(图 4-1c)，丝锥攻丝时的丝锥杆等(图 4-1d)。

上述承受扭转变形的杆件，其受力特征为：在与杆轴垂直的平面内受到外力偶的作用，变形特征为：杆件的各横截面绕轴线发生相对转动。

一般杆件受扭后，横截面会发生翘曲，允许横截面自由翘曲的扭转称为自由扭转，不允许横截面自由翘曲的扭转则称为约束扭转。本章仅介绍自由扭转，且以工程实际中应用最广泛的等截面圆轴为主要研究对象。

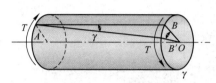

图 4-2　扭转变形

图 4-2 所示的等截面圆杆，在杆端垂直于杆轴的平面内作用一对大小相等、转向相反的外力偶 T，使杆发生扭转变形。

观察圆轴的变形可知，圆轴表面的纵向直线 AB，由于外力偶 T 的作用而变成斜线 AB'，倾斜角为 γ，γ 称为剪切角，

也称切应变(shearing stress)。右端截面 B 相对左端截面 A 转过的角度称为杆的相对扭转角，以 φ_{B-A} 表示。

4.2　杆受扭转时的内力计算

4.2.1　外力偶矩的计算

工程实际中，传动轴上的外力偶矩一般不直接给出，通常给出的是轴的转速 n 和传递的功率 N。这时，可以根据给出的转速和功率来计算轴受到的外力偶矩，表达式为

$$T = 9549 \frac{N}{n} \quad (\text{N} \cdot \text{m}) \tag{4-1}$$

式中　　N——功率(kW)；

　　　　n——转速(r/min)。

4.2.2　内力——扭矩

对受扭杆件进行强度和刚度计算，首先要知道杆件受扭后横截面上产生的内力。如图 4-3(a)所示圆轴受到一对外力偶矩 T 的作用，为了求得任意 n-n 截面上的内力，可采用截面法求解。首先沿 n-n 截面将杆截为两部分，左段脱离体受力如图 4-3(b)所示，右段脱离体受力如图 4-3(c)所示。

由受力图知，n-n 截面上必有内力存在，该内力称为扭矩(torgue)，以 M_n 表示。由静力平衡方程

$$\sum M_{ix} = 0, \quad M_n = T$$

扭矩 M_n 的量纲为 ［力］×［长度］，常用单位是 N·m 或 kN·m。

工程中通常对扭矩的正负号作如下规定：采用右手螺旋法则，若以右手的四指表示扭矩的转向，则大拇指的指向离开截面时的扭矩为正(图 4-4)；反

之为负。计算中可假定所求截面上的扭矩为正(图 4-4 所示方向),由平衡方程求出的值为正时,说明所求截面上的扭矩和假定方向一致;反之,说明所求截面上的扭矩和假定方向相反。

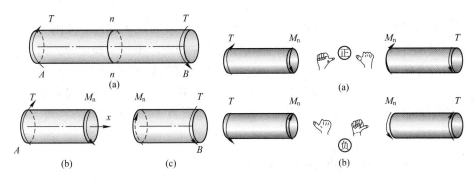

图 4-3 截面法求扭矩   图 4-4 扭矩的正负号

4.2.3 扭矩图

工程中用扭矩图来表示受扭杆件各个截面上的扭矩值。采用直角坐标系,横坐标表示各横截面的位置,纵坐标表示相应截面上扭矩的大小,可作出和轴力图对应的扭矩图。

【例题 4-1】 如图 4-5(a)所示的传动轴的转速 $n=200\text{r/min}$,主动轮 A 输入功率 $N_A=200\text{kW}$,从动轮 B、C 输出的功率分别为 $N_B=90\text{kW}$,$N_C=50\text{kW}$。试绘出轴的扭矩图。

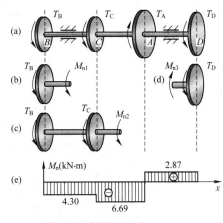

图 4-5 例题 4-1 图

【解】 (1)计算外力偶矩

$$T_A=9.55\times\frac{N}{n}=9.55\times\frac{200}{200}=9.55\text{kN}\cdot\text{m}$$

$$T_B=9.55\times\frac{N}{n}=9.55\times\frac{90}{200}=4.30\text{kN}\cdot\text{m}$$

$$T_C=9.55\times\frac{N}{n}=9.55\times\frac{50}{200}=2.39\text{kN}\cdot\text{m}$$

$$T_D=9.55\times\frac{N}{n}=9.55\times\frac{60}{200}=2.87\text{kN}\cdot\text{m}$$

(2)计算各段轴内的扭矩

分别在截面 1-1、2-2、3-3 处将轴截开,保留左段或右段作为脱离体,并假设各截面上的扭矩为正,如图 4-5(b)、(c)、(d)所示。

BC 段:由 $\sum M_{ix}=0$, 得 $M_{n1}=-T_B=-4.30\text{kN}\cdot\text{m}$ (图 4-5b)

CA 段:由 $\sum M_{ix}=0$, 得 $M_{n2}=-T_B-T_C=-6.69\text{kN}\cdot\text{m}$ (图 4-5c)

AD 段:由 $\sum M_{ix}=0$, 得 $M_{n3}=T_D=2.87\text{kN}\cdot\text{m}$ (图 4-5d)

计算所得的 M_{n1} 和 M_{n2} 为负值,表示它们的实际转向与假设的转向相反,即为负扭矩。

(3)绘制扭矩图

59

按一定的比例绘出扭矩图如图 4-5(e)所示。

4.3 圆轴扭转时横截面上的应力及强度计算

在构件的内部，各点的应力值不相同，因此仅知道横截面上的内力仍不足以确定各点的应力值。通过对变形的观察和研究，得到应变规律。而研究应力分布的基本思想是通过观察、分析，给出变形的规律(称为几何关系)，再由变形与应力之间的物理关系得到应力分布规律，最后利用截面上应力简化的结果来确定应力值(称为静力关系)。所以应力公式的推导分为几何关系、物理关系、静力学关系三个阶段。

4.3.1 圆轴扭转时横截面上的应力

圆轴扭转时，横截面上应力公式推导过程如下：

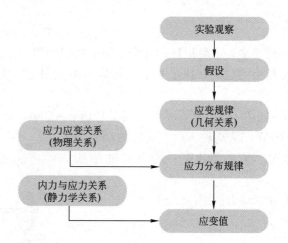

（一）变形几何关系

首先观察受扭圆轴的变化。为了便于观察，在圆轴表面画上纵向线和横向线(即圆周线)，在外力矩作用下，变形如图 4-6(a)所示。可以看到下面现象：

圆周线：圆周线之间的距离保持不变，圆周线仍为圆周线，且直径不变，只是转动了一个角度，轴端面保持平面。

纵向线：直线变成螺旋线，保持平行，纵向线与圆周线不再垂直，角度变化均为 γ。

上述现象是在圆轴表面看到的。由观察到的变形特点，假定圆轴内部

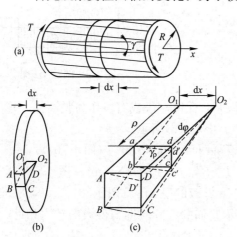

图 4-6 受扭圆轴的变形

变形也如此，从而提出如下平面假设（plane assumption）：圆轴横截面始终保持平面，各截面只是不同程度地、刚性地绕轴转动了一个角度。

从现象观察到提出假设，是一个由表及里，由现象到本质的升华过程，根据假设就可以导出应变规律。由平面假设可知，各轴向线段长度不变，因而横截面上正应力 $\sigma=0$。

取圆轴上长为 dx 的微段，再取楔形体 O_1O_2ABCD 为研究对象，左截面作为相对静止的面，右截面相对左截面转过 $d\varphi$ 角（图4-6b）。轴表面的纵向线段 AD 变为 AD'。右截面上的 D 点的位移 DD'，从表面看 $\overline{DD'}=\gamma dx$，从横截面上看 $\overline{DD'}=d\varphi\dfrac{D}{2}$，因此有

$$\gamma dx = d\varphi\frac{D}{2} \tag{4-2}$$

内部变形如同表面所见（图4-6c），因此在半径为 ρ 处的点的周向位移 b_1b_1' 也有关系式

$$\gamma_\rho dx = \rho d\varphi \tag{4-3}$$

γ_ρ 是半径 ρ 处的切应变，上式可改写为

$$\gamma_\rho = \rho\frac{d\varphi}{dx} = \rho\theta \tag{4-4}$$

式（4-4）中，θ 称为单位扭转角，该式表达了横截面上切应变的变化规律，切应变与半径 ρ 呈正比。

（二）物理关系

当材料处于弹性阶段的比例极限以内时，剪切胡克定律成立，切应力的分布规律为

$$\tau_\rho = G\gamma_\rho = G\rho\theta \tag{4-5}$$

式(4-5)表示切应力与半径 ρ 呈正比，在圆周上切应力达最大值，在轴中心处 $\tau=0$。切应力沿半径呈线性分布，方向皆垂直于半径（图4-7）。

（三）静力学关系

由几何关系、物理关系已确定了切应力在横截面上的分布规律，若单位扭转角 θ 确定，则应力就确定了。由内力的定义可知，各点切应力对轴线的力矩之和就是扭矩，由于扭矩已知，τ 值便可求得。

取截面上微面积 dA，微面积上切应力之和为 $\tau_\rho dA$，此力对轴的力矩为 $\rho\tau_\rho dA$（图4-7）。整个横截面上切应力轴之矩应和横截面上的扭矩 M_n 相等，即

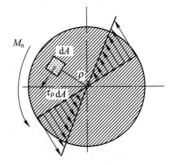

图4-7　切应力沿半径
呈线性分布

$$M_n = \int_A \tau_\rho \rho dA = \int_A \rho^2\theta G dA = \theta G\int_A \rho^2 dA$$

若令 $I_p=\int_A\rho^2\mathrm{d}A$，则上式可变为 $M_n=\theta GI_p$。由此可得单位扭转角公式

$$\theta=\frac{M_n}{GI_p} \tag{4-6}$$

式(4-6)中，I_p 称为极惯性矩(polar moment of inertia)，它是一个与横截面形状及尺寸有关的量，对于给定的截面，I_p 是一个常数，其量纲为[长度]^4。GI_p 称为抗扭刚度(torsional rigidity)，GI_p 越大，则单位扭转角 θ 就越小，即扭转变形也就越小。将式(4-6)代入式(4-5)，消去 G 后得

$$\tau_\rho=\frac{M_n\rho}{I_p} \tag{4-7}$$

式(4-7)就是圆轴横截面上的切应力公式，切应力在横截面上呈线性分布。切应力值与材料性质无关，只取决于内力和横截面形状。当 $\rho=\rho_{max}=R$（圆周表面处）时，切应力最大，即

$$\tau_{max}=\frac{M_nR}{I_p} \tag{4-8}$$

令 $W_p=\dfrac{I_p}{R}$，于是上式为

$$\tau_{max}=\frac{M_n}{W_p} \tag{4-9}$$

式(4-9)中，W_p 称为抗扭截面模量(section modulus of torsional rigidity)，它也是和横截面形状及尺寸有关的量，其量纲为[长度]^3。

4.3.2　极惯性矩及抗扭截面模量的计算

（一）实心圆截面

若在距圆心 ρ 处取微面积 $\mathrm{d}A=2\pi\rho\mathrm{d}\rho$（图 4-8a），实心圆截面的极惯性矩为

$$I_p=\int_A\rho^2\mathrm{d}A=2\pi\int_0^{D/2}\rho^3\mathrm{d}\rho=\frac{\pi D^4}{32}$$

抗扭截面模量为

$$W_p=\frac{I_p}{\rho_{max}}=\frac{\pi D^4/32}{D/2}=\frac{\pi D^3}{16}$$

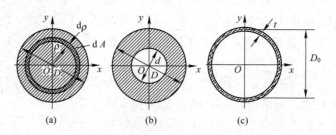

图 4-8　圆、空心圆及薄壁圆截面 I_p、W_p 的计算

（二）空心圆截面

同理，空心圆截面（图 4-8b）的极惯性矩为

$$I_p = 2\pi \int_{d/2}^{D/2} \rho^3 \mathrm{d}\rho = \frac{\pi}{32}(D^4 - d^4) = \frac{\pi D^4}{32}(1 - \alpha^4)$$

式中 $\alpha = d/D$ ——内外径之比。

抗扭截面模量为

$$W_p = \frac{I_p}{\rho_{max}} = \frac{\pi D^3}{16}(1 - \alpha^4)$$

（三）薄壁圆截面

当空心圆截面内外径相差很小时，这时候为薄壁圆截面，其平均直径 $D_0 \approx D \approx d$，壁厚为 t (图 4-8c)。薄壁圆截面的极惯性矩为

$$I_p = \left(\frac{D_0}{2}\right)^2 \pi D_0 t = 2\pi r_0^3 t$$

式中 $r_0 = \dfrac{D_0}{2}$ ——薄壁圆截面的平均半径。

抗扭截面模量为

$$W_p = \frac{I_p}{r_0} = 2\pi r_0^2 t$$

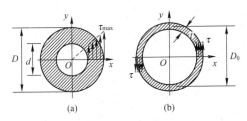

空心圆轴扭转时，横截面上的切应力沿半径呈线性分布(图 4-9a)；薄壁圆轴扭转时，由于壁厚较薄，横截面上的切应力沿壁厚可近似看作均匀分布(图 4-9b)。

图 4-9 空心圆、薄壁圆横截面上的切应力分布

4.3.3 圆轴扭转时的强度条件

圆轴受扭时，轴内最大的工作应力 τ_{max} 不能超过材料的许用切应力，故圆轴扭转时的强度条件为

$$\tau_{max} = \frac{M_{nmax}}{W_p} \leqslant [\tau] \tag{4-10}$$

式中 M_{nmax} ——横截面上的最大扭矩；

$\quad\quad W_p$ ——抗扭截面模量；

$\quad\quad [\tau]$ ——材料的许用切应力。

根据上述强度条件，可以解决工程中的强度校核、设计截面、确定许用荷载的三类工程问题。

【例题 4-2】 已知：$M_n = 1.5\mathrm{kN \cdot m}$，$[\tau] = 50\mathrm{MPa}$，试根据强度条件设计实心圆轴与 $\alpha = 0.9$ 的空心圆轴，并进行重量比较。

【解】 （1）确定实心圆轴直径

$$\tau_{max} = \frac{M_n}{\frac{\pi d^3}{16}} \leqslant [\tau]$$

$$d \geqslant \sqrt[3]{\frac{16M_n}{\pi[\tau]}} = \sqrt[3]{\frac{16 \times (1.5 \times 10^3 \mathrm{N \cdot m})}{\pi(50 \times 10^6 \mathrm{Pa})}} = 0.0535\mathrm{m}$$

取：$d = 54\mathrm{mm}$。

（2）确定空心圆轴内、外径

$$\tau_{max}=\frac{M_n}{\frac{\pi}{16}D^3(1-\alpha^4)}\leqslant[\tau]$$

$$D\geqslant\sqrt[3]{\frac{16M_n}{\pi(1-\alpha^4)[\tau]}}=76.3mm$$

$$d=\alpha D=68.7mm$$

取：$D=76mm$，$d=68mm$。

（3）重量比较

$$\beta=\frac{\frac{\pi}{4}(D^2-d^2)}{\frac{\pi}{4}d^2}=39.5\%$$

空心轴远比实心轴轻，从而也表示节省材料，即其性价比高。

4.4　圆轴扭转时的变形及刚度计算

4.4.1　变形计算

衡量扭转变形的大小可用扭转角 φ 来表示，φ 与单位扭转角间的关系为 $\theta=\dfrac{\mathrm{d}\varphi}{\mathrm{d}x}$。由式（4-6）可得

$$\mathrm{d}\varphi=\theta\mathrm{d}x=\frac{M_n}{GI_p}\mathrm{d}x$$

上式表示相距 $\mathrm{d}x$ 的两截面之间相对转过的角度。

对于长为 l 的等直圆杆，若两横截面之间的扭矩 M_n 为常数，则

$$\varphi=\frac{M_n l}{GI_p} \tag{4-11a}$$

由式（4-11a）计算出来的扭转角 φ，其单位是 rad，若以角度进行计算，则

$$\varphi=\frac{M_n l}{GI_p}\times\frac{180°}{\pi} \tag{4-11b}$$

4.4.2　刚度条件

圆轴受扭时，除满足强度条件外，还须满足一定的刚度要求。通常是限制单位长度上的最大扭转角 θ_{max} 不超过规范给定的许用值 $[\theta]$，刚度条件可表示为

$$\theta_{max}=\frac{M_{nmax}}{GI_p}\leqslant[\theta] \tag{4-12a}$$

式（4-12a）θ_{max} 单位为 "rad/m"，工程中给出的 $[\theta]$ 单位通常是 "°/m"，则上式可写成

$$\theta_{max} = \frac{M_{nmax}}{GI_p} \times \frac{180°}{\pi} \leqslant [\theta] \qquad (4\text{-}12b)$$

【例题 4-3】 长 $L = 2m$ 的空心圆截面杆受均布力偶矩 $m = 20N \cdot m/m$ 的作用（图 4-10a），杆的内外径之比为 $\alpha = 0.8$，$G = 80GPa$，许用切应力 $[\tau] = 30MPa$，试：

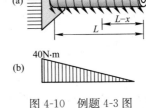

图 4-10 例题 4-3 图

(1) 设计杆的外径；

(2) 若 $[\theta] = 2°/m$，试校核此杆的刚度；

(3) 求右端面相对于左端面的转角。

【解】 作扭矩图（图 4-10b）

$$M_n(x) = m(L-x) = 20(L-x)$$

$$M_{nmax} = 20 \times 2 = 40N \cdot m$$

(1) 设计杆的外径

$$\frac{M_{nmax}}{W_p} \leqslant [\tau], \quad W_p = \frac{\pi D^3}{16}(1-\alpha^4) \geqslant \frac{M_{nmax}}{[\tau]}$$

$$D \geqslant \left(\frac{16 T_{max}}{\pi(1-\alpha^4)[\tau]}\right)^{\frac{1}{3}}$$

代入数值得：$D \geqslant 0.0226m$。

(2) 由扭转刚度条件校核刚度

$$\theta_{max} = \frac{M_{nmax}}{GI_p} \times \frac{180°}{\pi} = \frac{32 \times 40 \times 180}{80 \times 10^9 \times \pi^2 D^4(1-\alpha^4)} = 1.89°/m < [\theta]$$

刚度足够。

(3) 右端面相对于左端面的转角

$$\varphi = \int_0^L \frac{M_n(x)}{GI_p} dx = \int_0^L \frac{m(L-x)}{GI_p} dx = \frac{mL^2}{2GI_p} = 0.033 (弧度)$$

【例题 4-4】 如图 4-11(a)所示为装有四个皮带轮的一根实心圆轴的计算简图。已知 $T_1 = 1.5kN \cdot m$，$T_2 = 3kN \cdot m$，$T_3 = 9kN \cdot m$，$T_4 = 4.5kN \cdot m$；各轮的间距为 $l_1 = 0.8m$，$l_2 = 1.0m$，$l_3 = 1.2m$；材料的 $[\tau] = 80MPa$，$[\theta] = 0.3°/m$，$G = 80 \times 10^9 Pa$，试：

(1) 设计轴的直径 D；

(2) 若轴的直径 $D_0 = 105mm$，试计算全轴的相对扭转角 φ_{D-A}。

【解】 绘出扭矩图（图 4-11b）

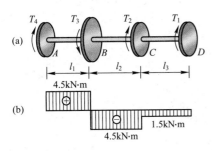

图4-11 例题 4-4 图

(1) 设计轴的直径

由扭矩图可知，圆轴中的最大扭矩发生在 AB 段和 BC 段，其绝对值 $M_n = 4.5kN \cdot m$。

由强度条件

$$\tau_{max} = \frac{M_n}{W_p} = \frac{M_n}{\frac{\pi D^3}{16}} = \frac{16 M_n}{\pi D^3} \leqslant [\tau]$$

求得轴的直径为

$$D \geqslant \sqrt[3]{\frac{16M_n}{\pi[\tau]}} = \sqrt[3]{\frac{16 \times 4.5 \times 10^3}{\pi \times 80 \times 10^6}} = 0.066\text{m}$$

由刚度条件
$$\theta_{\max} = \frac{M_n}{GI_P} \times \frac{180°}{\pi} \leqslant [\theta]$$

即
$$\frac{4.5 \times 10^3}{\frac{\pi D^4}{32} \times 80 \times 10^9} \times \frac{180°}{\pi} \leqslant 0.3°/\text{m}$$

得
$$D \geqslant \sqrt[4]{\frac{32 \times 4.5 \times 10^3 \times 180}{\pi^2 \times 80 \times 10^9 \times 0.3}} = 0.102\text{m}$$

由上述强度计算和刚度计算的结果可知，该轴的直径应由刚度条件确定，应选用 $D = 102\text{mm}$ 的轴。

（2）扭转角 φ_{D-A} 计算

根据题意，轴的直径采用 $D_0 = 105\text{mm}$，其极惯性矩为

$$I_P = \frac{\pi D^4}{32} = \frac{\pi(105)^4}{32} = 1190 \times 10^4 \text{mm}^4$$

$$\varphi_{D-A} = \varphi_{D-C} + \varphi_{C-B} + \varphi_{B-A}$$

$$= \frac{(M_n)_{CD}l_3}{GI_P} + \frac{(M_n)_{BC}l_2}{GI_P} + \frac{(M_n)_{AB}l_1}{GI_P}$$

$$= \frac{-1.5 \times 10^3 \times 1.2}{80 \times 10^9 \times 1190 \times 10^{-8}} + \frac{-4.5 \times 10^3 \times 1}{80 \times 10^9 \times 1190 \times 10^{-8}} + \frac{4.5 \times 10^3 \times 0.8}{80 \times 10^9 \times 1190 \times 10^{-8}}$$

$$= -2.84 \times 10^{-3} \text{(rad)} = -0.163°$$

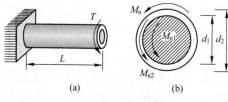

图 4-12　例题 4-5 图

【例题 4-5】　一组合杆由实心杆 1 插入空心管 2 内结合在一起所组成（图 4-12a），杆和管的材料相同。剪切模量为 G，试求组合杆承受外力偶矩 m 以后，杆和管内的最大切应力。

【解】　（1）静力学关系（图 4-12b）
$$M_n = M_{n1} + M_{n2} = T$$

（2）变形协调条件
$$\varphi_1 = \varphi_2$$

（3）物理关系
$$\varphi_1 = \frac{M_{n1}l}{G \cdot \frac{\pi}{32}d_1^4}, \quad \varphi_2 = \frac{M_{n2}l}{G \cdot \frac{\pi}{32}(d_2^4 - d_1^4)}$$

代入变形协调方程，得补充方程
$$M_{n1} = M_{n2}\frac{d_1^4}{(d_2^4 - d_1^4)}$$

（4）补充方程与静力平衡方程联立，解得
$$M_{n1} = T\frac{d_1^4}{d_2^4}, \quad M_{n2} = T\frac{(d_2^4 - d_1^4)}{d_2^4}$$

（5）最大切应力

杆内最大切应力：

$$\tau_1 = \frac{M_{n1}}{W_{p1}} = \frac{M_{n1}}{\frac{\pi}{16} d_1^3} = \frac{16 T d_1}{\pi d_2^4}$$

管内最大切应力：

$$\tau_2 = \frac{M_{n2}}{W_{p2}} = \frac{M_{n2}}{\frac{\pi}{16} d_2^3 \left[1 - \left(\frac{d_1}{d_2} \right)^4 \right]} = \frac{16 T}{\pi d_2^3}$$

4.5 圆轴受扭转的破坏分析

以低碳钢为代表的塑性材料，扭转破坏时，断口在横截面上表现为断面光滑（图 4-13a），是横截面上的切应力造成滑移破坏。

以铸铁为代表的脆性材料，扭转破坏断口发生在与轴线约呈 45°的斜面上（图 4-13b），断口为螺旋面，晶粒明显，断口粗糙，与拉伸试验破坏的断口相同仅方位不同。断口形状与方位表明，铸铁扭转时是斜面上的拉应力造成破坏，正负扭矩作用下的断口都发生在拉应力最大的面上。

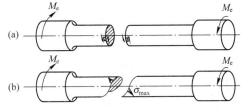

图 4-13 低碳钢、铸铁受扭破坏

铸铁扭转破坏的断口方位和形状表明，脆性材料抗拉能力比抗剪切能力差，所以不在切应力最大的面上破坏，而是在拉应力最大的面上破坏。结合铸铁的拉、压、扭破坏分析，可得到结论：铸铁抗压能力最强，抗剪切能力其次，抗拉能力最弱。

对于木材、竹子这类各向异性材料受扭破坏时，断口发生在纵向截面上。由切应力互等定理可知，圆杆受扭时纵向截面上也存在切应力，其值与横截面上的相等。破坏不发生在横截面而发生在纵向面上，这是由于木材、竹子等在顺纹方向抗剪强度差的缘故。

4.6 矩形截面杆的自由扭转（free torsion）

前面讨论了圆截面杆的扭转，但应注意到，圆截面杆在扭转时，变形前和变形后其圆截面的平面特征并没有改变，半径仍保持为直线。对于非圆截面杆，在扭转时其横截面不再保持为平面，而发生翘曲，以方截面为例，如图 4-14 所示。

图 4-14 矩形截面杆扭转变形

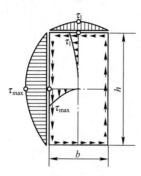

图 4-15 矩形截面
剪应力分布

因此，由圆截面杆扭转时根据平面假设导出的公式对于非圆截面杆扭转就不再适用了。本节仅对矩形截面杆在自由扭转时的应力及变形作简单介绍。

矩形截面杆自由扭转时，横截面上的切应力分布如图 4-15 所示，它具有以下特点

（1）截面周边的切应力方向与周边平行；

（2）角点的切应力为零；

（3）最大的切应力发生在长边的中点处，其计算式为

$$\tau_{max}=\frac{M_n}{\alpha h b^2}=\frac{M_n}{W_T} \tag{4-13}$$

扭转角的计算公式为

$$\varphi=\frac{M_n l}{\beta G h b^3}=\frac{M_n l}{GI_T} \tag{4-14}$$

式中　　h——矩形截面长边长度；

　　　　b——矩形截面短边长度；

$W_T=\alpha h b^2$——相当抗扭截面模量；

$I_T=\beta h b^3$——相当极惯性矩；

α、β——与截面尺寸的比值 $\frac{h}{b}$ 有关，其相关数据见表 4-1。

矩形截面杆的扭转系数 α、β　　　　表 4-1

$\frac{h}{b}$	1.0	1.2	1.5	2.0	2.5	3.0	4.0	6.0	8.0	10.0	∞
α	0.208	0.219	0.231	0.246	0.258	0.267	0.282	0.299	0.307	0.313	0.333
β	0.141	0.166	0.196	0.229	0.249	0.263	0.281	0.299	0.307	0.313	0.333

当矩形截面的 $\frac{h}{b}>10$ 时（狭长矩形），由表 4-1 可查得 $\alpha=\beta=0.333$，可近似地认为 $\alpha=\beta=\frac{1}{3}$。于是横截面上长边中点处的最大切应力为

$$\tau_{max}=\frac{M_n}{\frac{1}{3}h\delta^2}=\frac{M_n}{I_T}\delta \tag{4-15}$$

这时，横截面周边上的切应力分布规律如图 4-16 所示。

而杆件的扭转角则为

$$\varphi=\frac{M_n l}{G\left(\frac{1}{3}h\delta^3\right)}=\frac{M_n l}{GI_T} \tag{4-16}$$

[讨论]

（1）由于宽度 δ 很小，即使 τ_{max} 很大，形成的扭矩还是很小的；上下短边距离虽大，但短边上的切应力却

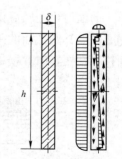

图 4-16 狭长矩形截
面剪应力分布

很小，也不能构成较大的扭矩，这说明截面为狭长矩形的杆件抗扭能力很差，不宜作受扭构件。

（2）相同截面情况下，非圆截面杆扭转时的最大剪应力要比圆截面杆来得大，所以许多厂房、车站的高大结构，由于杆件不可避免地受到扭转作用，所以工程中广泛采用圆形薄壁杆件。

小结及学习指导

本章重点讲述圆轴扭转时的应力计算和变形计算，给出圆轴扭转时的强度条件和刚度条件。对矩形截面杆件的扭转问题只作简要介绍并给出主要结论。

扭矩的概念，扭矩图的绘制，圆轴扭转时横截面上的应力及强度计算，扭转的变形及刚度计算等内容要求重点掌握。

在推导圆轴扭转时横截面上的切应力计算公式时，我们同样从变形几何关系、力与变形间的物理关系和静力学关系三个方面进行分析，这是材料力学分析和解决问题的基本方法。通过轴向拉（压）、剪切及本章扭转变形的学习，读者应学会并深刻理解这一基本方法。

在进行扭转的强度和刚度计算时，应注意综合考虑扭矩图中扭矩的大小、轴的截面变化情况和材料性能等因素，尽可能找到最危险的截面进行计算，若有几个可能的危险截面存在时，应对它们分别进行计算，比较后确定。

思考题

4-1 何谓扭矩？扭矩的正负号是如何规定的？

4-2 平面假设的根据是什么？该假设在圆轴扭转切应力的推导中起了什么作用？

4-3 三根直径相同、扭矩相同的圆轴，分别由木材、石料和铝材制成，它们的应力是否相同？三者破坏荷载是否相同？断口方位和形状是否相同？为什么？

4-4 空心圆轴的外径为 D，内径为 d，抗扭截面系数能否用下式计算？为什么？

$$W=\frac{\pi D^3}{16}-\frac{\pi d^3}{16}$$

4-5 取一段受扭圆轴，沿水平纵截面截开（图4-17）。纵截面上的切应力 τ' 组成矩矢垂直于轴线的力偶，此力偶与什么力偶相平衡？

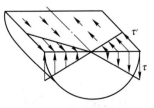

图 4-17 思考题 4-5 图

4-6 圆轴的直径为 D，受扭时轴内最大切应力为 τ，单位扭转角为 θ。若直径改为 $\frac{D}{2}$，此时轴内的最大切应力为多少？单位扭转角为多少？

4-7 一实心圆截面的直径为 D_1，另一空心圆截面的外径为 D_2，$\alpha=0.8$，若两轴横截面上的扭矩和最大切应力分别相等，则 $\dfrac{D_2}{D_1}=$？

4-8 矩形截面受扭时，横截面上的切应力分布有何特点？最大切应力发生在什么地方？其值如何计算？

4-9 圆截面杆与非圆截面杆受扭时，变形特征有何区别？

习题

4-1 圆轴受力如图 4-18 所示，其 $T_1=1\text{kN}\cdot\text{m}$，$T_2=0.6\text{kN}\cdot\text{m}$，$T_3=0.2\text{kN}\cdot\text{m}$，$T_4=0.2\text{kN}\cdot\text{m}$。试：

（1）作出轴的扭矩图；

（2）若 T_1 和 T_2 的作用位置互换，则扭矩图有何变化？

4-2 M_n 为圆杆横截面上的扭矩，如图 4-19 所示，试画出截面上与 M_n 对应的切应力分布图。

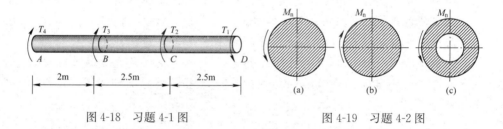

图 4-18 习题 4-1 图 图 4-19 习题 4-2 图

4-3 直径 $d=50\text{mm}$ 的圆轴受力如图 4-20 所示，$T_0=1\text{kN}\cdot\text{m}$，求：

（1）截面上 $\rho=d/4$ 处 A 点的切应力；

（2）圆轴的最大切应力。

4-4 一等截面圆轴的直径 $d=50\text{mm}$。已知转速 $n=120\text{r/min}$ 时，该轴的最大切应力为 60MPa。试求圆轴所传递的功率。

4-5 设有一实心圆轴和另一内外直径之比为 3/4 的空心圆轴如图 4-21 所示。若两轴的材料及长度相同，承受的扭矩 M_n 和截面上最大切应力也相同，试比较两轴的重量。

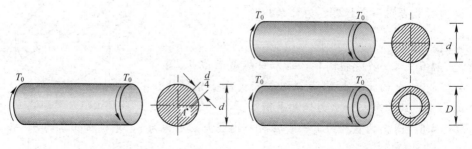

图 4-20 习题 4-3 图 图 4-21 习题 4-5 图

4-6 一实心圆轴与四个圆盘刚性连接如图 4-22 所示，设 $T_A = T_B = 0.25\text{kN·m}$，$T_C = 1\text{kN·m}$，$T_D = 0.5\text{kN·m}$，圆轴材料的许用切应力 $[\tau] = 20\text{MPa}$，其直径 $d = 50\text{mm}$，试对圆轴进行强度计算。

4-7 在习题 4-1 中，若已知轴的直径 $d = 75\text{mm}$，$G = 8 \times 10^4 \text{MPa}$，试求轴的总扭转角。

4-8 有一圆截面杆 AB 如图 4-23 所示，其左端为固定端，承受分布力偶矩 q 的作用。试导出该杆 B 端处扭转角 φ 的公式。

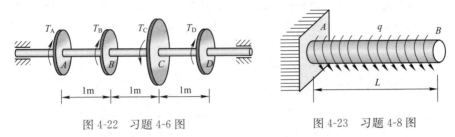

图 4-22　习题 4-6 图　　　　　　　图 4-23　习题 4-8 图

4-9 已知实心圆轴的转速 $n = 300\text{r/min}$，传递的功率 330kW。圆轴材料的许用切应力 $[\tau] = 60\text{MPa}$，剪切弹性模量 $G = 8 \times 10^4 \text{MPa}$，设计要求在 2m 长度内的扭转角不超过 1°，试确定轴的直径。

4-10 实心圆和空心圆轴通过牙嵌式离合器连接在一起，如图 4-24 所示。已知轴的转速 $n = 100\text{r/min}$，传递的功率 $N = 7.5\text{kW}$，材料的许用切应力 $[\tau] = 40\text{MPa}$。试选择实心圆轴直径 d_0 及内外直径之比为 $\alpha = \dfrac{d}{D} = \dfrac{1}{2}$ 的空心圆轴的内径 d 和外径 D。

图 4-24　习题 4-10 图

4-11 如图 4-25 所示两端固定的圆轴，受外力偶矩 $T_B = T_C = 10\text{kN·m}$ 的作用。设材料的许用切应力 $[\tau] = 60\text{MPa}$，试选择轴的直径。

4-12 一根两端固定的阶梯形圆轴如图 4-26 所示，它在截面突变处受外力偶矩 T_0 的作用。若 $d_1 = 2d_2$，试求固端支反力偶矩 T_A 和 T_B，并作扭矩图。

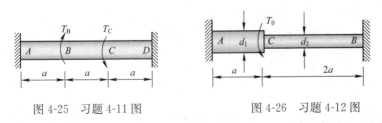

图 4-25　习题 4-11 图　　　　　图 4-26　习题 4-12 图

4-13 一组合轴是由直径 75mm 的钢杆外面包以紧密配合的黄铜管组成。其中，钢：$G_s = 8 \times 10^4 \text{MPa}$；黄铜：$G_c = 4 \times 10^4 \text{MPa}$。若欲使组合轴受扭矩作用时两种材料分担同样的扭矩，（1）试求黄铜管的外径。（2）若扭矩为 16kN·m，计算钢杆和黄铜管的最大切应力以及轴长为 4m 时的扭转角。提示：钢杆和黄铜管的扭转角相等。

4-14 外径为 75mm 的铜管紧密套在钢管上，两管的壁厚均为 3mm，两管的各端牢固地互相连接着，且有 1kN·m 的扭矩作用在管上，其中，钢：$G_s=8\times10^4$MPa；黄铜：$G_c=8\times10^4$MPa。试求各管中最大切应力以及在 3m 长度内的扭转角。

4-15 如图 4-27 所示，两端刚性固定、长度 $l=1$m 的圆管，外径 $D=10$mm，壁厚 $\delta=0.5$mm，承受集度为 $m_e=5.5$kN·m/m 的均布外力偶矩作用，试求此杆内最大切应力以及长度中点处截面的扭转角（材料的切变模量 $G=8\times10^4$MPa）。

4-16 图 4-28 所示矩形截面钢杆，受矩为 $T_0=3$kN·m 的一对外力偶作用。已知材料的剪切弹性模量 $G=8\times10^4$MPa。求：

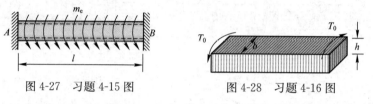

图 4-27　习题 4-15 图　　　　图 4-28　习题 4-16 图

(1) 杆内最大切应力的大小、位置和方向；

(2) 横截面短边中点处的切应力；

(3) 杆的单位长度扭转角。

习题答案（部分）

4-3　$\tau_A=20.4$MPa，$\tau_{max}=40.8$MPa

4-4　$N_K=18.25$kN

4-5　0.564

4-6　满足

4-7　0.646°

4-8　$\varphi=\dfrac{ql^2}{2GI_p}$

4-9　$d\geqslant111$mm

4-10　$d_0=45$mm，$d=23$mm，$D=46$mm

4-11　$T_A=\dfrac{32}{33}T_0$，$T_B=\dfrac{1}{33}T_0$

4-12　$d\geqslant82.7$mm

4-13　(1) $D_c=D_s\sqrt[4]{1+\dfrac{D_s}{D_c}}=98.7$mm；

　　　　(2) 钢杆 $\tau_{max}=96.6$MPa，铜管 $\tau_{max}=63.6$MPa，$\varphi=7.38°$

4-14　铜管 $\tau_{max}=16.75$MPa，钢管 $\tau_{max}=30.8$MPa，$\varphi=1.92°$

4-15　$\tau_{max}=81.5$MPa，$\varphi\left(\dfrac{l}{2}\right)=5.83°$

4-16　$\tau_{max}=40.1$MPa，$\tau'_{max}=34.4$MPa，$\theta=0.564°$/m

第5章

弯 曲 内 力

本章知识点

【知识点】平面弯曲，静定梁，剪力与弯矩，剪力方程与弯矩方程，剪力与弯矩图，荷载集度、剪力和弯矩间的微分关系，平面刚架的内力方程和内力图。

【重点】剪力图、弯矩图。

【难点】荷载集度、剪力和弯矩间的微分关系。

5.1 弯曲变形的概念和工程实例

弯曲(bending)变形是杆件的基本变形之一。以弯曲变形为主的构件，工程上称之为梁。工程实际及日常生活中的弯曲实例有很多，图 5-1 给出了若干

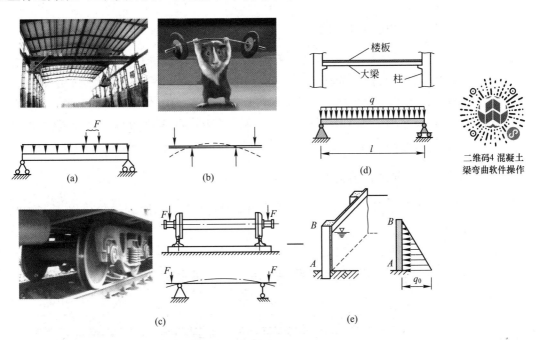

二维码4 混凝土梁弯曲软件操作

图 5-1　弯曲变形实例及受力简图

(a) 桥式起重机的横梁；(b) 举重杠铃的横杠；(c) 火车的车轴；

(d) 房屋结构中的大梁；(e) 挡水结构中的木桩

73

弯曲变形的实例及其计算简图。如：桥式起重机的横梁(图 5-1a)、举重杠铃的横杠(图 5-1b)、火车的车轴(图 5-1c)、房屋结构中的大梁(图 5-1d)、挡水结构中木桩(图 5-1e)等，都是以弯曲为主要变形的杆件。

上述承受弯曲变形的杆件，其受力特征为：在通过杆件轴线的平面内，受到力偶或垂直于轴线的横向外力的作用；变形特征为：杆件的轴线由直线弯成曲线。

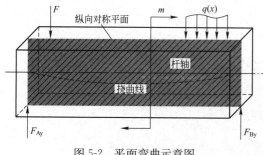

图 5-2　平面弯曲示意图

工程中最常见的梁，如矩形、工字形及圆形截面梁，其横截面都具有对称轴，梁中所有横截面的对称轴形成一个纵向对称面，当梁上所有的外力都作用在这个纵向对称面内时，梁的轴线即在该纵向对称平面内由直线变成一条平面曲线(图 5-2)。这种弯曲称为平面弯曲(plane bending)。

平面弯曲虽然是弯曲变形的一种特殊情况，却是工程中最常见、最基本的弯曲问题。本章主要讨论平面弯曲梁的内力计算问题，为后面两章讨论弯曲应力和弯曲变形做准备。

5.2　梁的计算简图及分类

5.2.1　梁的计算简图

通过对梁的几何形状、所受荷载及支承情况进行合理简化，得到简化的力学模型称为计算简图。计算简图中把梁简化为一条直线(用梁的轴线代替梁)；作用在梁上的荷载可根据实际作用情况简化为集中力、集中力偶、分布力或分布力偶；支承可根据其对梁的约束情况简化为与之最接近的固定端、活动铰支座或固定铰支座等。图 5-1 给出了各工程实例简化后的计算简图。

5.2.2　静定梁的分类

工程中根据支座对梁约束的不同特点把简单静定梁分成以下三种基本形式：

(1) 简支梁：梁的一端为活动铰支座，另一端为固定铰支座(图 5-3a)；

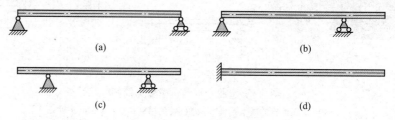

(a)　　　　　　　　　　　　　　(b)

(c)　　　　　　　　　　　　　　(d)

图 5-3　静定梁的基本形式

（2）外伸梁：梁的一端或两端伸出支座之外的简支梁（图 5-3b、c）；

（3）悬臂梁：梁的一端为固定端支座，另一端为自由端（图 5-3d）。

上述三种梁承受荷载后的支座反力都可由静力平衡方程求得，故将它们统称为静定梁（statically determinate beam）。工程上为了提高梁的强度和刚度，会在梁上增加一些支承，梁增加了支承后，梁的支座反力的数目将多于静力平衡方程数，用静力平衡方程无法求得全部支座反力，这类梁称为超静定梁（statically indeterminate beam）（图 5-4a、b）。

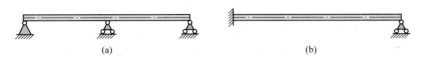

图 5-4　超静定梁

5.3　剪力方程和弯矩方程、剪力图和弯矩图

5.3.1　剪力和弯矩

简支梁 AB 跨中受集中力 F 作用，约束力分别为 F_{Ax}、F_{Ay} 和 F_{By}，如图 5-5（a）所示。

计算离支座 A 为 x 处的 $m\text{-}m$ 截面上的内力。用截面法，在 $m\text{-}m$ 截面处将梁假想地截开，取左段为脱离体，画受力图，如图 5-5（b）所示，截面上除有内力 F_S 处，还要添上力偶矩 M 才能平衡，得平衡方程

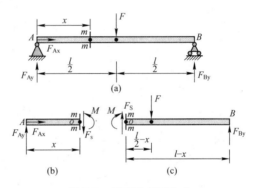

图 5-5　截面法求梁内力

$$\sum F_{iy}=0,\quad F_{Ay}-F_S=0,\quad F_S=F_{Ay}$$
$$\sum M_o=0,\quad F_{Ay}x-M=0,\quad M=F_{Ay}x$$

可知梁内力有两项，一项为平行于截面的力，称为剪力（shearing force），记为 F_S；另一项是矩矢垂直于轴线的力偶矩，称为弯矩（bending moment），记为 M。对于图 5-5（c）所示的右脱离体也有同样结果。

剪力、弯矩的正负号一般由梁的剪切变形和弯曲变形来确定：在横截面 $m\text{-}m$ 处，从梁上截出 $\mathrm{d}x$ 微段来分析（图 5-6），若该微段发生左侧截面向上而右侧截面向下的相对错动时，剪力规定为正，反之为负（图 5-6a、b）；若该微段发生下凸上凹、下侧纤维受拉上侧纤维受压的变形时，弯矩规定为正，反之为负（图 5-6c、d）。

在具体计算内力时，先假定所求截面上的剪力和弯矩均为正向，然后由平衡条件进行计算，若结果为正，说明内力的实际方向（或转向）与假定方向

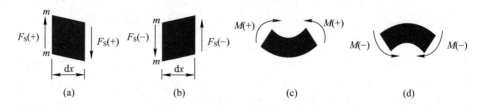

图 5-6　剪力、弯矩的正负号规定

一致；反之，说明实际的与假定的相反。

思考：若用顺时针和逆时针的方向来表示剪力的正向和负向，如何描述？

【例题 5-1】　用截面法求图 5-7(a)所示悬臂梁 C 截面上的内力。

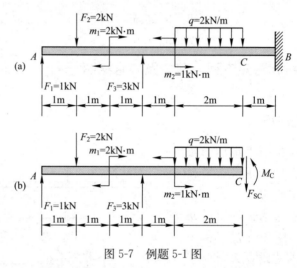

图 5-7　例题 5-1 图

【解】　(1) 为了避免求 B 支座的约束力，可沿 C 截面截开，取左端为研究对象，在 C 截面上加上一个正号的剪力 F_{SC} 和正号的弯矩 M_C，如图 5-7(b)所示。

(2) 列静力平衡方程求 C 截面上的内力

由　　　　　　　　$\sum F_{iy}=0, F_1-F_2+F_3-q\times 2-F_{SC}=0$

得　　　　$F_{SC}=F_1-F_2+F_3-q\times 2=1-2+3-2\times 2=-2\mathrm{kN}$

由　　$\sum M_C=0, -F_1\times 6 +F_2\times 5-m_1-F_3\times 3+m_2+q\times 2\times 1+M_C=0$

得　　　$M_C=1\times 6-2\times 5+2+3\times 3-1-2\times 2\times 1=2\mathrm{kN}\cdot\mathrm{m}$

[讨论]

由于在取脱离体、列静力平衡方程时，是把内力 F_{SC} 和 M_C 当做脱离体上的外力来看待的，因此在方程中出现的正负号是由它们作用在脱离体上的方向和转向按静力学规定而确定的，而不要与内力 F_{SC}、M_C 本身的正、负号混淆。

5.3.2　剪力方程和弯矩方程，剪力图和弯矩图

通常，剪力和弯矩都随截面位置的变化而变化。如以坐标 x 表示横截面在梁轴上的位置，则梁中各横截面上的剪力和弯矩均可以表示为坐标 x 的函数，即

$$F_S = F_S(x), \quad M = M(x)$$

上述关系式分别称为剪力方程(equation of shearing force)和弯矩方程(equation of bending moment)。

为了清楚地表明沿梁轴各横截面上的内力大小和变化情况，通常根据剪力方程和弯矩方程把剪力和弯矩的数值用图线来表示。作图方法与作轴力图和扭矩图的方法相仿。取沿梁轴的轴线为横坐标，表示各横截面的位置；用纵坐标表示相应截面上的剪力和弯矩的数值。这样的图线称为剪力图(shearing force diagram)和弯矩图(bending moment diagram)。

通常将正号的剪力作在 x 轴的上方；负号的剪力作在 x 轴的下方。负号的弯矩作在 x 轴的上方；正号的弯矩作在 x 轴的下方。

【例题 5-2】 如图 5-8(a)所示简支梁受集中荷载 F 作用，试作梁的剪力图和弯矩图。

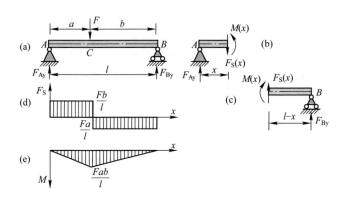

图 5-8　例题 5-2 图

【解】 (1) 求支反力

$$F_{Ay} = \frac{Fb}{l} \quad F_{By} = \frac{Fa}{l}$$

(2) 取脱离体(图 5-8b、c)，列出剪力方程和弯矩方程

AC：
$$F_S(x) = \frac{Fb}{l} \quad (0 < x < a)$$

$$M(x) = \frac{Fb}{l} x \quad (0 \leqslant x \leqslant a)$$

CB：
$$F_S(x) = -F_{By} = -\frac{Fa}{l} \quad (a < x < l)$$

$$M(x) = F_{By}(l-x) = \frac{Fa}{l}(l-x) \quad (a \leqslant x \leqslant l)$$

(3) 作剪力图和弯矩图(图 5-8d、e)。

在集中力 F 作用处，剪力图有突变，突变值为集中力的大小；弯矩图有转折。当 $a = b = l/2$ 时，$M_{max} = \dfrac{Fl}{4}$ 为极大值。

【例题 5-3】 如图 5-9(a)所示简支梁在 C 点受 M_e 的集中力偶作用，试作梁的剪力图和弯矩图。

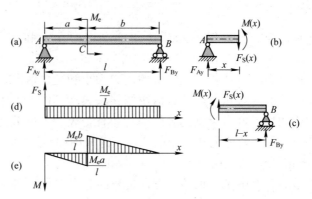

图 5-9 例题 5-3 图

【解】 （1）求支反力

$$\sum M_A = 0, \quad M_e - F_{Ay} \times l = 0$$

$$F_{Ay} = \frac{M_e}{l}(\uparrow), \quad F_{By} = \frac{M_e}{l}(\downarrow)$$

（2）取脱离体(图 5-9b、c)，列出剪力方程和弯矩方程

剪力方程无需分段：

$$F_S(x) = F_{Ay} = \frac{M_e}{l}(0 < x < l)$$

AC：
$$M(x) = F_{Ay}x = \frac{M_e}{l}x \ (0 \leqslant x < a)$$

CB：
$$M(x) = F_{By}(l-x) = -\frac{M_e}{l}(l-x)(a < x \leqslant l)$$

（3）作剪力图和弯矩图(图 5-9d、e)。

集中力偶作用点处剪力图无间断，弯矩图却有突变，突变值的大小等于集中力偶的大小。

$b > a$ 时：$|M_{max}| = \dfrac{M_e b}{l}$发生在 C 截面右侧。

5.4 分布荷载、剪力及弯矩间的关系

设梁上作用有任意分布荷载(图 5-10a)，其集度 q 是 x 的连续函数，并规定向上为正。将 x 轴坐标原点取在梁的左端，用坐标为 x 和 $x +$ dx 处的两个横截面 m-m 和 n-n 假想地从梁中取出微段 dx 进行分析(图 5-10b)。

作用在该微段上的分布荷载 $q(x)$可认为是均匀的；微段左侧截面上有剪力 $F_S(x)$ 和弯矩 $M(x)$；右侧截面上有剪力 $F_S(x) + dF_S(x)$

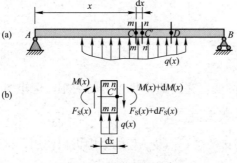

图 5-10 梁微段的平衡

和弯矩 $M(x)+\mathrm{d}M(x)$。

考虑微段 $\mathrm{d}x$ 的平衡，由平衡条件得

$$\sum F_{iy}=0, \quad F_{\mathrm{S}}(x)-[F_{\mathrm{S}}(x)+\mathrm{d}F_{\mathrm{S}}(x)]+q(x)\mathrm{d}x=0$$

即

$$\frac{\mathrm{d}F_{\mathrm{S}}(x)}{\mathrm{d}x}=q(x) \tag{5-1}$$

上式说明：剪力 $F_{\mathrm{S}}(x)$ 对截面位置 x 的一阶导数等于同一截面处的分布荷载集度 $q(x)$。其几何意义是：剪力图上某点处的切线斜率等于该点处荷载集度的大小。

在梁上点 C 和点 D 之间对式(5-1)进行积分得：

$$F_{\mathrm{SD}}-F_{\mathrm{SC}}=\int_{x_{\mathrm{C}}}^{x_{\mathrm{D}}}q(x)\mathrm{d}x \tag{5-2}$$

式(5-2)表明梁上两点之间的剪力差等于该两点之间的分布荷载曲线与横坐标轴所包围的面积，即分布荷载的总和。但这个式子的成立是有条件的，即两点之间的梁上仅有分布荷载作用而没有集中荷载作用。

再由平衡条件

$$\sum M_{C'}=0, \quad M(x)+F_{\mathrm{S}}(x)\mathrm{d}x+q(x)\mathrm{d}x\frac{\mathrm{d}x}{2}-[M(x)+\mathrm{d}M(x)]=0$$

略去二阶微量得 $\qquad F_{\mathrm{S}}(x)\mathrm{d}x-\mathrm{d}M(x)=0$

即

$$\frac{\mathrm{d}M(x)}{\mathrm{d}x}=F_{\mathrm{S}}(x) \tag{5-3}$$

上式说明：弯矩 $M(x)$ 对截面位置 x 的一阶导数，等于在同一截面上的剪力 $F_{\mathrm{S}}(x)$。其几何意义是：弯矩图上某点处的切线斜率等于该点处剪力的大小。

在梁上点 C 和点 D 之间对式(5-3)进行积分得：

$$M_{\mathrm{D}}-M_{\mathrm{C}}=\int_{x_{\mathrm{C}}}^{x_{\mathrm{D}}}F_{\mathrm{S}}(x)\mathrm{d}x \tag{5-4}$$

式(5-4)表明梁上两截面之间的弯矩差等于该两截面之间剪力图所包围的面积。需注意的是这个式子的成立也是有条件的，即两点之间的梁上没有集中力偶的作用。

比较式(5-1)和式(5-3)，又可得出如下关系

$$\frac{\mathrm{d}^2M(x)}{\mathrm{d}x^2}=q(x) \tag{5-5}$$

上式说明：弯矩 $M(x)$ 对截面位置 x 的二阶导数，等于在同一截面处分布荷载集度 $q(x)$。其意义是：根据 $M(x)$ 对 x 的二阶导数的正、负号来判定 M 图的凹凸方向。

掌握上述微分、积分关系及 F_{S} 图和 M 图的一些特点，将有助于绘制和校核 F_{S} 图和 M 图。现将这些特点归纳如下：

（1）在无荷载作用的一段梁上，即 $q(x)=0$，剪力图是一条平行于 x 轴的直线；弯矩图是一条斜直线。当 $F_{\mathrm{S}}>0$ 时，M 图为递增；当 $F_{\mathrm{S}}<0$ 时，M 图为递减。

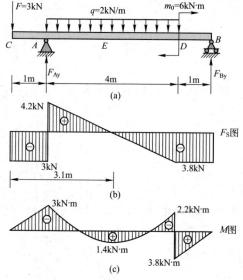

图 5-11 例题 5-4 图

(2) 在有均匀分布荷载作用的梁段上，即 $q(x)=q$ 为常数时，剪力图是一条斜直线，弯矩图是一条二次抛物线。当 $q<0$ 时，F_S 图为递减；M 图是一条下凸的曲线（∪）。当 $q>0$ 时，F_S 图为递增；M 图是一条上凸的曲线（∩）。

(3) 在集中力作用处，该截面的剪力图有突变，突变的绝对值大小等于集中力 F 的大小；弯矩图在该截面处有尖角，这是由于集中力作用处左、右两截面弯矩图斜率发生变化所形成的。

(4) 在集中力偶作用处，该截面的剪力图无变化，而弯矩图有突变，突变的绝对值大小等于该集中力偶矩的大小。

(5) 最大弯矩可能出现的截面：

1) 剪力 $F_S=0$ 的截面；

2) 剪力变号的截面；

3) 集中力偶作用的截面。

【例题 5-4】 一外伸梁受力如图 5-11(a)所示。试作梁的剪力图和弯矩图。

【解】 (1) 求支座约束力 $F_{Ay}=7.2\text{kN}$，$F_{By}=3.8\text{kN}$

(2) 建立剪力方程和弯矩方程

根据梁上的荷载将梁分成三个区段，因此须分 CA、AD、DB 三段写出剪力方程和弯矩方程(分别在三段内取距左端为 x 的截面)

CA 段 $F_S(x_1)=-F=-3\text{kN}$ $(0<x_1<1\text{m})$

$M(x_1)=-Fx_1=-3x_1$ $(0\leqslant x_1\leqslant 1\text{m})$

AD 段 $F_S(x_2)=-F+F_{Ay}-q(x_2-1)=6.2-2x_2$ $(1\text{m}<x_2\leqslant 5\text{m})$

$$M(x_2)=-Fx_2+F_{Ay}(x_2-1)-\frac{q}{2}(x_2-1)^2$$

$$=-x_2^2+6.2x_2-8.2 \qquad (1\text{m}\leqslant x_2<5\text{m})$$

DB 段 $F_S(x_3)=-F+F_{Ay}-4q=-3.8\text{kN}$ $(5\text{m}\leqslant x_3<6\text{m})$

$$M(x_3)=-Fx_3+F_{Ay}(x_3-1)-4q(x_3-3)+m_0$$

$$=3.8(6-x) \qquad (5\text{m}<x_3\leqslant 6\text{m})$$

(3) 作剪力图和弯矩图

根据各段的剪力方程，作出剪力图如图 5-11(b)所示。

根据各段的弯矩方程，作出弯矩图如图 5-11(c)所示。

由图 5-11(b)、(c)可知，全梁的最大剪力和最大弯矩为

$$|F_{S\,\text{max}}|=4.2\text{kN}, \qquad |M_{\text{max}}|=3.8\text{kN}\cdot\text{m}$$

[讨论]

在 F_S 图和 M 图中应标出各控制截面上的剪力数值和弯矩数值。控制截面是指梁的端截面、荷载变化截面、极值剪力和极值弯矩所在截面。在截面 E 处 $F_S=0$，弯矩有极值。由 F_S 图可得 E 至 A 的距离为

$$\frac{F_{SA}}{q}=\frac{4.2}{2}=2.1\mathrm{m}$$

故 $M_E=-3\times3.1+7.2\times2.1-2\times2.1\times\frac{1}{2}\times2.1=1.4\mathrm{kN\cdot m}$

【例题 5-5】 刚架受力如图 5-12(a)所示，试绘刚架的内力图。

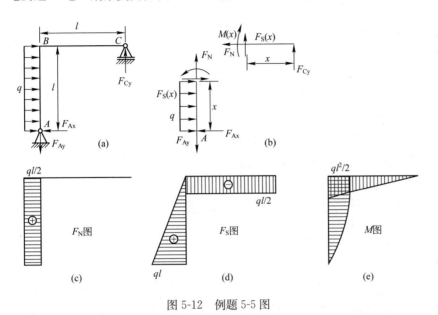

图 5-12 例题 5-5 图

【解】 由多根杆件通过杆端相互刚性连接组成的结构，称为刚架(frame)。刚性连接是指变形时杆件在连接点的位移相同，相交的角度保持不变，连接处也称为刚节点。平面刚架则是由梁和柱组成的平面结构。受荷载作用时，刚架的各杆件横截面上的内力一般有轴力、剪力和弯矩。作刚架内力图的方法与前述相同，但因刚架各杆件的取向不同，内力图的画法习惯上按照以下约定：轴力图和剪力图可画在杆件轴线的任一侧，但必须标明正负号；弯矩图画在杆件受拉的一侧。本例为平面刚架。

(1) 求刚架的约束力

由刚架的整体平衡可得

$$F_{Ax}=ql, \quad F_{Ay}=\frac{1}{2}ql, \quad F_{Cy}=\frac{1}{2}ql$$

(2) 内力计算(图 5-12b)

AB 杆：
$$F_N=F_{Ay}=\frac{1}{2}ql, \quad F_S=F_{Ax}-qx=q(l-x)$$

$$M(x)=F_{Ax}x-\frac{1}{2}qx^2=qlx-\frac{1}{2}qx^2$$

BC 杆：
$$F_N=0, \quad F_S=-F_{Cy}=-\frac{1}{2}ql$$

$$M(x)=F_{Cy}x=\frac{1}{2}qlx$$

(3) 绘刚架的内力图

81

刚架的内力图如图 5-12(c)、(d)、(e)所示。

5.5 按叠加原理作弯矩图

在小变形(线性)条件下,梁任意横截面上的内力等于各荷载单独作用下内力的线性代数和,如图 5-13(a)所示,梁跨中截面 C 处的弯矩为:$M_C = \dfrac{m_0}{2} + \dfrac{1}{8}ql^2$。

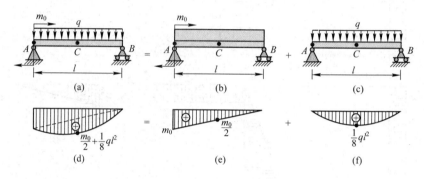

图 5-13 弯矩图的叠加原理

上式中的第一项为 m_0 单独作用的结果,第二项为均布荷载 q 单独作用的结果。因此梁在几个荷载共同作用下产生的内力等于各荷载单独作用产生的内力的代数和,这一结论称为叠加原理(superposition principle)。

同样,可应用叠加原理来作弯矩图。首先分别作出各个荷载单独作用时的弯矩图,然后将其相应的纵坐标叠加,得到梁在所有荷载共同作用下的弯矩图。以图 5-13 为例,首先将梁上两个荷载分开(图 5-13b,c),然后分别作集中力偶 m_0 和均布荷载 q 单独作用时的 M 图(图 5-13e、f),最后将各荷载作用时的弯矩图以对应位置的纵坐标相加,从而得到 m_0 和 q 共同作用下的弯矩图(图 5-13d)。这里要注意是内力的代数叠加。

运用叠加法须熟知基本梁(悬臂梁、简支梁、外伸梁)在基本荷载(集中力、集中力偶、均布荷载)作用下的弯矩图形状及最大弯矩所在截面及其相应的数值(图 5-14)。这几种情况在工程实际中是经常出现的。

【例题 5-6】 试用叠加法作如图 5-15(a)所示梁的 M 图。

【解】 (1) 荷载分解

将图 5-15(a)所示的梁分解为单独受 F 和 q 作用的情况,如图 5-15(b)、(c)所示。

(2) 荷载单独作用下的 M 图

分别作出集出力 F 和均布荷载 q 作用下梁的 M 图,如图 5-15(e)、(f)所示。

(3) 梁的总 M 图

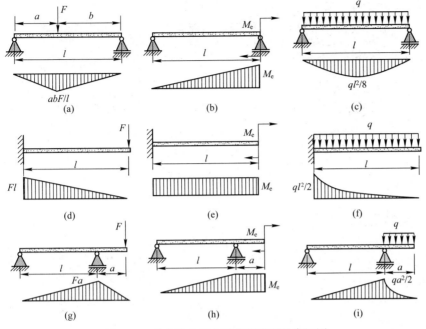

图 5-14　基本梁在基本荷载作用下的弯矩图

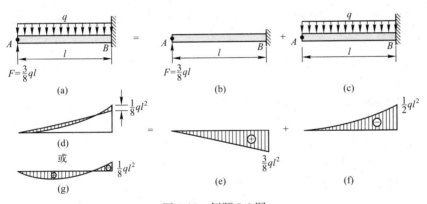

图 5-15　例题 5-6 图

　　叠加图 5-15(e)、(f)，得图 5-15(d)。这样，图形重叠的部分正、负弯矩值互相抵消，而剩下不重叠的部分即为所要求的总弯矩图，如图 5-15(g)所示。

　　【例题 5-7】　试用叠加法作如图 5-16(a)所示梁的 M 图。

　　【解】　(1) 先将图 5-16(a)所示梁的计算简图分解为图 5-16(b)、(c)所示计算简图。

　　(2) 图 5-16(b)对应的弯矩图见图 5-16(e)，在 $x=2a$ 处，$M=3.6qa^2$。

　　图 5-16(c)对应的弯矩图见图 5-16(f)，在 $x=2a$ 处，$M=-0.8qa^2$；在 $x=5a$ 处，$M=-2qa^2$。

　　(3) 叠加图 5-16(e)和图 5-16(f)的弯矩图。

　　各截面处的弯矩值一一相加，即可得所要求的总弯矩图，如图 5-16(d)所示。

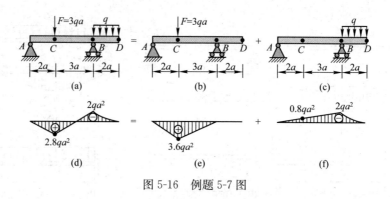

图 5-16　例题 5-7 图

小结及学习指导

　　梁的弯曲变形也是杆件的基本变形之一，是材料力学中非常重要的内容，梁的内力分析及内力图的绘制是计算梁的强度和刚度的基础。

　　平面弯曲的概念，剪力和弯矩的概念及符号规定，剪力图和弯矩图的绘制等内容要求读者深刻理解并熟练掌握。

　　截面法是确定梁横截面上的剪力和弯矩的基本方法，注意剪力和弯矩的正、负规定，剪力方程和弯矩方程是表示剪力和弯矩沿梁长度方向变化规律的数学方程。

　　剪力图和弯矩图的绘制在工程实际中是非常重要的，绘制剪力图和弯矩图的方法：

　　（1）根据剪力方程和弯矩方程绘图

　　根据剪力方程和弯矩方程绘图是基本方法，读者应通过基本方法的练习，掌握剪力图和弯矩图的一些特点，有助于校核和直接绘制剪力图和弯矩图。

　　（2）应用分布荷载、剪力和弯矩间的关系直接绘图

　　深入理解分布荷载、剪力和弯矩间的微分关系及其几何意义，能帮助读者判断剪力图和弯矩图的曲线性质及凹凸取向。应用分布荷载、剪力和弯矩间的关系，结合剪力图和弯矩图的特点，根据梁上荷载的作用情况，可直接绘制剪力图和弯矩图。

思考题

　　5-1　悬臂梁承受集中荷载作用，梁横截面的形状及荷载作用方向如图 5-17 所示，试问各梁是否产生平面弯曲？

　　5-2　圆轴发生扭转变形时，相邻横截面间产生相对转动；而梁发生平面弯曲变形时，横截面之间也将产生相对转动，试问两者有何不同？

　　5-3　已知两静定梁的跨度、荷载和支承情况均相同。试问：在下列情况下，它们的剪力图和弯矩图是否相同？为什么？

　　（1）两根梁的横截面和材料均不同；

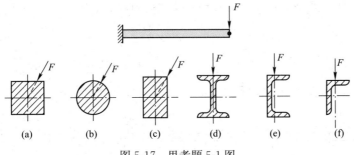

图 5-17 思考题 5-1 图

（2）两根梁的材料相同，但横截面不同；

（3）两根梁的横截面相同，但材料不同。

5-4 图 5-18 所示两根梁所承受的荷载大小均为 10kN，两根梁的支反力是否相等？两根梁的 F_S、M 图是否相同？

5-5 如何确定剪力和弯矩的正和负？与刚体静力学中关于力的投影和力矩的正负规定有何区别？若从图 5-19 所示的梁中沿 D 截面假想地截开，并保留左段为研究对象，设 D 截面上的剪力方向和弯矩转向如图 5-19 所示，试问：

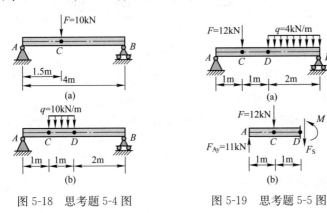

图 5-18 思考题 5-4 图   图 5-19 思考题 5-5 图

（1）图中假设的 F_S 和 M 是正还是负？

（2）为求得 F_S 和 M 值，在列平衡方程 $\sum F_{iy}=0$ 和由 $\sum M_D=0$ 时，F_S 和 M 在方程中分别采用正号还是负号？为什么？

（3）由平衡方程算得 $F_S=-1\text{kN}$，$M=+10\text{kN}\cdot\text{m}$，其结果中的正、负号说明什么？

（4）梁内该截面上的 F_S 和 M 的实际方向和转向应该怎样？按内力符号规定是正还是负？

5-6 图 5-20 所示外伸梁承受均布荷载 q 和集中力 F 作用，梁中 D 截面的弯矩为 $M_D=\dfrac{1}{8}ql^2-\dfrac{Fa}{2}$。这是根据叠加原理而直接写出来的。试解释为什么是这样？弯矩 M_D 是 AB 跨中的最大弯矩吗 $\left(\text{设}\dfrac{1}{8}ql^2>\dfrac{Fa}{2}\right)$？为什么？

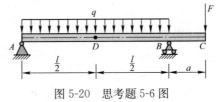

图 5-20 思考题 5-6 图

5-7 什么是叠加原理？应用叠加原理的前提什么？

习题

5-1 试求图 5-21 所示各梁中指定截面上的剪力和弯矩。

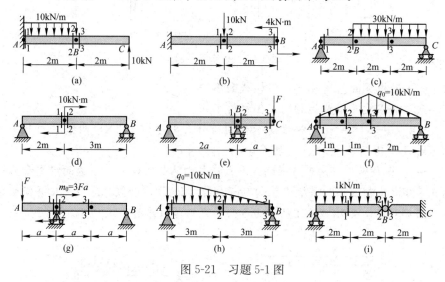

图 5-21 习题 5-1 图

5-2 列出图 5-22 所示各梁的剪力方程、弯矩方程，并作剪力图和弯矩图。

5-3 试作习题 5-1 中各梁的剪力图和弯矩图。

5-4 根据分布荷载、剪力及弯矩三者之间的关系，试作图 5-23 所示各梁的剪力图和弯矩图。

5-5 用叠加法作图 5-24 所示各梁的弯矩图。

5-6 作图 5-25 所示斜梁的剪力图、弯矩图和轴力图。设 $F=1\text{kN}$。

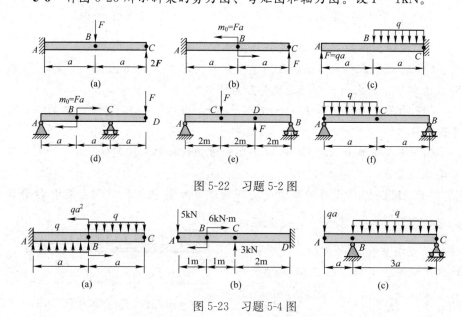

图 5-22 习题 5-2 图

图 5-23 习题 5-4 图

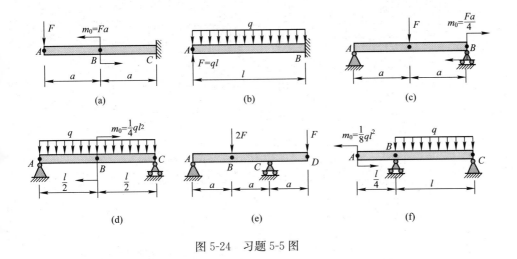

图 5-24　习题 5-5 图

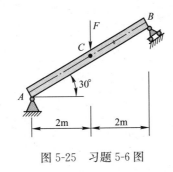

图 5-25　习题 5-6 图

5-7　试作图 5-26 所示各梁的剪力图、弯矩图。

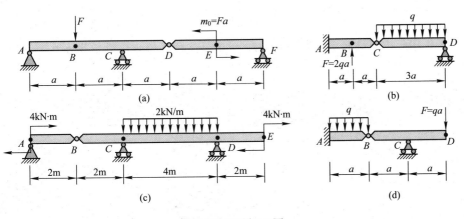

图 5-26　习题 5-7 图

5-8　根据弯矩、剪力和荷载集度间的关系改正图 5-27 所示各梁剪力图和弯矩图的错误。

5-9　已知梁的剪力图如图 5-28 所示,试作梁的弯矩图和荷载图。设:(1) 梁上没有集中力偶作用;(2) 梁右端有一集中力偶作用。

88

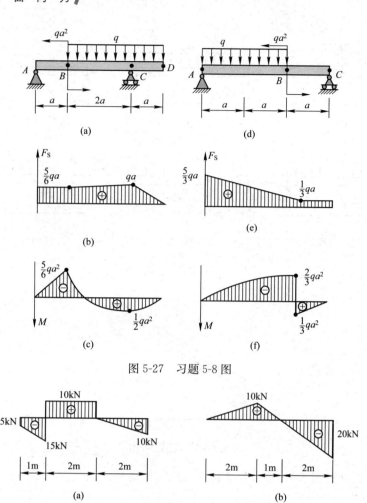

图 5-27　习题 5-8 图

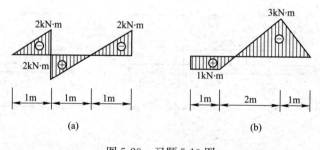

图 5-28　习题 5-9 图

5-10　已知梁的弯矩图如图 5-29 所示，试作梁的荷载图和剪力图。

图 5-29　习题 5-10 图

习题答案（部分）

5-1　（a）$F_{S1} = 10\text{kN}$，$M_1 = 20\text{kN} \cdot \text{m}$；$F_{S2} = -10\text{kN}$，$M_2 = 20\text{kN} \cdot \text{m}$；

$F_{S3} = -10\text{kN}$, $M_3 = 20\text{kN} \cdot \text{m}$

(b) $F_{S1} = 10\text{kN}$, $M_1 = 4\text{kN} \cdot \text{m}$; $F_{S2} = 0$, $M_2 = 4\text{kN} \cdot \text{m}$; $F_{S3} = 0$, $M_3 = 4\text{kN} \cdot \text{m}$

(c) $F_{S1} = 40\text{kN}$, $M_1 = 0$; $F_{S2} = 40\text{kN}$, $M_2 = 80\text{kN} \cdot \text{m}$; $F_{S3} = -20\text{kN}$, $M_3 = 100\text{kN} \cdot \text{m}$

(d) $F_{S1} = -2\text{kN}$, $M_1 = -4\text{kN} \cdot \text{m}$; $F_{S2} = -2\text{kN}$, $M_2 = 6\text{kN} \cdot \text{m}$

(e) $F_{S1} = -0.5F$, $M_1 = -Fa$; $F_{S2} = F$, $M_2 = -Fa$; $F_{S3} = F$, $M_3 = 0$

(f) $F_{S1} = 10\text{kN}$, $M_1 = 0$; $F_{S2} = 7.5\text{kN}$, $M_2 = 9.17\text{kN} \cdot \text{m}$; $F_{S3} = 0$, $M_3 = 13.33\text{kN} \cdot \text{m}$

(g) $F_{S1} = -F$, $M_1 = -Fa$; $F_{S2} = -F$, $M_2 = 3pa - Fa$; $F_{S3} = -\dfrac{3p-F}{2}$, $M_3 = \dfrac{3p-F}{2}a$

(h) $F_{S1} = 20\text{kN}$, $M_1 = 0$; $F_{S2} = -2.5\text{kN}$, $M_2 = 22.5\text{kN} \cdot \text{m}$; $F_{S3} = -10\text{kN}$, $M_3 = 0$

(i) $F_{S1} = 0$, $M_1 = 2\text{kN} \cdot \text{m}$; $F_{S2} = -2\text{kN}$, $M_2 = 0$; $F_{S3} = 2\text{kN}$, $M_3 = 0$

5-4 (b) $|F_S|_{\max} = 5\text{kN}$, $|M|_{\max} = 8\text{kN} \cdot \text{m}$

5-7 (a) $|F_S|_{\max} = \dfrac{3}{4}F$, $|M|_{\max} = \dfrac{Fa}{2}$

(b) $|F_S|_{\max} = \dfrac{3}{2}qa$, $|M|_{\max} = \dfrac{3}{2}qa^2$

(c) $|F_S|_{\max} = 4\text{kN}$, $|M|_{\max} = 4\text{kN} \cdot \text{m}$

(d) $|F_S|_{\max} = qa$, $|M|_{\max} = qa^2$

5-9 (a) $|M|_{\max} = 10\text{kN} \cdot \text{m}$, (b) $|M|_{\max} = 15\text{kN} \cdot \text{m}$

5-10 (a) $F_{S\max} = 2\text{kN}$, (b) $|F_S|_{\max} = 3\text{kN}$

第6章
弯 曲 应 力

本章知识点

【知识点】纯弯曲，横力弯曲，平面假设，中性层，中性轴，纯弯曲梁横截面上的正应力，横力弯曲梁横截面上的正应力，弯曲切应力，弯曲正应力强度条件，弯曲切应力强度条件，弯曲中心，平面弯曲充要条件，提高弯曲强度的措施。

【重点】弯曲正应力强度条件，弯曲切应力强度条件。

【难点】当梁的截面上下不对称、材料的拉压性能不同、梁的弯矩有正负时的正应力强度计算，弯曲切应力，弯曲中心。

分析梁的内力，可确定梁受力后的危险截面，但仅此还不能解决梁的强度问题。因为梁的破坏往往是从危险截面上的某些危险点开始的，因此有必要进一步分析梁横截面上各点的应力分布规律。梁受力弯曲时，其横截面上的内力一般有剪力 F_s 和弯矩 M 两项，剪力和弯矩分别是截面上分布内力的合力和合力偶矩。显然，当梁横截面上有弯矩 M 时，必然对应有与截面垂直的正应力 σ；当梁截面上有剪力 F_s 时，就必然对应有与截面相切的切应力 τ。本章主要讨论上述两种应力在横截面上的分布规律以及强度计算，并进一步讨论梁的合理截面选择和提高梁承载能力的措施。

6.1 弯曲正应力及强度条件

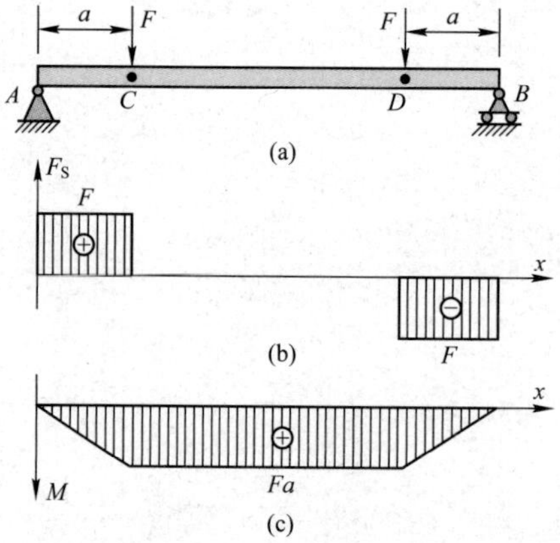

简支梁 AB 受力如图 6-1(a) 所示。由梁的剪力图和弯矩图(图 6-1b、c)可知，在 AC、DB 段内，梁的各横截面上同时有剪力和弯矩，因而横截面上既有正应力又有切应力，这种情况称为横力弯曲(bending by transverse force)或剪切弯曲。在 CD 段内，梁的各横截面上的剪力为零，弯矩为常量，因而横截面上只有正应力而无切应力，这种情况称为纯弯曲(pure bending)。纯弯曲段只发生弯

图 6-1 CD 段为纯弯曲

曲变形而不发生剪切变形，是弯曲理论中最简单的一种情况。本节先讨论纯弯曲时梁的正应力，再讨论横力弯曲时的一般情况。

6.1.1 纯弯曲时梁横截面上的正应力

纯弯曲时，梁横截面上应力公式推导的思路与扭转变形推导切应力公式相同。过程如下：

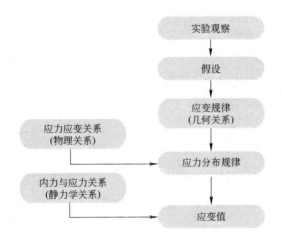

1. 几何关系

为了便于观察，可在矩形截面梁上画出与轴线平行的纵向线及垂直轴线的横向线(图 6-2a)。

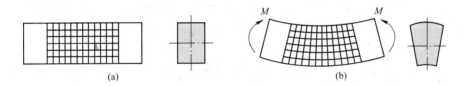

图 6-2　纯弯曲梁段变形图

施加外力偶矩后梁发生变形，可见下述现象(图 6-2b)：

纵向线：(1) 由直线变成曲线，仍保持互相平行；

　　　　(2) 梁上、下部分的纵向线分别缩短和伸长。

横向线：(1) 依然与纵向线保持垂直，转过一个角度；

　　　　(2) 保持直线，且表示梁横截面四条边的四条横向线变形后仍是一个平面内的直线。

根据上述现象，设想梁内部的变形，假定内部变形与外表观察到的现象一致，则可提出下面的假设：

(1) **平面假设**：变形前横截面是平面，变形后仍是平面，只是转过一个角度，仍垂直于变形后梁的轴线。

(2) **中性层假设**：梁内存在一个纵向层，在变形时，该层的纵向纤维既不伸长也不缩短，称为中性层(neutral surface)。中性层与横截面的交线称为中性轴(neutral axis)(图 6-3)。

在假设的基础上，取长为 dx 的微段梁进行研究(图 6-4)。选中性层与横截面的交线为 z 轴，轴线方向为 x 轴，与 xz 垂直的为 y 轴，取向下为正。设中性层的曲率半径(radius of curvature)为 ρ，微段左右两截面的相对转角为 dθ，因中性层长度不变，故有 d$x=\rho$dθ。

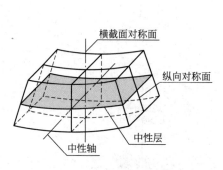

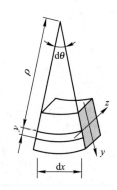

图 6-3　中性层与中性轴　　　　图 6-4　微段梁变形

距中性层为 y 处的纵向线，原长 dx，变形后为 $(\rho+y)$dθ，伸长量为

$$\Delta(\mathrm{d}x)=(\rho+y)\mathrm{d}\theta-\mathrm{d}x=y\mathrm{d}\theta$$

因此距中性层为 y 处的线应变为：

$$\varepsilon=\frac{\Delta(\mathrm{d}x)}{\mathrm{d}x}=\frac{y\mathrm{d}\theta}{\rho\mathrm{d}\theta}=\frac{y}{\rho} \tag{6-1}$$

式(6-1)即为纵向线应变 ε 在横截面上的分布规律，表明纵向线应变 ε 与它到中性层的距离成正比，距中性层越远，ε 越大。

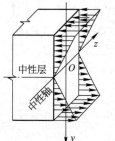

2. 物理关系

考虑到变形是弹性的，应力—应变呈线性关系，纵向纤维只是受简单的拉伸(或压缩)作用，因此引入胡克定律

$$\sigma=E\varepsilon=E\frac{y}{\rho} \tag{6-2}$$

式(6-2)说明了横截面上正应力的分布规律，表明正应力 σ 沿截面高度呈线性变化，距中性轴越远，正应力值越大，在中性轴处正应力为零(图 6-5)。

图 6-5　梁弯曲时横截面上正应力分布图

3. 静力学关系

式(6-2)只能说明弯曲正应力的分布规律，但还不能用此式来计算正应力。这是因为中性轴的位置还不知道，因此 y 和 ρ 均是未知量。为了解决此问题，必须考虑静力平衡条件。

图 6-6 为梁中截出的一部分，梁段内力已知，即：$F_\mathrm{N}=0$，$M_y=0$，$M_z=M$。横截面上有正应力 σ 作用，作用在微面积 dA 上的内力为 $\sigma\cdot$dA。考虑脱离体的平衡，须满足下面三个平衡条件。

(1) $\sum F_{ix}=0$，可得 $F_N = \int_A \sigma \cdot dA =$

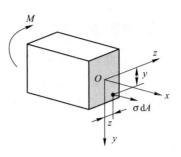

$\int_A E \dfrac{y}{\rho} dA = \dfrac{E}{\rho} \int_A y dA = 0$

由于 $\dfrac{E}{\rho} \ne 0$，所以 $\int_A y dA = 0$。这表明横

截面对中性轴的静矩必须等于零，也就表示 z

轴是截面的形心轴。

图 6-6　纯弯梁段内外力的平衡

(2) $\sum M_{iy}=0$，可得 $M_y = \int_A z\sigma \cdot dA =$

$\dfrac{E}{\rho} \int_A yz \cdot dA = 0$

因为 $\dfrac{E}{\rho} \ne 0$，所以 $\int_A yz dA = 0$，也就表明横截面的惯性积为零，即 y、z 轴

是截面的形心主轴。

(3) $\sum M_{iz}=M$，可得 $M_z = \int_A y\sigma \cdot dA = \dfrac{E}{\rho} \int_A y^2 dA = M$

因为 $I_z = \int_A y^2 dA$，所以

$$\frac{1}{\rho} = \frac{M}{EI_z} \tag{6-3}$$

式(6-3)即为梁弯曲的曲率计算公式，曲率与截面弯矩 M 成正比，与 EI_z

成反比。E 反映材料的力学性质，I_z 反映截面的几何性质，乘积 EI_z 称为抗

弯刚度(flexural rigidity)。

将式(6-3)代入式(6-2)可得

$$\sigma = \frac{My}{I_z} \tag{6-4}$$

式中　M——横截面上的弯矩；

　　　y——所求正应力点到中性轴的距离；

　　　I_z——截面对中性轴的惯性矩。

式(6-4)为纯弯曲时梁横截面上正应力的计算公式。它表明：正应力和弯

矩成正比，与惯性矩成反比，沿横截面高度呈线性分布，梁弯曲时中性层两

侧正应力一拉一压，总是同时存在。

应当指出：应用式(6-4)计算梁内正应力时，最大正应力不能超过材料的

比例极限 σ_p，否则计算无效。这是因为公式推导中运用了胡克定律。

梁内最大正应力发生在距中性层最远的地方，即

$$\sigma_{\max} = \frac{M}{I_z} y_{\max} = \frac{M}{W_z} \tag{6-5}$$

式中，$W_z = \dfrac{I_z}{y_{\max}}$，称为抗弯截面模量(section modulus)。

对于工程中常用的型钢，其惯性矩 I 及抗弯截面模量 W 均可查型钢表得

到，见本书附录Ⅳ。

93

6.1.2　纯弯曲理论的推广、弯曲正应力强度条件

上述弯曲正应力公式是在纯弯曲情况下得到的。工程中常见的平面弯曲是横力弯曲，梁的横截面上不仅有弯矩，而且有剪力。实验和弹性理论的研究结果都表明，对于横力弯曲梁，如果梁的跨度远大于其横截面的高度(一般只要梁的跨高比大于5)，则用式(6-4)计算所得的正应力还是足够精确的，此时剪力的影响可略去不计。因此，由纯弯曲直梁推导出的梁横截面上的正应力计算式(6-4)可推广用于一般的横力弯曲梁。

同样，实验和理论研究也表明，对于小曲率梁(曲率半径大于5倍梁截面高度的曲杆)，用式(6-4)计算其横截面的正应力，也是足够精确的。式(6-4)也可推广用于小曲率梁。上述推广提高了式(6-4)的实用价值。

【例题 6-1】　矩形截面的悬臂梁，受集中力和集中力偶作用，如图 6-7 所示。试求Ⅰ—Ⅰ截面和固定端Ⅱ—Ⅱ截面上 A、B、C、D 四点处的正应力。

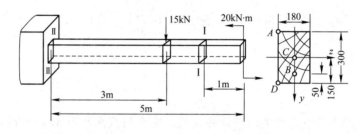

图 6-7　例题 6-1 图

【解】　(1) 内力

Ⅰ—Ⅰ截面和Ⅱ—Ⅱ截面的弯矩分别是

$$M_{\rm I}=20{\rm kN \cdot m}$$
$$M_{\rm II}=20-15\times3=-25{\rm kN \cdot m}$$

(2) 应力

对Ⅰ—Ⅰ截面和Ⅱ—Ⅱ截面，设定坐标系如图 6-7 所示。于是有

$$y_{\rm A}=-y_{\rm D}=-0.150{\rm m}, \quad y_{\rm B}=0.100{\rm m}, \quad y_{\rm C}=0$$

横截面对 z 轴的惯性矩为

$$I_z=\frac{bh^3}{12}=\frac{1}{12}\times0.18\times0.30^3=405\times10^{-6}{\rm m}^4$$

因此，Ⅰ—Ⅰ截面各点的正应力分别是

$$\sigma_{\rm A}=-\sigma_{\rm D}=\frac{M_{\rm I}\,y_{\rm A}}{I_z}=\frac{20\times10^{-3}\times(-0.15)}{405\times10^{-6}}=-7.41{\rm MPa}$$

$$\sigma_{\rm B}=\frac{y_{\rm B}}{y_{\rm A}}\sigma_{\rm A}=\frac{0.1}{-0.15}\times(-7.41)=4.94{\rm MPa}, \quad \sigma_{\rm C}=0$$

Ⅱ—Ⅱ截面各点的正应力分别是

$$\sigma_{\rm A}=-\sigma_{\rm D}=\frac{M_{\rm II}\,y_{\rm A}}{I_z}=\frac{(-25\times10^{-3})\times(-0.15)}{405\times10^{-6}}=9.26{\rm MPa}$$

$$\sigma_{\rm B}=\frac{y_{\rm B}}{y_{\rm A}}\sigma_{\rm A}=\frac{0.1}{-0.15}\times(9.26)=-6.18{\rm MPa}, \quad \sigma_{\rm C}=0$$

6.1.3 梁的弯曲正应力强度条件

下面分析梁的最大正应力。由式(6-4)可知，等直梁内最大正应力发生在最大弯矩所在截面上距中性轴最远的各点处(该处的切应力为零，将在下节讨论)，即

$$\sigma_{max} = \frac{M_{max} y_{max}}{I_z} = \frac{M_{max}}{W_z} \qquad (6\text{-}6)$$

因此可建立梁的弯曲正应力强度条件：梁内最大工作应力 σ_{max} 不得超过材料的弯曲许用正应力。

对于塑性材料，由于其抗拉、抗压能力相等，因此通常将梁的横截面设计成与中性轴对称的形状，如矩形截面、I 字形截面等，此时危险截面在 $|M_{max}|$ 所在处，强度条件为

$$\sigma_{max} = \frac{M_{max}}{W_z} \leqslant [\sigma] \qquad (6\text{-}7a)$$

对于脆性材料，其抗压能力远大于抗拉能力，因此通常将梁的横截面设计成与中性轴不对称的形状，如 T 形截面等，此时最大正负弯矩(M_{max}^{+}、M_{max}^{-})所在的截面都是可能的危险截面，最大拉、压应力分别在中性轴两侧距中性轴最远处，强度条件为

$$\left. \begin{array}{l} \sigma_{t\,max} \leqslant [\sigma_t] \\ \sigma_{c\,max} \leqslant [\sigma_c] \end{array} \right\} \qquad (6\text{-}7b)$$

式中　$[\sigma_t]$、$[\sigma_c]$——分别为材料的许用弯曲拉应力及许用压应力。

【例题 6-2】　如图 6-8(a)所示，矩形截面简支梁由圆形木料制成，已知 $F=5\text{kN}$，$a=1.5\text{m}$，$[\sigma]=10\text{MPa}$。若要求在圆木中所取矩形截面的抗弯截面系数具有最大值，试求：

(1) 此矩形的截面高宽比 h/b 的值；

(2) 所需木料的最小直径 d。

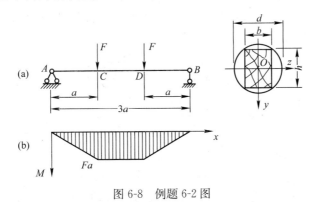

图 6-8　例题 6-2 图

【解】　(1) 确定 W_z 为最大时的 h/b

在直径为 d 的圆木圆周上，任取一个高为 h、宽为 b 的矩形截面，如图 6-8(a)所示。则该矩形截面的抗弯截面系数为

$$W_z = \frac{bh^2}{6} = \frac{b}{6}(d^2 - b^2)$$

将 W_z 对 b 求导，并令 $\dfrac{\mathrm{d}W_z}{\mathrm{d}b}=0$，有

$$\frac{d^2}{6}-\frac{b^2}{2}=0$$

当 $b=\dfrac{\sqrt{3}}{3}d$ 时，抗弯截面系数将取得极大值。此时截面的高为

$$h=\sqrt{d^2-b^2}=\sqrt{d^2-\frac{d^2}{3}}=\frac{\sqrt{6}}{3}d$$

矩形截面的高宽比为

$$\frac{h}{b}=\frac{\sqrt{6}d/3}{\sqrt{3}d/3}=\sqrt{2}$$

此时截面的抗弯截面系数为

$$W_{z\max}=\frac{bh^2}{6}=\frac{b}{6}(d^2-b^2)=\frac{\sqrt{3}}{27}d^3$$

（2）确定圆木直径 d

由图 6-8（b）所示的弯矩图可知

$$M_{\max}=Fa=5\times1.5=7.5\text{kN}\cdot\text{m}$$

由弯曲正应力强度条件

$$\sigma_{\max}=\frac{M_{\max}}{W_z}\leqslant[\sigma]$$

将 $M_{\max}$ 和 $W_{z\max}$ 代入，可得

$$d\geqslant\sqrt[3]{\frac{27M_{\max}}{\sqrt{3}[\sigma]}}=\sqrt[3]{\frac{27\times7.5\times10^3}{\sqrt{3}\times10\times10^6}}=227\text{mm}$$

所需木料的最小直径应为 227mm。

［讨论］

此题属于截面合理设计问题，需要应用函数求极值的思路进行求解。

【例题 6-3】 有一外伸梁受力情况如图 6-9（a）所示。其中 $a=1\text{m}$，$F=20\text{kN}$，$q=10\text{kN/m}$，许用拉应力 $[\sigma_\text{t}]=40\text{MPa}$，许用压应力 $[\sigma_\text{c}]=100\text{MPa}$。试校核该梁的强度。

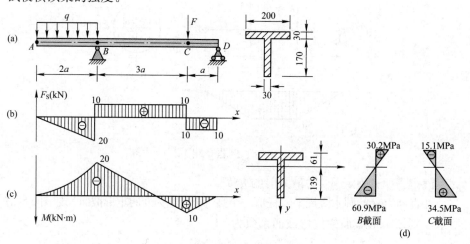

图 6-9 例题 6-3 图

【解】 (1)绘制梁的内力图(图6-9b、c)

最大正、负弯矩分别为：$M_C=10\text{kN}\cdot\text{m}$ 和 $M_B=20\text{kN}\cdot\text{m}$

(2)梁截面的几何性质

截面形心距底边为

$$y_C=\frac{30\times170\times85+30\times200\times185}{30\times170+30\times200}=139\text{mm}$$

通过截面形心与纵向对称轴垂直的形心主轴 z 即为中性轴(图6-9d)。

截面对中性轴的惯性矩

$$I_z=\frac{200\times30^3}{12}+200\times30\times46^2+\frac{30\times170^3}{12}+30\times170\times54^2=40.3\times10^6\text{mm}^4$$

(3)校核梁的强度

因为梁的许用拉、压应力不同，且梁的截面形状对中性轴不对称，所以，必须校核梁的最大正弯矩截面(C 截面)和最大负弯矩截面(B 截面)的强度。

C 截面的强度校核：

$M_C=10\text{kN}\cdot\text{m}$ 为正弯矩，故截面上边缘为最大压应力，截面下边缘为最大拉应力。

$$\sigma_{t\,max}=\frac{10\times10^6\times139}{40.3\times10^6}=34.5\text{MPa}<[\sigma_t]$$

$$\sigma_{c\,max}=\frac{10\times10^6\times61}{40.3\times10^6}=15.1\text{MPa}<[\sigma_c]$$

B 截面强度校核：

$M_B=20\text{kN}\cdot\text{m}$ 为负弯矩，故截面上边缘承受最大拉应力，截面下边缘承受最大压应力。

$$\sigma_{t\,max}=\frac{20\times10^6\times61}{40.3\times10^6}=30.2\text{MPa}<[\sigma_t]$$

$$\sigma_{c\,max}=\frac{20\times10^6\times139}{40.3\times10^6}=69.0\text{MPa}<[\sigma_c]$$

计算结果表明，该梁的弯曲正应力强度足够。

[讨论]

(1)抗拉、抗压能力不同的材料制成的梁，横截面通常设计成与中性轴不对称的形状，对此类梁进行强度分析时，最大正、负弯矩所在截面均需要进行强度计算。梁内的最大拉应力 $\sigma_{t\,max}$ 与最大压应力 $\sigma_{c\,max}$ 可能发生在同一截面上，也可能发生在不同截面上；

(2)本例中若将梁的截面倒放成⊥形，这时梁的最大拉应力将发生在 B 截面的上边缘，其值为

$$\sigma_{t\,max}=\frac{20\times10^6\times139}{40.3\times10^6}=69.0\text{MPa}>[\sigma_t]=40\text{MPa}$$

此时梁的强度就不足。由此可见，对于这种抗拉、抗压强度不相同、截面关于中性轴不对称的梁，须根据梁的受力情况进行合理放置。

6.2 弯曲切应力及强度条件

在横力弯曲的情况下，梁的横截面上有剪力 F_S，相应地在该横截面上会有切应力(图 6-10a、b)。本节将研究梁横截面上的切应力分布规律，并建立相应的强度条件。

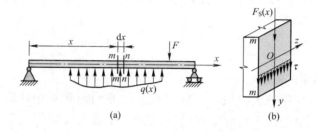

图 6-10 梁横截面上切应力

6.2.1 矩形截面梁的切应力

首先研究矩形截面梁横截面上的切应力，以此来阐明材料力学中研究弯曲切应力的基本原理和方法。首先分析矩形($h>b$)截面梁切应力的分布规律，依据切应力互等定理并且考虑到切应力的大小、方向应是连续变化且与对应内力协调一致等因素，可作如下两点假设：

(1) 假设矩形截面上切应力 τ 的方向和剪力 F_S 方向相同；

(2) 假设截面上切应力 τ 沿宽度 b 是均匀分布的。

根据以上两点假设，沿矩形截面同一高度上的切应力分布如图 6-10(b)所示。

现从图 6-10(a)中以 m-m 和 n-n 两截面从梁中取出微段 $\mathrm{d}x$(图 6-11a)，由于两截面上分别有弯矩 M 和 $M+\mathrm{d}M$ 作用，因而在两侧面有着不相等的正应力。由于正应力的分布已知，欲求离中性轴距离为 y 处的切应力，可将微段梁水平截开(图 6-11b)。根据切应力互等原理，在纵向水平面上的切应力 τ' 应等于横截面上离中性轴为 y 处的切应力 τ。

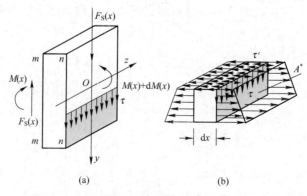

图 6-11 局部微段梁受力图

设脱离体(图 6-11b)两侧截面的面积为 A^*，建立微段的轴向平衡方程

$$\sum F_{ix}=0, \quad \int_{A^*}\sigma \mathrm{d}A + \tau'b\mathrm{d}x - \int_{A^*}(\sigma+\mathrm{d}\sigma)\mathrm{d}A = 0$$

将式(6-4)代入上式，得

$$\int_{A^*}\frac{My}{I_z}\mathrm{d}A + \tau'b\mathrm{d}x - \int_{A^*}\frac{(M+\mathrm{d}M)y}{I_z}\mathrm{d}A = 0$$

$$\tau'b\mathrm{d}x = \frac{\mathrm{d}M}{I_z}\int_{A^*}y\mathrm{d}A = \frac{\mathrm{d}MS_z^*}{I_z}$$

这里 $S_z^* = \int_{A^*}y\mathrm{d}A, S_z^*$ 是截面上计算的切应力点以下面积对中性轴的静矩。利用 $\dfrac{\mathrm{d}M}{\mathrm{d}x}=F_s$，上式可写作

$$\tau=\tau'=\frac{F_s S_z^*}{b I_z} \tag{6-8}$$

式中　F_s——横截面上的剪力；

　　　I_z——横截面对中性轴的惯性矩；

　　　b——矩形截面的宽度；

　　　S_z^*——所求切应力点以下面积对中性轴的静矩。

上式即为矩形截面梁弯曲切应力计算公式。从上式可知，矩形截面梁横截面上的切应力与剪力成正比，与截面的形心主惯性矩成反比，与梁宽成反比。对于同一个截面来说，由于 F_s、b、I_z 均为常量，因此 τ 以截面 A^* 对 z 轴的静矩为分布规律。对于矩形截面，S_z^* 的计算公式为

$$S_z^* = \int_{A^*}y\mathrm{d}A = \int_y^{\frac{h}{2}}yb\mathrm{d}y = \frac{b}{2}\left(\frac{h^2}{4}-y^2\right)$$

从而有

$$\tau=\frac{F_s}{bI_z}\times\frac{b}{2}\left(\frac{h^2}{4}-y^2\right)=\frac{F_s}{2I_z}\left(\frac{h^2}{4}-y^2\right)$$

上式表明，切应力 τ 沿横截面高度呈二次抛物线分布。

当 $y=0$ 时，即中性轴处

$$\tau_{\max}=\frac{F_s}{2I_z}\times\frac{h^2}{4}=\frac{3F_s}{2bh}=\frac{3F_s}{2A}$$

也就是说，最大切应力是平均切应力 $\bar{\tau}=\dfrac{F_s}{A}$ 的 1.5 倍。当 $y=\pm\dfrac{h}{2}$ 时，即在横截面的上、下边缘处，$\tau=0$。矩形截面梁切应力分布如图 6-12(a)所示。

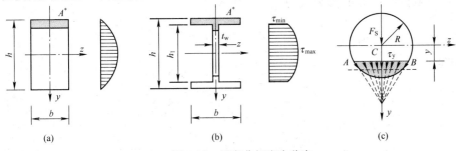

(a)　　　　　　　　(b)　　　　　　　　(c)

图 6-12　梁弯曲切应力分布

6.2.2　工字形截面梁的切应力

工字形截面由两边翼缘和中间腹板组成，工字形截面的翼缘和腹板上都有切应力存在，翼缘上的切应力分布比较复杂，除有平行于 y 轴方向的切应力存在之外，还有平行于 z 轴方向的切应力。但翼缘上的最大切应力远远小于腹板中的最大切应力，故一般不计翼缘上的切应力。

由于腹板是狭长的矩形，因此腹板部分的切应力分布和矩形截面一样，切应力方向和 y 轴平行，沿腹板厚度 t 是均匀分布的。切应力仍可按式(6-8)计算，即 $\tau = \dfrac{F_S S_z^*}{t I_z}$。

与矩形截面切应力计算式比较，只是将 b 改为 t（t 为腹板的宽度）。工字形截面腹板中的切应力分布如图 6-12(b)所示。最大切应力 τ_{max} 发生在中性轴上，而腹板中的最大切应力 τ_{max} 和最小切应力 τ_{min} 相差不大，工程中常用下式来近似计算腹板内的切应力

$$\tau \approx \frac{F_S}{t h_0} \tag{6-9}$$

式中　h_0——腹板的高度。

6.2.3　圆截面梁的切应力

根据切应力互等定理，横截面周边上的切应力必定与周边相切，对于其在横截面上的分布可作如下假设：距中性轴为 y 的 AB 弦上各点的切应力方向汇交于点 A、B 处的切线的交点上(图 6-12c)。

经推导，AB 弦上各点沿 y 方向的切应力分量的表达式为

$$\tau_y = \frac{F_S S_z^*(y)}{b(y) I_z}$$

对于圆形截面梁，最大切应力发生在中性轴上，方向和 y 轴平行，中性轴处的切应力仍可按式(6-8)计算，即

$$\tau_{max} = \frac{F_S S_{z\,max}^*}{b I_z}$$

式中　b——圆截面在中性轴的宽度，即圆的直径 d；

　　　S_z^*——半个圆面积对中性轴的静矩。

圆截面 S_z^* 的计算公式为

$$S_z^* = \frac{1}{2} \times \frac{\pi d^2}{4} \times \frac{2d}{3\pi} = \frac{d^3}{12}$$

因此

$$\tau_{max} = \frac{F_S \dfrac{d^3}{12}}{d \dfrac{\pi d^4}{64}} = \frac{4F_S}{3A} = 1.33\bar{\tau} \tag{6-10}$$

上式表明，圆截面梁的最大切应力为平均切应力值的 1.33 倍，$\bar{\tau}$ 是圆截

面上的平均切应力，$\bar{\tau} = \dfrac{F_S}{A}$。

6.2.4　切应力强度条件

对于等直梁来说，最大切应力一般发生在剪力最大的横截面的中性轴上。其强度条件为

$$\tau_{max} = \frac{F_{S\,max} S^*_{z\,max}}{b I_z} \leqslant [\tau] \tag{6-11}$$

式中　$[\tau]$——材料的许用切应力。

[讨论]

① 对梁进行强度计算时，一般先对梁进行正应力强度计算，然后再用切应力强度条件作校核。一般情况下，若正应力强度条件能够满足，则切应力强度也能满足。如矩形截面和圆形截面，在进行正应力强度计算后，可不必再进行切应力强度计算。②但对于工字形、T 形等截面，由于腹板处的切应力比较大，因此除对梁进行正应力强度计算外，还必须对梁进行切应力强度验算。另外，对于存在较大剪力 F_S 而较小弯矩 M 的梁，也必须对其进行切应力强度计算。

【例题 6-4】　一悬臂梁长为 900mm，在自由端受一集中力 F 的作用。此梁由三块 $50\text{mm} \times 10\text{mm}$ 的木板胶合而成，如图 6-13(a)所示，图中 z 轴为中性轴。胶合缝的许用切应力$[\tau] = 0.35\text{MPa}$。试按胶合缝的切应力强度求许用荷载 F，并求在此荷载作用下，梁的最大弯曲正应力。

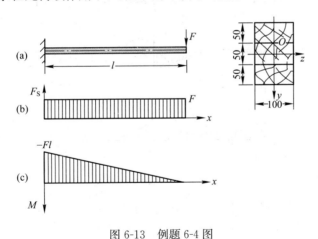

图 6-13　例题 6-4 图

【解】　(1)绘 F_S、M 图(图 6-13b、c)

(2)胶合缝的切应力强度计算

对自由端受一集中力的悬臂梁，其任一横截面上剪力 F_S 都等于外力 F。横截面对 z 轴的惯性矩为

$$I_z = \frac{bh^3}{12} = \frac{1}{12} \times 0.1 \times 0.15^3 = 0.281 \times 10^{-4}\text{m}^4$$

胶合缝处以外部分截面对 z 轴的静矩为

$$S^*_z = 0.1 \times 0.05 \times 0.05 = 2.5 \times 10^{-4}\text{m}^3$$

由切应力计算公式及切应力互等定理，可得粘结面的纵向切应力 τ' 的计算式为

$$\tau'=\tau=\frac{F_s S_z^*}{I_z b}=\frac{F S_z^*}{I_z b}$$

由胶合缝切应力的强度条件：$\tau' \leqslant [\tau]$，可求得许用荷载为

$$F \leqslant \frac{[\tau]b I_z}{S_z^*}=\frac{0.35\times 10^6 \times 0.1 \times 0.281 \times 10^{-4}}{2.5 \times 10^{-4}}=3.94\mathrm{kN}$$

（3）梁的最大弯曲正应力

由弯矩图可知

$$M_{max}=Fl=3940\times 0.9=3546\mathrm{N\cdot m}=3.546\mathrm{kN\cdot m}$$

梁的最大弯曲正应力为

$$\sigma_{max}=\frac{M_{max}}{I_z}\times\frac{h}{2}=\frac{3546\times 0.15}{2\times 0.281\times 10^{-4}}=9.46\mathrm{MPa}$$

【例题 6-5】 有一外伸梁受力如图 6-14（a）所示，已知：$F=50\mathrm{kN}$，$q=10\mathrm{kN/m}$，$a=2\mathrm{m}$，许用应力 $[\sigma]=160\mathrm{MPa}$，$[\tau]=100\mathrm{MPa}$，试选择钢梁的型号。

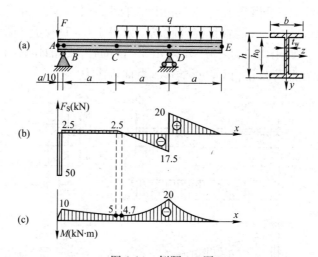

图 6-14 例题 6-5 图

【解】 （1）作梁的 F_S 图和 M 图（图 6-14b、c）

由内力图可知：$M_{max}=20\mathrm{kN\cdot m}$，$F_{S\,max}=50\mathrm{kN}$

（2）按正应力强度条件设计截面

由强度条件

$$\sigma_{max}=\frac{M_{max}}{W_z}\leqslant[\sigma]$$

得

$$W_z \geqslant \frac{M_{max}}{[\sigma]}=\frac{20\times 10^6}{160}=125\times 10^3 \mathrm{mm}^3$$

若用 16 号工字钢，则其 $W_z'=141\mathrm{cm}^3=141\times 10^3\mathrm{mm}^3 > W_z=125\times 10^3\mathrm{mm}^3$，能满足梁的正应力强度条件。

（3）校核梁的切应力强度

16 号工字钢的有关数据由型钢表查得：$I_z=1130\text{cm}^4$，$t_w=6\text{mm}$，$S_z=80.8\text{cm}^3$

梁内最大切应力

$$\tau_{max}=\frac{F_{S\,max}S_z}{t_w I_z}=\frac{50\times10^3\times80.8\times10^3}{6\times1130\times10^4}=59.6\text{MPa}\leqslant[\tau]=100\text{MPa}$$

故选用 16 号工字钢能满足切应力强度条件。

[讨论]

在校核梁的强度或进行截面设计时，必须同时满足梁的正应力强度条件和切应力强度条件。在工程中，通常先按正应力强度条件设计截面尺寸，然后再进行切应力强度校核。一般情况下，按正应力强度条件所设计的截面常常可使得梁内横截面上的最大切应力远远小于材料的许用切应力$[\tau]$，因此，对于一般比较细长的梁，我们可以根据梁中的最大正应力来设计截面，而不一定需要进行切应力强度校核。但在以下几种特殊情况下，还必须注意校核梁的切应力强度条件。

（1）梁的跨度很短（又称短梁）而又受到很大的集中力作用，或有很大的集中力作用在支座附近。在这两种情况下，梁内可能出现的弯矩较小，而集中力作用处横截面上的剪力却很大。

（2）工字梁或焊接、铆接的组合截面钢梁，其横截面腹板部分的宽度与梁高之比小于型钢截面的相应比值时，应对腹板上的切应力进行强度校核。

（3）木梁，由于木材在顺纹方向的抗剪能力较差，在横力弯曲时可能因中性层上的切应力过大而使梁沿中性层发生剪切破坏。因此，需要按木材顺纹方向的许用切应力$[\tau]$对木梁进行强度校核。

6.3　弯曲中心和平面弯曲的充要条件

6.3.1　弯曲中心

前面所讨论的平面弯曲问题中杆件均有一个纵向对称面，且横向力作用在对称面内，杆件只可能在纵向对称面内发生弯曲变形而不会产生扭转变形。

对于图 6-15(a)所示的槽形截面梁，横向力作用在形心主惯性平面，构件

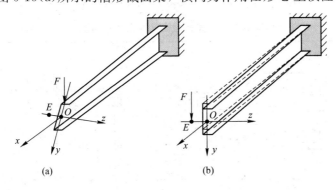

图 6-15　弯曲中心的概念

除发生弯曲变形外，还将发生扭转变形。只有当横向力作用线通过截面内某一特定点 B 时，杆件才只发生弯曲变形而无扭转变形(图 6-15b)，这个特定点 E 称为横截面的弯曲中心。

在实际工程中，对于型材中的工字钢、槽钢、角钢等这一类开口薄壁截面杆件，横力弯曲时，不希望杆件发生扭转变形，因此必须使横向力作用点

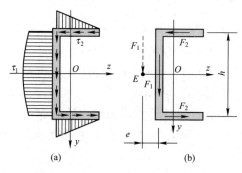

(a)　　　　(b)

图 6-16　槽形截面的切应力分布

通过弯曲中心。确定这类杆件的弯曲中心位置，在工程中具有很大的实际意义。

下面以槽钢为例说明确定弯曲中心位置的方法。图 6-16(a)表示槽形截面梁的横截面，当横向力平行于 y 轴时，槽形截面的腹板上有切应力 τ_1 存在(垂直方向)，翼缘上有水平方向的切应力 τ_2 存在，其分布规律如图 6-16(a)所示。

腹板上垂直切应力的合力用 F_1 表示，翼缘上水平切应力的合力用 F_2 表示。上、下翼缘上的水平切应力大小相等、方向相反，可合成为一个矩为 F_2h 的力偶，腹板上垂直切应力的合力 F_1 近似地等于横截面上的剪力 F_S。将力偶矩 F_2h 与力 F_1 进一步合成，即可得到槽形截面弯曲切应力的合力 F_1，其数值等于 F_S，作用线距腹板的中线为 e(图 6-16b)。如对腹板中线与 z 轴的交点取矩，由合力矩定理得

$$F_2h=F_1e$$

因为

$$F_1\approx F_S$$

解得

$$e=\frac{F_2}{F_S}h$$

关于 e 的具体数值可参考有关书籍，这里不再详细叙述。

上述结果表明，槽形截面弯曲切应力的合力不通过形心，切应力的合力作用点就是弯曲中心。弯曲中心与 F_S 无关，取决于截面形状，是截面的几何性质。工程中常用的开口薄壁截面的弯曲中心位置见表 6-1。

常见的开口薄壁截面的弯曲中心位置　　　　　表 6-1

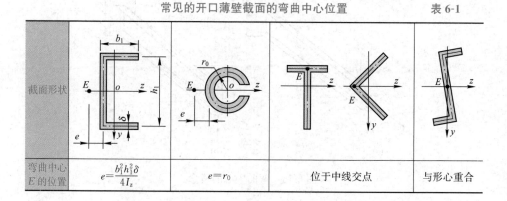

截面形状				
弯曲中心 E 的位置	$e=\dfrac{b_1^2h_1^2\delta}{4I_z}$	$e=r_0$	位于中线交点	与形心重合

对于常见的薄壁截面，为了找到它们的弯曲中心，可掌握以下几条规律：

（1）具有两个对称轴或反对称轴的截面弯曲中心与形心重合；

（2）具有一个对称轴的截面，弯曲中心必在此对称轴上；

（3）如截面是由中线交于一点的两个狭长矩形组成，此交点就是弯曲中心。

6.3.2 平面弯曲充要条件

要保证杆件在横向力作用下只发生平面弯曲而不产生扭转变形的充要条件是：横向力必须与形心主惯性轴平行且通过弯曲中心。

即平面弯曲的特点为：

（1）横向力必须与形心主轴平行且通过弯曲中心；

（2）平面弯曲时梁横截面上的中性轴一定是形心主轴，它与外力作用平面垂直；

（3）平面弯曲时梁的挠曲线在垂直于中性轴并与外力作用平面相重合或平行的平面内，是一条平面曲线。

6.4 提高弯曲强度的措施

弯曲正应力是控制弯曲强度的主要因素，所以从弯曲正应力的强度条件式(6-7)可以看出，提高梁承载能力应从以下几个方面加以考虑：一是合理安排梁的受力情况，以降低 M_{max} 的数值；二是采用合理的截面形状，以提高梁抗弯截面模量 W_z 的数值，充分利用材料的性能；三是使用变截面梁综合降低 M/W_z 的数值。下面我们分几点进行讨论。

6.4.1 减小弯矩 M_{max} 的措施

（1）合理安排荷载，工程中常把集中力化为分散力，让力作用线接近于支座处，如图 6-17(b)所示。

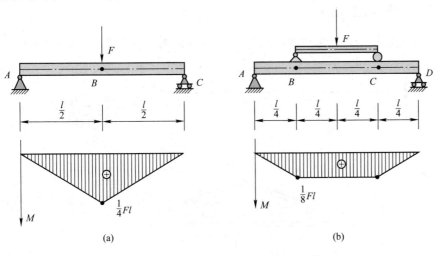

(a)   (b)

图 6-17　合理安排荷载

（2）改变梁的形式，尽量采用小跨度梁，如把图 6-18(a)的形式改为图 6-18（b）的形式，可减小最大弯矩。也可将静定梁改为超静定梁(图 6-18c)的形式。

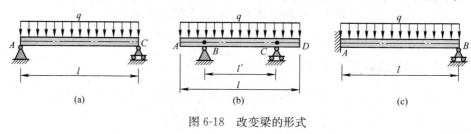

图 6-18　改变梁的形式

6.4.2　采用合理截面，提高 W_z

在同样的用材量（重量）时，薄壁截面的惯性矩 I_z 较高，所以工程上大量使用型钢。对于塑性材料常采用工字形截面。对于脆性材料的梁常采用上、下不对称截面，中性轴偏于受拉一侧（图 6-19），这类截面如能使 y_1 和 y_2 之比接近于下列关系

$$\frac{\sigma_{t\,max}}{\sigma_{c\,max}} = \frac{y_1}{y_2} = \frac{[\sigma_t]}{[\sigma_c]}$$

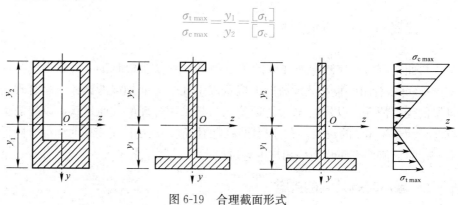

图 6-19　合理截面形式

这样最大拉应力和最大压应力便可同时接近许用应力。

6.4.3　使用变截面梁

变截面梁的尺寸是按各截面上的弯矩 M 值来进行设计的。图 6-20 为工程

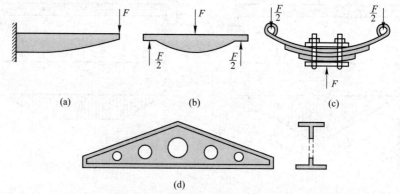

图 6-20　工程中常见的变截面等强度梁

中常见的梁，均为变截面梁。这类梁可使材料用量大幅下降。若能使 W_z 满足下列条件

$$W_z(x) = \frac{M(x)}{[\sigma]} \tag{6-12}$$

此时，梁上每个截面的最大正应力都刚好达到 $[\sigma]$，这种梁称为等强度梁。

小结及学习指导

本章研究在平面弯曲条件下，梁横截面上的正应力、切应力分布规律和梁的强度计算问题，本章内容是材料力学课程的重点内容。

梁横截面上的正应力、切应力分布规律和计算方法，梁的正应力强度计算、切应力强度计算问题等内容是读者要重点掌握的。

理解弯曲正应力、切应力公式的推导过程及适用条件，能熟练运用公式进行计算。由于梁横截面上的正应力和切应力均与横截面的几何性质有关，因此要重视截面图形的几何性质，并能熟练进行计算。

在进行弯曲强度计算时，首先画出剪力图和弯矩图，确定危险截面的位置；然后根据应力分布情况，判断危险截面上危险点（σ_{max} 和 τ_{max} 的作用点）的位置，并计算危险点的应力值；注意 σ_{max} 和 τ_{max} 的作用点不一定在同一截面上，更不在同一点上；最后分别用正应力强度条件和切应力强度条件进行强度计算。

按照弯曲强度条件，同样可以解决强度校核、截面设计及确定许用荷载这三类强度问题。值得一提的是，对于细长梁，通常正应力强度的影响是主要的，因此，一般情况下，只需按照正应力进行强度计算。只是在一些特殊情况下，个别截面上的切应力较大时，必须注意校核切应力强度。

思考题

6-1 何谓纯弯曲？为什么推导弯曲正应力公式时，首先从纯弯曲梁开始进行研究？

6-2 推导弯曲正应力公式时，做了哪些假设？它们的根据是什么？为什么要作这些假设？

6-3 何谓中性层？何谓中性轴？中性轴是怎样的一条轴？为什么？

6-4 如图 6-21 所示的各梁及其受力情况，试问各梁哪些段是纯弯曲？哪些段是横力弯曲？

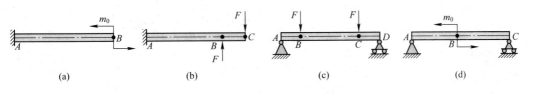

| (a) | (b) | (c) | (d) |

图 6-21 思考题 6-4 图

6-5 梁在纵向对称平面受力而发生平面弯曲，试分别画出图 6-22 所示四种横截面上正应力沿其高度的变化规律。

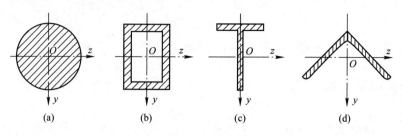

图 6-22 思考题 6-5 图

6-6 内径为 d，外径为 D 的空心圆截面梁，截面对中性轴的惯性矩和抗弯截面模量表达式分别为 $I_z = \dfrac{\pi D^4}{64} - \dfrac{\pi d^4}{64}$，$W_z = \dfrac{\pi D^3}{32} - \dfrac{\pi d^3}{32}$。试问这两式是否正确，为什么？

6-7 正方形截面悬臂梁受力如图 6-23 所示，若按图 6-23(a)、(b)所示两种情况放置，试问抗弯强度何者大，抗弯刚度何者大？

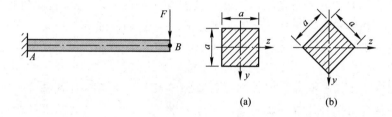

图 6-23 思考题 6-7 图

习题

6-1 有一横截面为 $0.8\text{mm} \times 25\text{mm}$，长度 $l = 500\text{mm}$ 的薄钢尺，由于两端的力偶作用而弯成中心角为 $60°$ 的圆弧。设 $E = 200\text{GPa}$，试求钢尺横截面上的最大正应力。

6-2 简支梁受力如图 6-24 所示。试求 1—1 截面上 A、B 两点处的正应力。

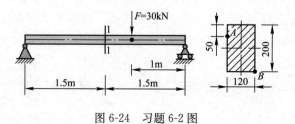

图 6-24 习题 6-2 图

6-3 试求图 6-25 所示各梁 D 截面上 a 点的正应力及最大正应力。

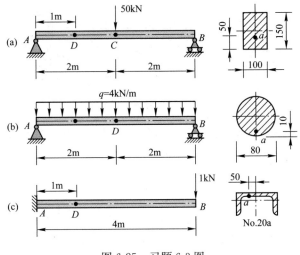

图 6-25　习题 6-3 图

6-4　求图 6-26 所示矩形截面梁的最大正应力。

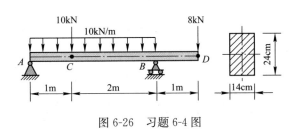

图 6-26　习题 6-4 图

6-5　简支梁受均布荷载作用如图 6-27 所示，若分别采用截面面积相等的实心圆截面和空心圆截面。已知 $D_1=400\text{mm}$，$\dfrac{d_2}{D_2}=\dfrac{3}{5}$，试分别计算它们的最大正应力，空心圆截面的最大正应力比实心圆截面的最大正应力减小了百分之几？

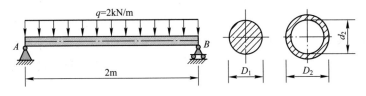

图 6-27　习题 6-5 图

6-6　简支梁受力如图 6-28 所示。梁采用 22b 号工字钢，许用应力 $[\sigma]=170\text{MPa}$。试校核其正应力强度。

6-7　简支梁受力如图 6-29 所示。梁采用 20a 号工字钢，许用应力 $[\sigma]=160\text{MPa}$。试求许用荷载 $[F]$。

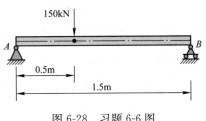

图 6-28　习题 6-6 图

习　题

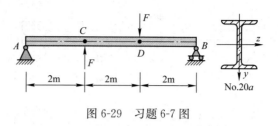

图 6-29　习题 6-7 图

6-8　梁所受荷载及其截面形状如图 6-30 所示。试求梁内最大拉应力及最大压应力之值，并说明各发生在何处。

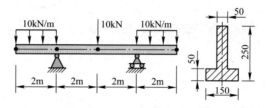

图 6-30　习题 6-8 图

6-9　某梁受力如图 6-31 所示。已知材料的 $[\sigma_t]=40$MPa，$[\sigma_c]=80$MPa。试校核梁的强度。

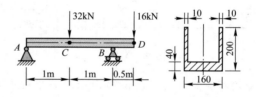

图 6-31　习题 6-9 图

6-10　由 16 号工字钢制成的简支梁，其上作用着集中荷载 F，如图 6-32 所示。在截面 C-C 的下边缘处，测得沿梁轴方向的线应变 $\varepsilon=400\times10^{-6}$。已知 $l=1.5$m，$a=1$m。16 号工字钢的抗弯截面系数 $W=141$cm³，弹性模量 $E=2.1\times10^5$MPa，试求 F 力的大小。

6-11　如图 6-33 所示的 AB 梁为 10 号工字钢，其抗弯截面系数 $W=49$cm³，许用应力 $[\sigma]_1=160$MPa。CD 杆是直径 $d=10$mm 的圆截面钢杆，其许用应力 $[\sigma]_2=120$MPa。

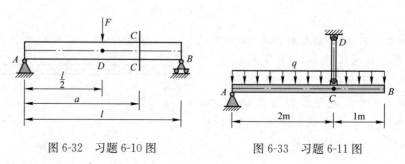

图 6-32　习题 6-10 图　　　　图 6-33　习题 6-11 图

(1) 试求许用荷载$[q]$；

(2) 为了提高此结构的承载能力，可改变哪一根杆件的截面尺寸？多大的尺寸为宜？此时的许用荷载$[q]_{max}$又为多大？

6-12 如图 6-34 所示，平台凉台宽 $l=6$m，顶面荷载 $q=2$kN/m^2，由间距 $s=1$m 的矩形截面木次梁 AB 支持$\left(\dfrac{h}{b}=2\right)$，木梁的许用应力$[\sigma]=10$MPa，试求：

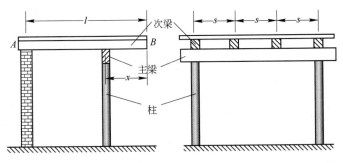

图 6-34 习题 6-12 图

(1) 次梁用料最经济时，主梁的位置 x 值；

(2) 设计此木梁的尺寸。

6-13 试求图 6-24 中 D 截面上 a 点的切应力。

6-14 截面为 32a 工字钢外伸梁受力如图 6-35 所示。试求 1-1 截面上 a、b、c、d 四点的切应力及最大切应力。

6-15 梁的截面形状如图 6-36 所示。已知截面上铅直方向的剪力 $F_s=120$kN，试画出切应力沿截面高度的分布图。

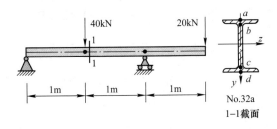

图 6-35 习题 6-14 图

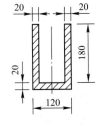

图 6-36 习题 6-15 图

6-16 外伸梁受力如图 6-37 所示。截面高 $h=120$mm，宽 $b=60$mm。材料为木材，其许用应力$[\sigma]=10$MPa，$[\tau]=2$MPa。试校核梁的正应力强度和切应力强度。

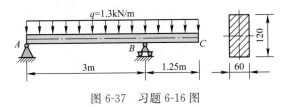

图 6-37 习题 6-16 图

6-17 一钢梁受力如图6-38所示。材料的$[\sigma]=160$MPa，$[\tau]=100$MPa。试选择工字钢的型号。

6-18 起重机重$W=50$kN，行走于两根工字钢梁所组成的轨道上，如图6-39所示。起重机的起重量$F=10$kN，梁的许用应力$[\sigma]=160$MPa。试确定起重机作用在梁上的最不利位置，并选择工字钢梁的型号。

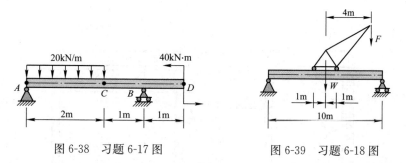

图6-38 习题6-17图   图6-39 习题6-18图

6-19 两根截面尺寸为$b=20$cm，$h=20$cm的木梁互相重叠，左端固定，右端自由。受集中力$F=15$kN，如图6-40所示。求：（1）两根梁连接成整体时，梁接缝上的剪力F_S等于多少？（2）若两根梁用螺栓连接，螺栓的许用切应力$[\tau]=80$MPa。试求螺栓的截面积A。

6-20 如图6-41所示，用两根钢轨铆接成的组合梁，每根钢轨的截面积$A=80$cm^2，形心离底面高度$h=8$cm，截面对形心轴的惯性矩$I_z=1600$cm^4，铆钉间距$s=15$cm，梁内剪力$F_S=50$kN，铆钉直径$d=2$cm，许用切应力$[\tau]=100$MPa。

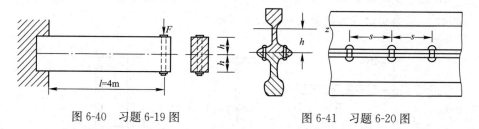

图6-40 习题6-19图   图6-41 习题6-20图

（1）导出钉距s的公式；

（2）校核铆钉强度。

6-21 如图6-42所示，简支梁在跨中受集中力$F=40$kN的作用，梁的跨度为$l=4$m，此梁系由两根截面为15cm×20cm的木杆在中间插入横键5cm×10cm×20cm所组成，已知横键的许用切应力$[\tau]=1$MPa，试计算：

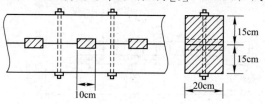

图6-42 习题6-21图

（1）所需横键的个数；

（2）横键所受的挤压应力值。

注：假定螺栓对剪切的抵抗作用可忽略不计。

习题答案

6-1 167.6MPa

6-2 $\sigma_A = -9.33\text{MPa}$，$\sigma_B = 18.75\text{MPa}$

6-3 （1）$\sigma_a = 22.2\text{MPa}$，$\sigma_{max} = 66.7\text{MPa}$；

（2）$\sigma_a = 119.4\text{MPa}$，$\sigma_{max} = 159.2\text{MPa}$；

（3）$\sigma_a = 30.7\text{MPa}$，$\sigma_{max} = 124\text{MPa}$

6-4 $\sigma_{max} = 10.4\text{MPa}$

6-5 41.1%

6-6 强度足够

6-7 $[F] = 56.9\text{kN}$

6-8 $\sigma_t = 30.16\text{MPa}$，$\sigma_c = 18.93\text{MPa}$，均在支座处

6-9 不合格

6-10 $F = 47.38\text{kN}$

6-11 （1）$[q] = 4.18\text{kN/m}$；

（2）$D = 19.4\text{mm}$，$[q] = 15.7\text{kN/m}$

6-12 （1）$x = 1.76\text{m}$；

（2）$b = 78\text{mm}$，$h = 156\text{mm}$

6-13 $\tau_A = 0.47\text{MPa}$，$\tau_B = 0$

6-14 $\tau_A = \tau_D = 0$，$\tau_{max} = 11.5\text{MPa}$

6-15 $\sigma_{max} = 7.01\text{MPa}$

6-16 $\tau_{max} = 0.48\text{MPa}$

6-17 I_{20b}

6-18 $2 \times I_{27a}$

6-19 （1）$F_S = 225\text{kN}$；

（2）$A = 2810\text{mm}^2$

6-20 （1）$s \leqslant \dfrac{\pi d^2 [\tau] I_z}{2 F_S A h}$；

（2）安全

6-21 （1）$n = 20$ 个；

（2）$\sigma_C = 4\text{MPa}$

第7章
弯曲变形

本章知识点

【知识点】挠曲线，挠度，挠曲线方程，转角，转角方程，挠曲线的曲率公式，挠曲线近似微分方程，计算梁变形的积分法，边界条件和连续性条件，计算梁变形的叠加法，简单超静定梁的求解，梁的刚度条件。

【重点】梁变形方程的建立，积分法、叠加法计算梁的变形，简单超静定梁的求解。

【难点】弯曲切应力，弯曲中心，简单超静定梁的求解。

7.1 梁弯曲变形时的挠度和转角

前两章讨论了梁的内力、应力和梁的强度条件，目的是保证梁在荷载作用下有足够的强度，能正常工作不发生断裂或永久变形失效。但是仅考虑这一方面还是不够的，工程中有时还需要对梁在工作时产生的弹性变形加以限制，以保证有足够的刚度。

如图 7-1(a)所示工厂中的吊车梁，若其变形较大时，吊车来回工作就好像上、下坡一样，这样不仅影响吊车正常工作，还会引起梁的振动，影响其使用寿命；图 7-1(b)所示轧钢机上下轧辊若弯曲变形过大，则会导致轧出的钢板厚度不均；图 7-1(c)所示汽车变速箱齿轮传动系统，若输入轴、中间轴

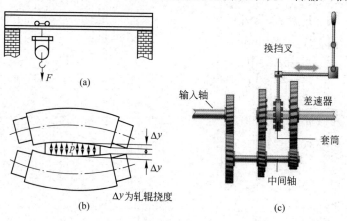

图 7-1 过大变形影响杆件正常工作

弯曲变形过大，将影响齿轮的正常啮合，同时也会影响轴与轴承间的配合，导致不均匀磨损，运转不灵。另外，房屋建筑中的大梁若变形太大，梁底的抹灰就会开裂脱落，影响建筑物的正常使用；车床切削加工工件，若工件较细长，工件在切削力作用下会产生过大弯曲变形，从而影响加工精度；各种泵送管道，弯曲变形如果超过许用数值，就会造成物料的淤积，影响输送。因此工程中对梁的设计，除了有强度要求外，还必须限制梁的变形，使变形在容许的范围之内。

梁平面弯曲时的变形可通过梁横截面的位移（displacement）来度量。以悬臂梁为例（图 7-2），取梁轴线 AB 为 x 轴，横截面的形心主轴为 y 轴。变形后梁的轴线弯成一条平面曲线，称为梁的挠曲线（deflection curve），有时也称梁的弹性曲线（elastic curve），可用挠曲线方程 $y=f(x)$ 来表示。

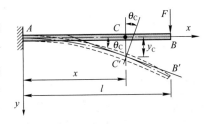

图 7-2 挠度和转角

梁上任一横截面产生两个位移：一个是梁横截面的形心沿垂直于梁轴线方向的线位移（轴向线位移很小可忽略），称为挠度（deflection），记为 y；另一个是梁横截面绕中性轴转动的角位移，称为转角（slope），记为 θ。

挠度和转角的符号规定如下：

挠度以向下为正，向上为负；转角以顺时针转向为正，逆时针转向为负。

根据平面假设，梁的横截面在变形前垂直于轴线，变形后垂直于挠曲线的切线（图 7-2）。因此，截面转角 θ 等于挠曲线的倾角（挠曲线的切线与 x 轴的夹角）。故 $\mathrm{d}y/\mathrm{d}x=\tan\theta(x)$。对于梁的弹性小变形，挠曲线是一条非常平坦的曲线，可取 $\tan\theta\approx\theta$，因此，梁的转角可以用挠曲线的斜率近似代替：

$$\theta(x)=\frac{\mathrm{d}y}{\mathrm{d}x}$$

挠度 y 和转角 θ 是度量梁的弯曲变形的两个基本参数。只要建立了梁的挠曲线方程 $y=f(x)$，就可以确定梁任意截面的挠度和转角。

7.2 积分法计算梁的变形

7.2.1 梁的挠曲线近似微分方程

第 6 章推导梁的弯曲正应力公式时，得到了纯弯曲情况下梁轴线的曲率表达式(6-3)，对细长梁可推广应用于横力弯曲的情况。横力弯曲时弯矩 M 随截面位置而变化，所以 M 和 ρ 都是 x 的函数，即

$$\frac{1}{\rho(x)}=\frac{M(x)}{EI} \tag{a}$$

另一方面，由微分学的知识可知，平面曲线 $y=f(x)$ 的曲率可用下式计算

$$\frac{1}{\rho(x)}=\pm\frac{\dfrac{\mathrm{d}^2 y}{\mathrm{d}x^2}}{\sqrt{\left[1+\left(\dfrac{\mathrm{d}y}{\mathrm{d}x}\right)^2\right]^3}} \tag{b}$$

比较式(a)和式(b)，得

$$\frac{y''}{[1+(y')^2]^{\frac{3}{2}}}=\pm\frac{M(x)}{EI}$$

略去高阶微量 $(y')^2$，上式可以写为

$$y''=\pm\frac{M(x)}{EI} \tag{c}$$

上式右端的正负号由弯矩和曲率的符号加以确定。在所设的坐标系内（图7-3），x 轴向右为正，y 轴向下为正。在正弯矩作用下，梁是下凸的，在此情况下，$M>0$，$\dfrac{1}{\rho}<0$（图7-3a）。在负弯矩作用下，梁是上凸的，$M<0$，$\dfrac{1}{\rho}>0$（图7-3b）。因此不管是受正弯矩作用还是受负弯矩作用，M 和 $\dfrac{1}{\rho}$ 均相差一个负号，故式(c)可写成

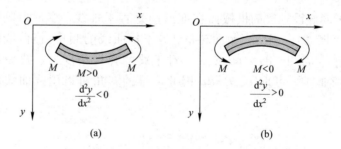

图 7-3 M 及 y'' 的正负号约定

$$y''=-\frac{M(x)}{EI} \tag{7-1}$$

式(7-1)称为梁的挠曲线近似微分方程(approximate differential equation of the deflection curve of beams)。之所以称"近似"是因为：在公式推导中忽略了横力弯曲时剪切变形的影响，在计算曲率时略去了 $(y')^2$ 这一项，另外在求转角时用了 $\tan\theta \approx \theta$ 的近似。尽管如此，对于工程中变形较小的梁（又称小挠度梁，它区别于大挠度梁的公式），按上述方程计算所得的梁的挠度和转角还是满足一般工程精度要求的。

7.2.2 积分法计算梁的变形

对于等截面直梁，其 EI 为一常数，式(7-1)常写成

$$EIy'' = -M(x) \tag{7-2}$$

将方程式(7-2)对 x 积分一次,即得到梁的转角方程

$$EI\theta = EIy' = \int -M(x)\mathrm{d}x + C \tag{7-3}$$

将上式对 x 再积分一次,得到梁的挠曲线方程

$$EIy = \int \left[\int -M(x)\mathrm{d}x \right] \mathrm{d}x + Cx + D \tag{7-4}$$

转角方程和挠曲线方程中出现的积分常数 C、D,可根据梁上某些截面处已知的变形条件来确定,这些变形条件通常称为边界条件(boundary conditions)。

图7-4(a)所示的简支梁,左右两铰支座处的挠度 y_A 和 y_B 都为零。其边界条件为

$$x=0 \text{ 时}, \quad y_A=0; \quad x=l \text{ 时}, \quad y_B=0$$

图7-4(b)所示的悬臂梁,其固定端处的挠度和转角均为零。其边界条件为

$$x=0 \text{ 时}, \quad y_A=0; \quad x=0 \text{ 时}, \quad \theta_A=0$$

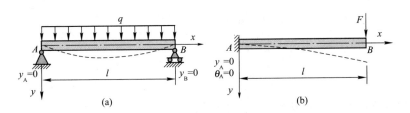

图 7-4 梁的边界条件

由边界条件确定了积分常数后,将它们回代到式(7-3)和式(7-4)中,即可得梁的转角方程和挠曲方程,从而可以确定梁任一截面上的转角和挠度。下面通过例子来说明积分法求解梁的变形问题。

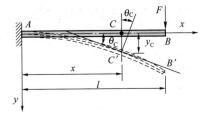

图 7-5 例题 7-1 图

【例题 7-1】 已知悬臂梁的抗弯刚度 EI 为常数,其受力如图7-5所示。试建立梁的挠曲线方程、转角方程,并求出最大挠度 $y_{\max}$ 和最大转角 $\theta_{\max}$。

【解】 (1)建立坐标系如图7-5所示,列出弯矩方程

$$M(x) = -Fl + Fx$$

(2)建立挠曲线近似微分方程

$$EIy'' = -M(x) = Fl - Fx$$

积分一次得转角方程

$$EI\theta(x)=EIy'=Flx-\frac{1}{2}Fx^2+C \qquad (a)$$

再积分一次得挠曲线方程

$$EIy=\frac{1}{2}Flx^2-\frac{1}{6}Fx^3+Cx+D \qquad (b)$$

（3）利用边界条件确定积分常数

当 $x=0$ 时，$\theta_A=0$，代入式（a），得 $C=0$

当 $x=0$ 时，$y_A=0$，代入式（b），得 $D=0$

（4）建立梁的挠曲线方程和转角方程

将积分常数 $C=0$，$D=0$ 代入到式（a）、式（b）中，可得梁的转角方程和挠曲线方程。

转角方程 $\qquad EI\theta=EIy'=Flx-\frac{1}{2}Fx^2 \qquad (c)$

挠曲线方程 $\qquad EIy=\frac{1}{2}Flx^2-\frac{1}{6}Fx^3 \qquad (d)$

（5）求 θ_{max} 和 y_{max}

全梁的最大转角和最大挠度发生在悬臂梁的 B 截面，将 $x=l$ 代入式（c）得

$$\theta_B=\theta_{max}=\theta\big|_{x=l}=\frac{Fl^2}{2EI}$$

将 $x=l$ 代入式（d）得

$$y_B=y_{max}=y\big|_{x=l}=\frac{Fl^3}{3EI}$$

梁的挠曲线大致形状如图 7-5 中虚线所示。

【例题 7-2】 图 7-6(a)所示为受集中力 F 作用的简支梁。试列出梁的挠曲线方程和转角方程。若 $a>b$，试求最大挠度值。

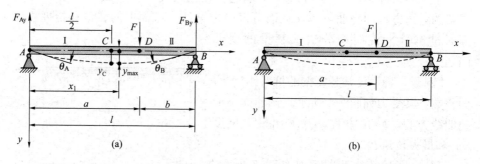

图 7-6 例题 7-2 图

【解】 由于梁在 D 截面受集中力 F 的作用，所以须分段列出弯矩方程并分段列出挠曲线近似微分方程，再分段积分。

（1）弯矩方程

AD 段 $\qquad M(x_1)=\frac{Fb}{l}x_1 \qquad (0\leqslant x_1\leqslant a)$

DB 段 $\qquad M(x_2) = \dfrac{Fb}{l}x_2 - F(x_2-a) \quad (a \leqslant x_2 \leqslant l)$

（2）挠曲线近似微分方程并积分

AD 段 $\qquad EIy''_1 = -M(x_1) = -\dfrac{Fb}{l}x_1$

积分一次得 $\qquad EI\theta_1 = EIy'_1 = -\dfrac{Fb}{2l}x_1^2 + C_1 \qquad\qquad$ (a)

再积分一次得 $\qquad EIy_1 = -\dfrac{Fb}{6l}x_1^3 + C_1x_1 + D_1 \qquad\qquad$ (b)

DB 段 $\qquad EIy''_2 = -M(x_2) = -\dfrac{Fb}{l}x_2 + F(x_2-a)$

积分一次得 $\quad EI\theta_2 = EIy'_2 = -\dfrac{Fb}{2l}x_2^2 + \dfrac{F}{2}(x_2-a)^2 + C_2 \qquad$ (c)

再积分一次得 $EIy_2 = -\dfrac{Fb}{6l}x_2^3 + \dfrac{F}{6}(x_2-a)^3 + C_2x_2 + D_2 \qquad$ (d)

（3）确定积分常数

式（a）～式（d）中有 4 个积分常数 C_1、D_1、C_2、D_2，为了确定这些积分常数，除了利用边界条件之外，还要利用相邻两段分界面上的变形连续条件。

（a）变形连续条件

由于梁的挠曲线是一条光滑而连续的曲线，因此在同一截面上必须有相同的挠度值和转角值，即在两段的连接处（D 截面）左右的挠度和转角均相等，如图 7-6(b) 所示，D 截面处的位移连续条件为

当 $x_1 = x_2 = a$ 时

$$y_1 = y_2 \qquad\qquad (e)$$
$$y'_1 = y'_2 \qquad\qquad (f)$$

由连续性条件式（e）、式（f），可得 $C_1 = C_2$，$D_1 = D_2$

（b）边界条件

当 $x_1 = 0$ 时，$y_1 = 0$。代入式（b）得，$D_1 = D_2 = 0$

当 $x_2 = l$ 时，$y_2 = 0$。代入式（d）得，$C_1 = C_2 = \dfrac{Fb}{6l}(l^2 - b^2)$

（4）挠曲线方程和转角方程

将 4 个积分常数分别代入式（a）～式（d）中，即得 AD、DB 段的挠曲线方程和转角方程。

AD 段 $\qquad EI\theta_1 = EIy'_1 = \dfrac{Fb}{6l}(l^2 - b^2 - 3x_1^2) \qquad\qquad$ (g)

$$EIy_1 = \dfrac{Fb}{6l}x_1(l^2 - b^2 - x_1^2) \qquad\qquad (h)$$

DB 段 $\qquad EI\theta_2 = EIy'_2 = \dfrac{Fb}{6l}(l^2 - b^2 - 3x_2^2) + \dfrac{F(x_2-a)^2}{2} \qquad$ (i)

$$EIy_2 = \frac{Fb}{6l}x_2(l^2-b^2-x_2^2) + \frac{F(x_2-a)^3}{6} \tag{j}$$

（5）最大挠度

在转角 $\theta=0$ 的截面处，挠度有极值。在 $a>b$ 的情况下，当 $x_1=0$ 时，$\theta_A>0$；当 $x_1=a$ 时，$\theta_D<0$，故 AD 段内必有一截面 $\theta=0$。在式（g）中令：$\theta_1=y_1'=0$，解得 $x_0=\sqrt{\dfrac{l^2-b^2}{3}}$。将 x_0 的值代入到式（h）中并化简，即可得最大挠度

$$y_{max} = \frac{Fb}{9\sqrt{3}EIl}\sqrt{(l^2-b^2)^3}$$

由上面所得 x_0 和 y_{max} 的计算式可知，最大挠度及所在截面的位置随 F 力作用位置的改变而变化。

当 $b\to0$ 时，$x_0=\dfrac{l}{\sqrt{3}}=0.577l$ 处，最大挠度为 $y_{max}=\dfrac{Fbl^2}{9\sqrt{3}EI}=0.0642\dfrac{Fbl^2}{EI}$，此时在 $x=\dfrac{1}{2}l$ 跨中位置，挠度为 $y_{\frac{l}{2}}=\dfrac{Fbl^2}{16EI}=0.0625\dfrac{Fbl^2}{EI}$。由此可见，即使在 $b\to0$ 这种极端情况下，最大挠度与梁跨中点挠度差值也不超过梁跨度中点挠度的 3%。因此在简支梁中，只要挠曲线上无拐点，则最大挠度可用跨中挠度来代替，其精度可满足工程要求。

7.3 叠加法计算梁的变形，梁的刚度条件

7.3.1 叠加法计算梁的变形

从上节的例题可知，梁的挠度和转角与梁的荷载呈线性关系，前提是"小变形假设"。因此，当梁承受多种荷载作用时，任一截面的挠度和转角分别等于各荷载单独作用下该截面的挠度和转角的代数和，这种计算梁变形的方法称为叠加法（method of superposition）。

用叠加法计算梁的变形时，可运用单独荷载作用时梁的挠度和转角的已有结果。表 7-1 中列出了几种常用的荷载单独作用下梁的挠度和转角公式，以供参考。

梁在简单荷载作用下的变形　　　　　　　　　　　　　　　　　表 7-1

序号	梁的简图	挠曲线方程	转角	挠度
1		$y=+\dfrac{Fx^2}{6EI}(3l-x)$	$\theta_B=+\dfrac{Fl^2}{2EI}$	$y_B=+\dfrac{Fl^3}{3EI}$

序号	梁的简图	挠曲线方程	转角	挠度
2		$0\leq x\leq a$ $y=+\dfrac{Fx^2}{6EI}(3a-x)$ $a\leq x\leq l$ $y=+\dfrac{Fa^2}{6EI}(3x-a)$	$\theta_B=+\dfrac{Fa^2}{2EI}$	$y_B=+\dfrac{Fa^2}{6EI}(3l-a)$
3		$y=+\dfrac{m_0x^2}{2EI}$	$\theta_B=+\dfrac{m_0l}{EI}$	$y_B=+\dfrac{m_0l^2}{2EI}$
4		$0\leq x\leq a$ $y=+\dfrac{m_0x^2}{2EI}$ $a\leq x\leq l$ $y=+\dfrac{m_0a}{EI}\left[(x-a)+\dfrac{a}{2}\right]$	$\theta_B=+\dfrac{m_0a}{EI}$	$y_B=+\dfrac{m_0a}{EI}\left(l-\dfrac{a}{2}\right)$
5		$y=+\dfrac{qx^2}{24EI}(x^2-4lx+6l^2)$	$\theta_B=+\dfrac{ql^3}{6EI}$	$y_B=+\dfrac{ql^4}{8EI}$
6		$y=+\dfrac{q_0x^2}{120EI}\times(10l^3-10l^2x+5lx^2-x^3)$	$\theta_B=+\dfrac{q_0l^3}{24EI}$	$y_B=+\dfrac{q_0l^4}{30EI}$
7		$a\leq x\leq\dfrac{l}{2}$ $y=+\dfrac{Fx}{48EI}(3l^2-4x^2)$	$\theta_A=-\theta_B=+\dfrac{Fl^2}{16EI}$	$y_C=+\dfrac{Fl^3}{48EI}$
8		$0\leq x\leq a$ $y=+\dfrac{Fbx}{6EIl}(l^2-x^2-b^2)$ $a\leq x\leq l$ $y=+\dfrac{Fb}{6EIl}\left[\dfrac{l}{b}+(x-a)^3+(l^2-b^2)x-x^3\right]$	$\theta_A=+\dfrac{Fab(l+b)}{6EIl}$ $\theta_B=-\dfrac{Fab(l+a)}{6EIl}$	设$a>b$ 在$x=\sqrt{\dfrac{l^2-b^2}{3}}$处 $y_{max}=+\dfrac{Fb(l^2-b^2)^{\frac{3}{2}}}{9\sqrt{3}EIl}$ 在$x=\dfrac{l}{2}$处 $y_B=+\dfrac{Fb(3l^2-4b^2)}{48EI}$

121

7.3 叠加法计算梁的变形，梁的刚度条件

序号	梁的简图	挠曲线方程	转角	挠度
9		$y=+\dfrac{m_0 x}{6EIl}(l-x)(2l-x)$	$\theta_A=+\dfrac{m_0 l}{3EI}$ $\theta_B=\dfrac{-m_0 l}{6EI}$	$x=\left(1-\dfrac{1}{\sqrt 3}\right)l$ $y_{max}=+\dfrac{m_0 l^2}{9\sqrt 3 EI}$ $x=\dfrac{l}{2}$，$y_C=+\dfrac{m_0 l^2}{16EI}$
10		$y=\dfrac{m_0 x}{6EIl}(l^2-x^2)$	$\theta_A=+\dfrac{m_0 l}{6EI}$ $\theta_B=-\dfrac{m_0 l}{3EI}$	$x=\dfrac{l}{\sqrt 3}$ $y_{max}=+\dfrac{m_0 l^2}{9\sqrt 3 EI}$ $x=\dfrac{l}{2}$，$y_C=+\dfrac{m_0 l^2}{16EI}$
11		$0\leqslant x\leqslant a$ $y=\dfrac{-m_0 x}{6EIl}(l^2-3b^2-x^2)$ $a\leqslant x\leqslant l$ $y=+\dfrac{m_0(l-x)}{6EIl}\times[l^2-3a^2-(l-x)^2]$	$\theta_A=-\dfrac{m_0(l^2-3b^2)}{6EIl}$ $\theta_B=-\dfrac{m_0(l^2-3a^2)}{6EIl}$	
12		$y=+\dfrac{qx}{24EI}(l^3-2lx^2+x^3)$	$\theta_A=-\theta_B=+\dfrac{ql^3}{24EI}$	在 $x=\dfrac{l}{2}$ 处 $y_{max}=+\dfrac{5ql^4}{384EI}$
13		$y=+\dfrac{q_0 x}{360lEI}(7l^4-10l^2 x^2+3x^4)$	$\theta_A=+\dfrac{7q_0 l^3}{360EI}$ $\theta_B=-\dfrac{q_0 l^3}{45EI}$	在 $x=\dfrac{l}{2}$ 处 $y=+\dfrac{5q_0 l^4}{768EI}$
14		$0\leqslant x\leqslant l$ $y=\dfrac{-Fax}{6EIl}(l^2-x^2)$ $l\leqslant x\leqslant(l+a)$ $y=\dfrac{F(x-l)}{6EI}[a(3x-l)-(x-l)^2]$	$\theta_A=-\dfrac{1}{2}\theta_B=\dfrac{-Fal}{6EI}$ $\theta_C=-\dfrac{Fa}{6EI}(2l+3a)$	$y_C=+\dfrac{Fa^2}{3EI}(l+a)$
15		$0\leqslant x\leqslant l$ $y=+\dfrac{m_0 x}{6EIl}(x^2-l^2)$ $l\leqslant x\leqslant(l+a)$ $y=+\dfrac{m_0}{6EI}(3x^2-4xl+l^2)$	$\theta_A=-\dfrac{1}{2}\theta_B=\dfrac{-m_0 l}{6EI}$ $\theta_C=+\dfrac{m_0}{3EI}(l+3a)$	$y_C=+\dfrac{m_0 a}{6EI}(2l+3a)$

【例题 7-3】 简支梁 AB 受力如图 7-7(a)所示。EI 为常数。试用叠加法求 A 截面的转角 θ_A 及跨中 C 截面的挠度。

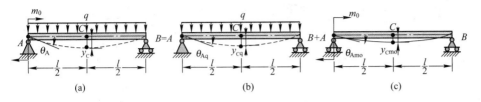

图 7-7 例题 7-3 图

【解】 （1）荷载分解及变形计算

将梁上的荷载分解为均布荷载 q 单独作用和集中力偶 m_0 单独作用两种情况，如图 7-7(b)、(c)所示。由表 7-1 查得简支梁在均布荷载 q 作用时，A 截面的转角及跨中 C 截面的挠度分别为

$$\theta_{Aq} = +\frac{ql^3}{24EI}, \qquad y_{Cq} = +\frac{5ql^4}{384EI}$$

简支梁左端受集中力偶 m_0 作用时，A 截面的转角及跨中 C 截面的挠度分别为

$$\theta_{Am_0} = +\frac{m_0 l}{3EI}, \qquad y_{Cm_0} = +\frac{m_0 l^2}{16EI}$$

（2）变形叠加

将上述结果代数相加，即得梁在均布荷载和集中力偶共同作用下 A 截面的转角和跨中 C 截面的挠度

$$\theta_A = \theta_{Aq} + \theta_{Am_0} = +\frac{ql^3}{24EI} + \frac{m_0 l}{3EI}$$

$$y_C = y_{Cq} + y_{Cm_0} = +\frac{5ql^4}{384EI} + \frac{m_0 l}{16EI}$$

【例题 7-4】 外伸梁受力如图 7-8(a)所示。EI 为常数，试用叠加法求自由端 C 截面的挠度 y_C。

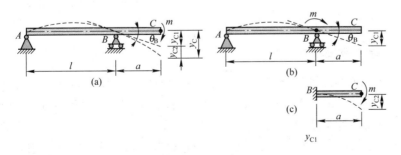

图 7-8 例题 7-4 图

【解】

首先将原图看成由图 7-8(b)、(c)两部分所组成。由图 7-8(b)可知，因 B

截面的转动将带动 BC 段作刚体般的转动，故有

$$y_{C1} = \theta_B a = \frac{ml}{3EI} a$$

由图 7-8(c)可知，C 截面的挠度为

$$y_{C2} = \frac{ma^2}{2EI}$$

所以，C 截面的总挠度为

$$y_C = y_{C1} + y_{C2} = \frac{mla}{3EI} + \frac{ma^2}{2EI} = \frac{ma}{6EI}(2l + 3a)$$

【例题 7-5】 求图 7-9(a)所示组合梁 C 截面的挠度和 D 截面的转角。

【解】 （1）荷载分解及变形计算

将原梁分解成如图 7-9(b)、(c)所示。

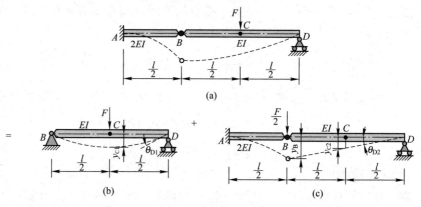

图 7-9 例题 7-5 图

（2）求 C 截面挠度

$$y_C = y_{C1} + y_{C2} = y_{C1} + \frac{1}{2} y_B = \frac{Fl^3}{48EI} + \frac{1}{2} \frac{\left(\frac{F}{2}\right)\left(\frac{l}{2}\right)^3}{3(2EI)} = \frac{5Fl^3}{192EI} (\downarrow)$$

（3）求 D 截面转角

$$\theta_D = \theta_{D1} + \theta_{D2} = \theta_{D1} + \frac{1}{l} y_B = \frac{Fl^2}{16EI} + \frac{1}{l} \frac{\left(\frac{F}{2}\right)\left(\frac{l}{2}\right)^3}{3(2EI)} = \frac{7Fl^2}{96EI} (逆时针)$$

7.3.2 梁的刚度条件

按强度条件选择了梁截面后，有时还须对梁进行刚度校核，即按梁的刚度条件检查梁变形是否在设计条件所容许的范围之内。若变形超过了许用值，则应按刚度条件重新选择梁截面。

对于梁的挠度，工程设计中通常用许用挠度与梁跨度的比值 $[y/l]$ 作为规定标准。对于转角，一般用许用转角 $[\theta]$ 作为规定标准。因此，梁的刚度条件为

$$\frac{y_{max}}{l} \leqslant \left[\frac{y}{l}\right] \tag{7-5}$$

$$\theta_{max} \leqslant [\theta] \tag{7-6}$$

在机械工程中，$[y/l]$ 一般取值为 $\frac{1}{10000} \sim \frac{1}{5000}$，在土建工程中，$[y/l]$ 一般取值为 $\frac{1}{800} \sim \frac{1}{200}$；$[\theta]$ 一般以弧度为单位，取值在 $0.001 \sim 0.005$ rad 之间。

根据梁的刚度条件，只要算出梁承载时的挠度和转角，就可进行梁的刚度校核、截面设计和确定许可荷载。

【例题 7-6】，悬臂梁 AB 受力如图 7-10 所示。材料的许用应力 $[\sigma]=$ 170MPa，弹性模量 $E=210$GPa，梁的许用挠度 $[y]=\dfrac{l}{400}$。试选择工字钢的型号。

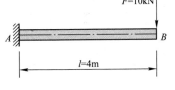

图 7-10　例题 7-6 图

【解】（1）最大内力
$$M_{max}=Fl=10\times4=40\text{kN}\cdot\text{m}$$

（2）按强度条件选择截面

所需的抗弯截面系数
$$W_z\geqslant\frac{M_{max}}{[\sigma]}=\frac{40\times10^6}{170}=235\times10^3\text{mm}^3$$

选用 20a 工字钢，其几何特性
$$W_z=237\text{cm}^3，\qquad I_z=2370\text{cm}^4$$

（3）刚度校核

梁的最大挠度发生在自由端，其值为
$$y_{max}=y_B=\frac{Fl^3}{3EI}=\frac{10\times10^3\times4000^3}{3\times210\times10^3\times2370\times10^4}=42.8\text{mm}$$

$$[y]=\frac{l}{400}=\frac{4000}{400}=10\text{mm}$$

因为 $y_{max}>[y]$，所以刚度不满足要求。

（4）按刚度条件重新选择截面

由
$$y_{max}=\frac{Fl^3}{3EI}\leqslant[y]$$

得
$$I\geqslant\frac{Fl^3}{3E[y]}=\frac{10\times10^3\times4000^3}{3\times210\times10^3\times10}=10200\times10^4\text{mm}^4$$

选用工字钢 32a，其几何特性 $I_z=11080\times10^4\text{mm}^4$ 和 $W_z=692\times10^3\text{mm}^3$，可同时满足强度和刚度条件。

7.4　简单超静定梁

7.4.1　超静定梁的概念

在前面几章中，我们讨论了静定梁的强度和刚度问题，静定梁的支座反力和内力都可以由静力平衡方程求得。工程实际中常采用给静定梁增加约束的方法，来提高梁的强度和刚度，如车削细长工件(图 7-11a)，为减小工件在车刀作用下的变形，保证加工精度，会增加尾顶针(可简化为活动铰支座)或

125

走刀架(可随车床走动简化为一个活动支座);简支梁桥在跨中央增加一个浮筒支承,以提高其抗弯能力(图7-11b)。

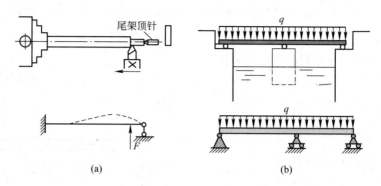

图 7-11　超静定梁实例

由于梁上增加了支承,梁的支座反力的数目将多于静力平衡方程数,用静力平衡方程无法求得全部支座反力,这样的梁称为**超静定梁**(statically indeterminate beam),增加的多余支承称为多余约束,与其相应的支座反力称为多余约束反力,多余约束的个数称为超静定次数。

7.4.2　变形比较法解超静定梁

超静定梁的设计,也和静定梁一样要计算其内力——剪力和弯矩,因此确定支座反力是首要问题,一旦支座反力确定,即可按照静定梁的解法求剪力和弯矩,并进行强度和刚度计算。解超静定梁的方法很多,这里介绍的变形比较法是解简单超静定梁的基本方法。

分析超静定梁时,首先需要确定梁的超静定数,根据超静定次数建立相应的补充方程。因此,解超静定梁问题和解拉(压)杆超静定问题是一样的,需利用变形协调条件建立补充方程。用变形比较法解超静定梁的一般步骤为:

(1)选定多余约束,并把多余约束解除,用未知的多余约束反力来代替,使超静定梁变成静定梁;

(2)列出静定梁在多余约束力作用处的变形(y 或 θ)计算公式,并与原超静定梁在该约束处的变形进行比较,建立变形协调方程,并利用力和位移之间的物理关系建立补充方程,求出多余约束力;

(3)根据静力平衡条件,求解超静定梁的其他约束反力及内力;

(4)进行梁的强度和刚度计算。

【例题 7-7】　梁 AB 和 BC 在 B 处铰接,A、C 两端固定(图7-12a),梁的抗弯刚度均为 EI,$F=40\text{kN}$,$q=20\text{kN/m}$。画梁的剪力图和弯矩图。

【解】　(1)确定 B 端约束力

从 B 处拆开,使超静定结构变成两个悬臂梁(图7-12b)。

变形协调方程为
$$y_{B1}=y_{B2}$$

物理关系为
$$y_{B1}=\frac{q\times 4^4}{8EI}+\frac{F_B\times 4^3}{3EI}$$

$$y_{B2} = \frac{F \times 2^2}{6EI}(3 \times 4 - 2) - \frac{F_B \times 4^3}{3EI}$$

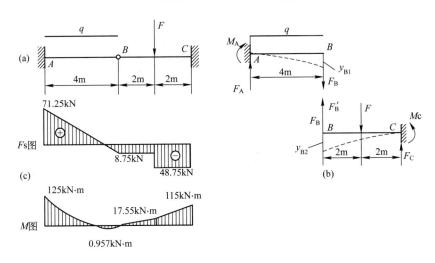

图 7-12　例题 7-7 图

代入补充方程得

$$\frac{q \times 4^4}{8EI} + \frac{F_B \times 4^3}{3EI} = \frac{F \times 2^2}{6EI}(3 \times 4 - 2) - \frac{F_B \times 4^3}{3EI}$$

解得

$$F_B = \frac{3}{2} \times \left(\frac{40 \times 10}{6 \times 4^2} - \frac{20 \times 4^4}{8 \times 4^3} \right) = -8.75 \text{kN}$$

(2) 画梁的剪力图和弯矩图

确定 A 端约束力

$\sum F_{iy} = 0, \quad F_A - F_B - 4q = 0$

$F_A = 4q + F_B = 4 \times 20 - 8.75 = 71.25 \text{kN}$

$\sum M_A = 0, \quad M_A + 4q \times 2 + 4F_B = 0$

$M_A = -4q \times 2 - 4F_B = -4 \times 20 \times 2 - 4 \times (-8.75) = -125 \text{kN} \cdot \text{m}$

解得

$$F_A = 71.25 \text{kN}(\uparrow) \quad M_A = 125 \text{kN} \cdot \text{m}(\circlearrowright)$$

确定 C 端约束力

$\sum F_{iy} = 0, \quad F_{B'} + F_C - F = 0$

$F_C = F - F_{B'} = 40 - (-8.75) = 48.75 \text{kN}$

$\sum M_C = 0, \quad M_C + 2F - 4F_{B'} = 0$

$M_C = 4F_{B'} - 2F = 4 \times (-8.75) - 2 \times 40 = -115 \text{kN} \cdot \text{m}$

解得

$$F_C = 48.75 \text{kN}(\uparrow), \quad M_C = 115 \text{kN} \cdot \text{m}(\circlearrowleft)$$

最后作出梁的剪力图和弯矩图如图 7-12(c) 所示。

小结及学习指导

在研究了梁在平面弯曲时的内力、应力及强度问题之后，本章研究梁的弯曲变形及其求解方法。

梁变形后的挠曲线，挠度和转角，挠曲线近似微分方程的建立，计算梁变形的积分法和叠加法，求解简单超静定梁的变形比较法，梁的刚度条件等内容是读者要掌握的重点内容。

梁的挠曲线是一条光滑连续的平面曲线，其方程由挠曲线近似微分方程积分两次而求得。梁上某一截面的挠度和转角不仅与该截面上的弯矩及截面形状、尺寸有关，还与整个梁的弯矩变化规律及其抗弯刚度有关。因此，读者要充分理解当梁的弯曲刚度不足时，采用局部加强措施并不能达到增强刚度的目的。

积分法是计算梁变形的基本方法，可求得整个梁的转角方程和挠曲线方程，用积分法求解梁变形时，利用边界条件和变形连续性条件确定积分常数是十分重要的。叠加法是先将梁上的复杂荷载分解或简化成几种简单荷载，再将简单荷载作用下梁的转角和挠度的计算结果叠加，得到梁在复杂荷载作用下的转角和挠度。叠加法在工程计算中有实用意义。

变形比较法求解超静定梁的关键是建立变形协调方程，选择基本静定梁的原则是使计算尽可能简单。

思考题

7-1 梁挠曲线的近似微分方程是怎样建立的？挠曲线的近似微分方程 $y'' = -\dfrac{M}{EI}$ 的近似性包含哪几个方面？

7-2 什么是挠度？什么是转角？什么是挠曲线方程？什么是转角方程？

7-3 边界条件和连续条件如何区别？怎样确定积分常数？

7-4 写出如图 7-13 所示梁的边界条件和连续条件。

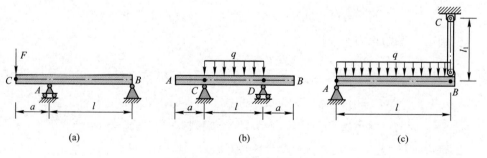

(a)   (b)   (c)

图 7-13 思考题 7-4 图

7-5 用积分法求图 7-14 所示梁的挠曲线方程时，需要将梁分成几段来写挠曲线微分方程？共有多少个积分常数？列出为确定这些常数所必需的位移条件。

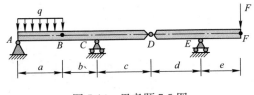

图 7-14　思考题 7-5 图

7-6 利用叠加法求梁变形的前提条件是什么？

7-7 试画出图 7-15 所示各梁的挠曲线大致形状。

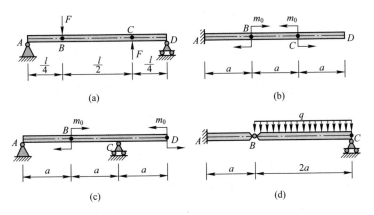

(a)

(b)

(c)

(d)

图 7-15　思考题 7-7 图

7-8 比较图 7-16 所示梁在各荷载作用下，跨度中点 C 的挠度值。

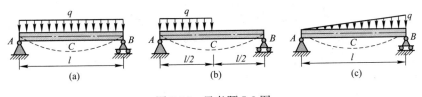

(a)

(b)

(c)

图 7-16　思考题 7-8 图

习题

7-1　用积分法求图 7-17 所示各悬臂梁自由端的挠度和转角。设梁抗弯刚度 EI 为常数。

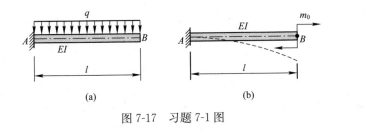

(a)

(b)

图 7-17　习题 7-1 图

129

7-2 用积分法求图 7-18 所示各简支梁跨中的挠度和两端的转角。设梁的抗弯刚度 EI 为常数。

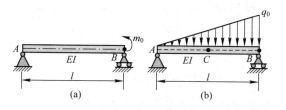

图 7-18 习题 7-2 图

7-3 用积分法求图 7-19 所示各梁的挠曲线方程、转角方程及 B 截面的转角和挠度。设 EI 为常数。

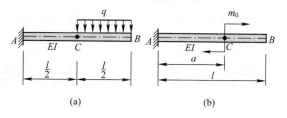

图 7-19 习题 7-3 图

7-4 外伸梁受力如图 7-20 所示。试用积分法求 θ_A、θ_B 及 y_D、y_C。设 EI 为常数。

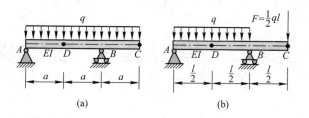

图 7-20 习题 7-4 图

7-5 用叠加法计算图 7-21 所示悬臂梁自由端的挠度和转角。

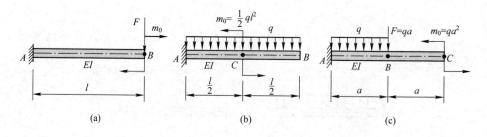

图 7-21 习题 7-5 图

7-6 用叠加法求图 7-22 所示简支梁 C 截面的挠度和两端的转角。

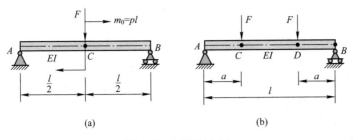

图 7-22 习题 7-6 图

7-7 用叠加法求图 7-23 所示外伸梁自由端的挠度和转角。

7-8 图 7-24 所示梁 AB 的右端由拉杆 BC 支承。已知梁的截面为 200mm× 200mm 的正方形，材料的弹性模量 $E_1=10$GPa；拉杆的横截面面积 $A=250$mm²，材料的弹性模量 $E_2=200$GPa。试求拉杆的伸长 Δl 及梁的中点在竖直方向的位移 δ。

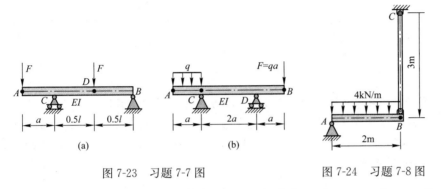

图 7-23 习题 7-7 图   图 7-24 习题 7-8 图

7-9 矩形截面 $b \times h$ 的悬臂梁 C 点受集中荷载 F 作用，如图 7-25 所示。材料的弹性模量为 E，试求梁自由端 B 点的水平及铅垂位移。

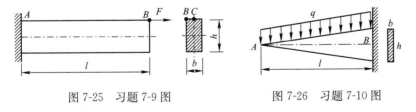

图 7-25 习题 7-9 图   图 7-26 习题 7-10 图

7-10 试求图 7-26 所示变截面梁 A 端的挠度。

7-11 45a 号工字钢制成的简支梁，承受沿梁长均匀分布的荷载 q，梁长 $l=10$m，弹性模量 $E=200$GPa，梁的最大许用挠度为 $\dfrac{l}{600}$。试求该梁许用的最大均布荷载及此时梁内最大正应力的数值。

7-12 屋架的松木桁梁长 $l=4$m，截面为圆形，两端可看作铰支，放置如图 7-27 所示。屋面重量为 1.4kN/m²。松木的许用应力 $[\sigma]=10$MPa，弹性模量 $E=10$GPa。梁的许用挠度 $[y]=\dfrac{l}{200}$。试设计桁梁横截面的直径。

7-13 试求图 7-28 所示结构中 CD 杆的内力。

7-14 试绘图 7-29 所示两梁的剪力图和弯矩图。

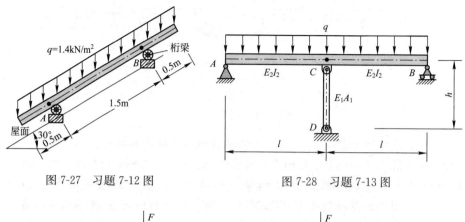

图 7-27 习题 7-12 图   图 7-28 习题 7-13 图

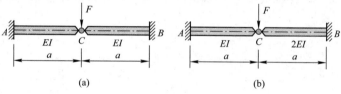

(a)   (b)

图 7-29 习题 7-14 图

7-15 试求图 7-30 所示梁的支座反力,并绘梁的剪力图和弯矩图。

7-16 如图 7-31 所示,左端固定的 AB 梁受分布荷载 q 作用,因刚度不足,在 B 端用拉杆 BE 与 CD 梁相连接,试求在下列不同情况下 BE 杆的内力和 B 点的竖直位移:

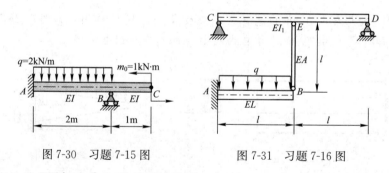

图 7-30 习题 7-15 图   图 7-31 习题 7-16 图

(1) 设 BE 杆为柔体(即 $EA=0$);

(2) 设 CD 梁和 BE 杆都为刚体(即 $EI_1=\infty$,$EA=\infty$);

(3) 设 CD 梁为刚体,BE 杆为弹性体(即 $EA=$ 常数);

(4) 设 CD 梁为弹性体($EI_1=EI$),BE 杆为刚体($EA=\infty$);

(5) 设 CD 梁和 BE 杆都为弹性体($EI_1=EI$,$EA=$ 常数)。

习题答案(部分)

7-1 (a) $y_B=\dfrac{ql^4}{8EI}$, $\theta_B=\dfrac{ql^3}{6EI}$

(b) $y_B = \dfrac{m_0 l^2}{2EI}$, $\quad \theta_B = \dfrac{m_0 l}{EI}$

7-2 (a) $\theta_A = \dfrac{m_0 l}{6EI}$, $\quad \theta_B = \dfrac{m_0 l}{3EI}$

(b) $y_C = \dfrac{q l^4}{768EI}$

7-3 (a) $y_B = \dfrac{41 q l^4}{384EI}$, $\quad \theta_B = \dfrac{7 q l^3}{48EI}$

(b) $y_B = \dfrac{m_0 a}{EI}\left(l - \dfrac{a}{2}\right)$, $\quad \theta_B = \dfrac{m_0 a}{EI}$

7-4 (a) $y_C = \dfrac{q a^4}{8EI}$, $\quad y_D = \dfrac{q a^4}{12EI}$

(b) $\theta_A = \dfrac{q a^3}{6EI}$, $\quad \theta_B = 0$

7-5 (a) $y_B = \dfrac{1}{EI}\left(\dfrac{m_0 l^2}{2} + \dfrac{F l^3}{3}\right)$, $\quad \theta_B = \dfrac{1}{EI}\left(m_0 l + \dfrac{F l^2}{2}\right)$

(b) $y_B = -\dfrac{q l^4}{16EI}$, $\quad \theta_B = -\dfrac{q l^3}{12EI}$

(c) $y_C = -\dfrac{7 q l^4}{8EI}$, $\quad \theta_B = -\dfrac{q a^3}{3EI}$

7-6 (a) $y_C = \dfrac{P l^3}{48EI}$, $\quad \theta_A = \dfrac{P l^2}{48EI}$

(b) $y_C = \dfrac{P a^3}{6EI}(3l - 4a)$, $\quad \theta_B = -\dfrac{P a (l - a)}{2EI}$

7-7 (a) $y_A = -\dfrac{P}{48EI}(3a l^2 - 16 a^2 l - 16 a^3)$, $\quad \theta_A = -\dfrac{P}{48EI}(-3 l^2 + 16 a l + 24 a^2)$

(b) $y_B = \dfrac{7 q a^4}{6EI}$, $\quad \theta_B = \dfrac{4 q a^3}{3EI}$

7-8 $\Delta l = 0.24\text{mm}$, $\quad \delta = 0.745\text{mm}$

7-9 $\delta_{Bx} = \dfrac{4Fl}{Ebh}(\rightarrow)$, $\quad \delta_{By} = \dfrac{3F l^2}{E b h^2} + \dfrac{18 F l^2}{E^2 b^2 h^2}(\downarrow)$

7-10 $y_A = \dfrac{q l^4}{2EI}$

7-11 $[q] = 8.25\text{kN/m}$, $\quad \sigma_{\max} = 72.1\text{MPa}$

7-12 $D = 168\text{mm}$

7-13 $F_{NCD} = \dfrac{\dfrac{5 q l^4}{24 E_2 I_2}}{\dfrac{l^3}{6 E_2 I_2} + \dfrac{h}{E_1 A_1}}$

7-15 $F_{Ay} = 3.25\text{kN}$, $m_A = 1.5\text{kN} \cdot \text{m}$, $F_{By} = 0.75\text{kN}$

7-16 (1) $F_{NBE} = 0$, $\quad y_B = \dfrac{q l^4}{8EI}$

(2) $F_{NBE} = \dfrac{3}{8} q l$, $\quad y_B = 0$

（3）$F_{\text{NBE}}=\dfrac{ql^3}{8I\left(\dfrac{l^2}{3I}+\dfrac{1}{A}\right)}$，$\quad y_{\text{B}}=\dfrac{ql^4}{8EAI\left(\dfrac{l^2}{3I}+\dfrac{1}{A}\right)}$

（4）$F_{\text{NBE}}=\dfrac{ql}{4}$，$\quad y_{\text{B}}=\dfrac{ql^4}{24EI}$

（5）$F_{\text{NBE}}=\dfrac{ql^3}{8I\left(\dfrac{l^2}{2I}+\dfrac{1}{A}\right)}$，$\quad y_{\text{B}}=\dfrac{ql^4}{8EI}-\dfrac{ql^6}{24EI^2\left(\dfrac{l^2}{2I}+\dfrac{1}{A}\right)}$

第8章
平面应力状态分析及强度理论

本章知识点

【知识点】一点的应力状态，单元体，主应力，主方向，主平面，主单元体，应力状态的类型，平面应力状态分析的解析法和图解法，三向应力状态下的最大正应力和最大切应力，广义胡克定律，强度理论的概念，四个常用的强度理论及其应用。

【重点】一点的应力状态，平面应力状态分析的解析法和图解法，主应力，主平面，广义胡克定律，强度理论的概念，四个常用的强度理论及其应用。

【难点】一点的应力状态，强度理论的选用。

8.1 应力状态的概念

8.1.1 一点的应力状态

由前面各章对受力构件所做的应力分析可知，受力构件内一点处的应力性质、大小和方向是随该点所在截面的位置和方位而改变的。如轴向拉(压)杆件任一点的横截面上只有正应力，而斜截面上却同时存在正应力和切应力，且45°斜截面上切应力最大；受扭圆轴横截面上只有切应力，而斜截面上则同时有正应力和切应力，在45°斜截面上有最大拉(压)应力；弯曲梁内任一点的应力同样也是随所取截面的方位而变化的。我们把受力构件内一点处各个不同方位截面上的应力的集合，称为一点的应力状态(stress state at a point)。

我们已研究了杆件在各种基本变形时横截面上的应力分布规律，并由此建立了强度条件。如轴向拉(压)杆件，由于危险点处横截面上的正应力是过该点所有方位截面上正应力的最大值，且处于单向拉(压)状态，因此可直接建立强度条件 $\sigma_{max} \leqslant [\sigma]$；对于自由扭转和弯曲变形的切应力强度，由于危险点处横截面上的切应力是过该点所有方位截面上切应力的最大值，且处于纯剪切状态，因此可直接建立强度条件 $\tau_{max} \leqslant [\tau]$。但许多实验研究和工程实例的破坏现象表明，只研究杆件横截面上的应力，以其最大值建立强度条件是不够的。工程实际中，杆件的破坏发生于斜截面的例子很多，如铸铁受压时，

沿与横截面约 $55°\sim60°$ 的斜截面破坏(图 8-1a);铸铁受扭时,断裂发生在与横截面约 $45°$ 的斜面上(图 8-1b)。另外,在一般情况下,杆件一点处横截面上同时存在正应力和切应力的情况也很常见,如工字形截面梁 m-m 截面上的 A 点,既有弯曲正应力又有弯曲切应力(图 8-2),显然不能简单地分别按照正应力和切应力来建立该点的强度条件。因此,以点为研究对象,全面地研究一点的应力状态十分必要。

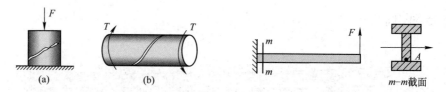

图 8-1 脆性材料沿斜面的破坏图

图 8-2 A 点处横截面上同时存在正应力和切应力

研究一点的应力状态,目的在于了解一点处在不同方位截面上的应力变化规律,从而找出该点应力的最大值及其所在截面,为解决复杂应力状态的强度计算提供理论依据。

8.1.2 单元体

二维码5 应力状态概念

研究受力构件中一点的应力状态,通常是围绕该点用三对平面截取出一个微小的正六面体(图 8-3b)来考虑,这个微小的正六面体称为单元体(element)。

单元体的边长是无穷小的,因此可以假设作用在单元体各面上的应力是均匀分布的,且单元体中相互平行截面上的应力,其大小和性质完全相同(大小相等、方向相反)。当单元体三对互相垂直截面上的应力已知时,通过截面法就可确定该点任一截面上的应力,这样,一点的应力状态就完全确定了。显然,从受力构件中截取单元体是应力状态分析的第一步,在截取单元体时,应尽可能使其三个相互垂直截面上的应力为已知。

如图 8-3(a)所示为一轴向拉伸杆件,为了从杆中取出任意点 K 处的单元体,可以围绕 K 点用四个平行杆轴的纵向平面和两个横的截面截出一个单元体(图 8-3b)。因为该单元体中平行于杆轴的纵向平面上无应力存在,而只有两个横截面上有应力存在。所以,K 点的应力单元体也可以画成如图 8-3(c)所示的平面形式。

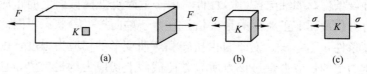

图 8-3 应力单元体

图 8-4(a)所示矩形截面简支梁,要取出 m-m 截面上 A、B、C、D、E 五个点处的应力单元体,首先确定该梁 m-m 截面上的应力分布(图 8-4b),然后

分别围绕各点取出五个单元体，再根据梁的应力计算式求出各点处横截面上的正应力和切应力(图 8-4c)。

因为不考虑纵向纤维之间的挤压，所以，上、下截面上的正应力为零。另外，可根据切应力互等定律确定上、下截面上的切应力 $\tau_y = \tau_x$。由于位于纸平面内的前后两个平面上既无正应力，又无切应力作用，因此各点的应力单元体也可以画成如图 8-4(d)所示的平面形式。

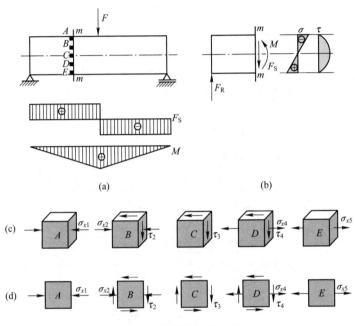

图 8-4　简支梁应力分析

8.1.3　主平面、主应力

单元体中切应力为零的平面称为主平面(principal place)。如图 8-4(d)中的 A 点和 E 点单元体的各个平面均为主平面。主平面上的正应力称为主应力(principal stress)。可以证明：通过受力杆内任一点总可以找到由三对相互垂直的主平面组成的单元体，称为主应力单元体。

这三对主平面上的主应力一般用 σ_1、σ_2、σ_3 来表示，其大小按代数值的大小顺序排列，即：$\sigma_1 > \sigma_2 > \sigma_3$。$\sigma_1$ 称为第一主应力，σ_2 称为第二主应力，σ_3 称为第三主应力。例如，某点的三个主应力分别为：-70MPa，10MPa，0；因此，$\sigma_1 = 10\text{MPa}$，$\sigma_2 = 0$，$\sigma_3 = -70\text{MPa}$。

8.1.4　应力状态的分类

根据几个主应力不为零的情况，可以将应力状态分为三类：

(1) 单向应力状态：只有一个主应力不为零(图 8-5a)；

(2) 二向应力状态：有两个主应力不为零(图 8-5b)；

(3) 三向应力状态：三个主应力均不为零(图 8-5c)。

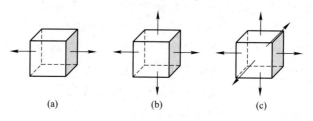

图 8-5　应力状态分类

单向应力状态和二向应力状态为平面应力状态，三向应力状态属空间应力状态。单向应力状态也称简单应力状态，而二向应力状态和三向应力状态又称为复杂应力状态。本章主要讨论平面应力状态问题。

【例题 8-1】　试定性地绘出图 8-6(a)所示梁内 1、2、3、4 四点处的应力单元体。

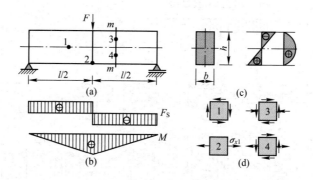

图 8-6　例题 8-1 图

【解】　(1) 绘出 F_S、M 图，如图 8-6(b)所示。

(2) 画出 m-m 截面上的正应力分布图和切应力分布图，如图 8-6(c)所示。

(3) 定性地绘出各点的应力单元体。

梁内点 1 处的应力单元体如图 8-6(d)所示。单元体的位置处于梁的中性层上，故单元体上、下、左、右四个面上只有切应力而无正应力，切应力可按 $\tau_x = \dfrac{F_S S_{z\max}^*}{I_z b}$ 计算；在前、后两个面上，则既无正应力，又无切应力，所以点 1 的应力单元体为平面应力状态(称纯剪切应力状态)。

梁内点 2 处的应力单元体如图 8-6(d)所示。单元体的位置处于梁的底边上，单元体上左、右两个面上只有正应力而无切应力，正应力可按 $\sigma_x = \dfrac{M}{I_z} y$ 计算；在上、下两个面上，由于假设纵向纤维没有挤压，所以正应力为零；在前、后两个面上，则既无正应力，又无切应力。所以点 2 的应力单元体为单向应力状态。

取 m-m 截面上点 3、4 处的单元体如图 8-6(d)所示。单元体上左、右两个面上的正应力和切应力可分别按 $\sigma_x = \dfrac{M}{I_z} y$ 和 $\tau_x = \dfrac{F_S S_z^*}{I_z b}$ 计算；在上、下两个面

上，由于假设纵向纤维没有挤压，所以正应力为零，而该平面上的切应力可由切应力互等定律得出 $\tau_y = -\tau_x$；在前、后两个面上，则既无正应力，又无切应力。所以点 3、4 的应力单元体为平面应力状态。

8.2 平面应力状态分析的解析法

8.2.1 斜截面上的应力

图 8-7(a)所示的是一个平面应力状态单元体。现在讨论法线与 x 轴呈 α 角的任意斜截面上的应力(图 8-7b)。为此，可沿任意斜面截开(图 8-7c)，在斜面上作用着所要求解的正应力 σ_α 和切应力 τ_α。

应力和角度的正负号作如下规定：正应力 σ 以拉应力为正；切应力 τ 以能使单元体作顺时针转动为正；α 角是从 x 轴转到 n 轴作逆时针转动为正。如图 8-7(c)中的 σ_α、τ_α、σ_x、τ_x 及 σ_y 均为正值，而 τ_y 则为负值。图中的 α 角也为正值。

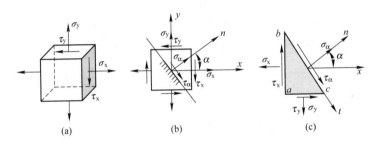

(a)　　　　　　(b)　　　　　　(c)

图 8-7　平面应力状态单元体

现在来研究左下半部分(图 8-7c)的静力平衡。设斜截面 bc 的面积为 $\mathrm{d}A$，则 ba 的面积为 $\mathrm{d}A\cos\alpha$，ac 的面积为 $\mathrm{d}A\sin\alpha$。取 n 和 t 为参考轴。

由 $\sum F_{in} = 0$，得

$$\sigma_\alpha \mathrm{d}A - (\sigma_x \mathrm{d}A\cos\alpha)\cos\alpha + (\tau_x \mathrm{d}A\cos\alpha)\sin\alpha - (\sigma_y \mathrm{d}A\sin\alpha)\sin\alpha + (\tau_y \mathrm{d}A\sin\alpha)\cos\alpha = 0$$

考虑到 $|\tau_y| = |\tau_x|$，经变换，上式可写成

$$\sigma_\alpha = \frac{\sigma_x + \sigma_y}{2} + \frac{\sigma_x - \sigma_y}{2}\cos 2\alpha - \tau_x \sin 2\alpha \tag{8-1}$$

同理，由 $\sum F_{it} = 0$，得

$$\tau_\alpha \mathrm{d}A - (\sigma_x \mathrm{d}A\cos\alpha)\sin\alpha - (\tau_x \mathrm{d}A\cos\alpha)\cos\alpha + (\sigma_y \mathrm{d}A\sin\alpha)\cos\alpha + (\tau_y \mathrm{d}A\sin\alpha)\sin\alpha = 0$$

化简整理后得

$$\tau_\alpha = \frac{\sigma_x - \sigma_y}{2}\sin 2\alpha + \tau_x \cos 2\alpha \tag{8-2}$$

式(8-1)、式(8-2)即为平面应力状态下求任意斜截面上的应力计算公式。由式(8-1)可知

$$\sigma_\alpha + \sigma_{\alpha + \frac{\pi}{2}} = \sigma_x + \sigma_y \tag{8-3}$$

式(8-3)表示互相垂直截面上的正应力之和是常数，与截面位置无关。

8.2.2　主应力与主平面

正应力 σ_α 随 α 角变化而变化，那么 σ_α 的极值 σ_{max} 等于多少？它又发生在哪个方位的截面上呢？

由式(8-1)，令 $\dfrac{\mathrm{d}\sigma_\alpha}{\mathrm{d}\alpha}=0$，即

$$\frac{\mathrm{d}\sigma_\alpha}{\mathrm{d}\alpha}=-(\sigma_x-\sigma_y)\sin2\alpha-2\tau_x\cos2\alpha=0$$

若用 α_0 表示应力取得极值的截面方位，则上式可写作

$$\frac{\sigma_x-\sigma_y}{2}\sin2\alpha_0+\tau_x\cos2\alpha_0=0 \tag{a}$$

比较式(a)和式(8-2)可知，正应力为极值的截面，也就是切应力 $\tau_\alpha=0$ 的截面，这个截面就是主平面。即**极值正应力就是主应力**。由式(a)可得

$$\tan2\alpha_0=-\frac{2\tau_x}{\sigma_x-\sigma_y} \tag{8-4}$$

由式(8-4)，可得到 α_0 和 $\alpha_0+\dfrac{\pi}{2}$ 相互垂直的两个主平面。又因为 $\sigma_x+\sigma_y=\sigma_\alpha+\sigma_{\alpha+\frac{\pi}{2}}=\sigma_{max}+\sigma_{min}=$ 常数，所以两个主平面上的两个正应力极值，一个是最大正应力 σ_{max}，一个是最小正应力 σ_{min}。其计算式为

$$\genfrac{}{}{0pt}{}{\sigma_{max}}{\sigma_{min}}=\frac{\sigma_x+\sigma_y}{2}\pm\sqrt{\left(\frac{\sigma_x-\sigma_y}{2}\right)^2+\tau_x^2} \tag{8-5}$$

主应力单元体如图 8-8(a)所示。

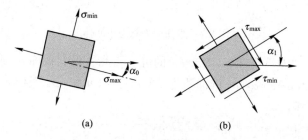

图 8-8　主应力和主切应力单元体

8.2.3　极值切应力及其方位

切应力 τ_α 也是随 α 角变化而改变的。同理，由式(8-2)，令 $\dfrac{\mathrm{d}\tau_\alpha}{\mathrm{d}\alpha}=0$，即

$$\frac{\mathrm{d}\tau_\alpha}{\mathrm{d}\alpha}=(\sigma_x-\sigma_y)\cos2\alpha-2\tau_x\sin2\alpha=0$$

由此可得到有切应力极值的方位 α_1 为

$$\tan2\alpha_1=\frac{\sigma_x-\sigma_y}{2\tau_x} \tag{8-6}$$

由式(8-6)可得到 α_1 和 $\alpha_1+\dfrac{\pi}{2}$ 这两个切应力极值所在的平面，即最大切应

力和最小切应力所在面是相互垂直的。最大切应力和最小切应力的计算公式为

$$\left.\begin{array}{c}\tau_{max}\\\tau_{min}\end{array}\right\}=\pm\sqrt{\left(\frac{\sigma_x-\sigma_y}{2}\right)^2+\tau_x^2} \qquad (8\text{-}7)$$

比较式(8-7)和式(8-5)可得

$$\left.\begin{array}{c}\tau_{max}\\\tau_{min}\end{array}\right\}=\pm\frac{\sigma_{max}-\sigma_{min}}{2} \qquad (8\text{-}8)$$

主切应力单元体如图 8-8(b)所示。

比较式(8-4)和式(8-6),可得

$$\tan2\alpha_0 \cdot \tan2\alpha_1 = -1$$

即

$$2\alpha_1 = 2\alpha_0 \pm \frac{\pi}{2} \quad 或 \quad \alpha_1 = \alpha_0 \pm \frac{\pi}{4}$$

上式说明,切应力极值所在的平面和主平面呈 45°夹角。

【例题 8-2】 已知平面应力状态如图 8-9(a)所示。试用解析法求:

(1)斜面上的应力,并表示于图中;

(2)主应力大小及方位,并绘主应力单元体;

(3)极值切应力及其所在平面的单元体。

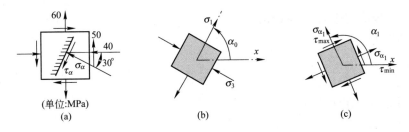

图 8-9 例题 8-2 图

【解】 (1)求斜面的应力

由图 8-9(a)可知,斜面的外法线 n 和 x 轴的夹角 $\alpha=-30°$,根据斜面上的应力公式可得

$$\sigma_x = -40, \ \sigma_y = 60, \ \tau_x = -50, \ \alpha = -30°$$

$$\begin{aligned}\sigma_\alpha &= \frac{\sigma_x+\sigma_y}{2}+\frac{\sigma_x-\sigma_y}{2}\cos2\alpha-\tau_x\sin2\alpha\\&=\frac{-40+60}{2}+\frac{-40-60}{2}\cos(-60°)-(-50)\sin(-60°)\\&=-58.3\text{MPa}\end{aligned}$$

$$\begin{aligned}\tau_\alpha &= \frac{\sigma_x-\sigma_y}{2}\sin2\alpha+\tau_x\cos2\alpha\\&=\frac{-40-60}{2}\sin(-60°)+(-50)\cos(-60°)=18.3\text{MPa}\end{aligned}$$

所得 $\sigma_{-30°}$、$\tau_{-30°}$ 均表示于图 8-9(a)中。

(2)主应力的大小与方位

主应力的大小为

$$\begin{matrix} \sigma_{\max} \\ \sigma_{\min} \end{matrix} = \frac{\sigma_x + \sigma_y}{2} \pm \sqrt{\left(\frac{\sigma_x - \sigma_y}{2}\right)^2 + \tau_x^2}$$

$$= \frac{-40+60}{2} \pm \sqrt{\left(\frac{-40-60}{2}\right)^2 + (-50)^2} = \begin{cases} +80.7\text{MPa} \\ -60.7\text{MPa} \end{cases}$$

应当指出的是，由于此单元体的前、后两平面是零应力平面，主应力为零，因此，它也是主平面。按主应力排列次序，该点的三个主应力为

$$\sigma_1 = 80.7\text{MPa}, \quad \sigma_2 = 0, \quad \sigma_3 = -60.7\text{MPa}$$

主应力方位为

$$\tan 2\alpha_0 = \frac{-2\tau_x}{\sigma_x - \sigma_y} = \frac{-2(-50)}{-40-60} = -1$$

得 $\alpha_0 = 67.5°$。

由此可见，一个主平面的方位角为 $\alpha_0 = 67.5°$，另一个主平面与它相垂直，其方位角为 $\alpha_0' = -22.5°$。它们之中一个是 σ_1 的作用面，另一个是 σ_3 的作用面。至于哪一个是 σ_1 的作用面，哪一个是 σ_3 的作用面，可将 α_0 和 α_0' 的值代入斜面上的应力公式进行计算，然后加以确定。主应力单元体如图 8-9(b) 所示。

（3）极值切应力及其作用面

极值切应力

$$\begin{matrix} \tau_{\max} \\ \tau_{\min} \end{matrix} = \pm \sqrt{\left(\frac{\sigma_x - \sigma_y}{2}\right)^2 + \tau_x^2} = \pm \sqrt{\left(\frac{-40-60}{2}\right)^2 + (-50)^2} = \pm 70.7\text{MPa}$$

极值切应力所在面的方位

$$\tan 2\alpha_1 = \frac{\sigma_x - \sigma_y}{2\tau_x} = \frac{-40-60}{2 \times (-50)} = 1$$

可得 $\alpha_1 = 22.5°$ 和 $\alpha_1' = 112.5°$，要判断哪一个是 $\tau_{\max}$ 的作用面，可将 $\alpha_1 = 22.5°$ 和 $\alpha_1' = 112.5°$ 分别代入斜面上的应力公式进行计算，然后加以确定。

极值切应力面上的正应力为

$$\sigma_{\alpha_1} = \frac{\sigma_x + \sigma_y}{2} = \frac{-40+60}{2} = 10\text{MPa}$$

极值切应力所在面如图 8-9(c) 所示。

8.3 平面应力状态分析的图解法

8.3.1 应力圆方程

上节用解析法对平面应力状态进行了研究。本节将讨论求解平面应力状态的另一种方法——图解法。式(8-1)、式(8-2)又可写作

$$\sigma_\alpha - \frac{\sigma_x + \sigma_y}{2} = \frac{\sigma_x - \sigma_y}{2}\cos 2\alpha - \tau_x \sin 2\alpha \tag{a}$$

$$\tau_\alpha = \frac{\sigma_x - \sigma_y}{2}\sin 2\alpha + \tau_x \cos 2\alpha \qquad\qquad\qquad (b)$$

将式(a)和式(b)等号两边各自平方，消去参数 2α 得方程

$$\left(\sigma_\alpha - \frac{\sigma_x + \sigma_y}{2}\right)^2 + \tau_\alpha^2 = \left(\frac{\sigma_x - \sigma_y}{2}\right)^2 + \tau_x^2 \qquad\qquad (c)$$

对于给定的应力单元体，上式等号右边是一个常量。式(c)表明单元体斜截面上的应力 $(\sigma_\alpha, \tau_\alpha)$ 在应力平面 $(\sigma, \tau$ 平面$)$ 上的轨迹是圆，圆心在 $\left(\frac{\sigma_x + \sigma_y}{2}, 0\right)$，半径 $R = \sqrt{\left(\frac{\sigma_x - \sigma_y}{2}\right)^2 + \tau_x^2}$。此圆称为应力圆(stress circle)或莫尔圆(Mohr circle for stress)。式(c)称为应力圆方程。

应力圆方程表明：圆周上任一点的横坐标和纵坐标值，分别表示单元体中任一斜截面上的正应力 σ_α 和切应力 τ_α 的值。

8.3.2 应力圆的确定

若已知一个应力单元体，要作其应力圆，做法如下(图 8-10)：

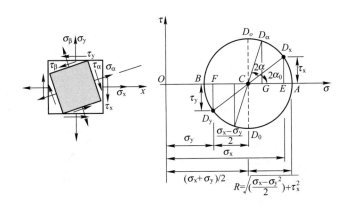

图 8-10 应力圆的做法

(1) 建立 σ-τ 直角坐标系，σ 轴以向右为正，τ 轴以向上为正。

(2) 按一定比例，根据单元体法线为 x 的平面(简称 x 平面)上的应力 σ_x，τ_x，在 σ-τ 坐标系中确定 D_x 点(D_x 点的横坐标 $\overline{OE} = \sigma_x$，纵坐标 $\overline{ED_x} = \tau_x$)。根据单元体 y 平面上的应力 σ_y，τ_y，在 σ-τ 坐标系中确定 D_y 点(D_y 点的横坐标 $\overline{OF} = \sigma_y$，纵坐标 $\overline{FD_y} = \tau_y$)。

(3) 连接 D_x 和 D_y 交 σ 轴于 C 点，以 C 为圆心、$\overline{CD_x}$ 或 $\overline{CD_y}$ 为半径作圆，这个圆就是根据方程式(c)所画出的应力圆。

单元体和应力圆之间存在如下对应关系：单元体上一个面上的应力和应力圆上一个点的纵横坐标相对应，即点面相对应；单元体中 x 面和 y 面相互垂直，而在应力圆中与其对应的点 D_x 和 D_y 恰是直径的两个端点，两点沿圆弧所夹的圆心角为 $180°$，即应力圆上两倍角。

圆心坐标：圆心 C 在 σ 轴上，$\overline{OC} = \overline{OF} + \overline{FC}$，因为 $\overline{OF} = \sigma_y$，$\overline{FC} = \overline{CE} =$

$\frac{1}{2}(\sigma_x - \sigma_y)$，所以 $\overline{OC} = \sigma_y + \frac{\sigma_x - \sigma_y}{2} = \frac{\sigma_x + \sigma_y}{2}$。即圆心坐标为 $\left(\frac{\sigma_x + \sigma_y}{2}, 0\right)$。

半径 R 的大小：在 $\Delta CD_x E$ 中，$\overline{CE} = \left(\frac{\sigma_x - \sigma_y}{2}\right)$，$\overline{D_x E} = \tau_x$，即圆心半径

$$R = \overline{CD_x} = \sqrt{\left(\frac{\sigma_x - \sigma_y}{2}\right)^2 + \tau_x^2}$$

依此方法所作的应力圆圆心坐标和半径的大小均与式（c）应力圆方程中的圆心坐标和半径大小相等，因此所作的圆是正确的。

8.3.3　利用应力圆确定主应力大小和主平面方位

从图 8-11 中可以看出，应力圆和 σ 轴相交于 A、B 两点，由于这两点的纵坐标都为零，即切应力为零，因此，A、B 两点就是对应着单元体中的两个主平面。它们的横坐标就是单元体中的两个主应力。其中，A 点横坐标为最大值，相应的主应力为最大，B 点的横坐标为最小值，相应的主应力为最小，即

$$\sigma_1 = \overline{OA} = \overline{OC} + \overline{CA} = \frac{\sigma_x + \sigma_y}{2} + \sqrt{\left(\frac{\sigma_x - \sigma_y}{2}\right)^2 + \tau_x^2} = \sigma_{max}$$

$$\sigma_2 = \overline{OB} = \overline{OC} - \overline{CA} = \frac{\sigma_x + \sigma_y}{2} - \sqrt{\left(\frac{\sigma_x - \sigma_y}{2}\right)^2 + \tau_x^2} = \sigma_{min}$$

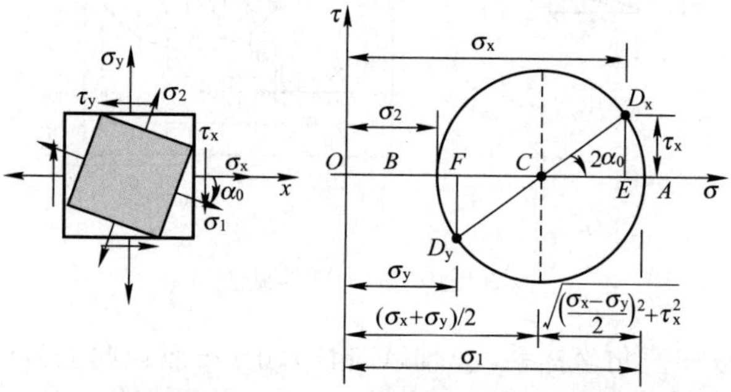

图 8-11　应力圆确定主应力和主平面

根据"转向相同，夹角两倍"的关系，主平面的位置也可以由应力圆来确定。将应力圆上的 D_x 点顺时针转 $2\alpha_0$，便得到了 A 点。对应单元体，将 x 面顺时针转 α_0，就得到了 σ 的作用面。因为 A、B 是应力圆的两个端点，所以 σ_1 作用面必和 σ_2 作用面相垂直。在确定了 σ_1 的作用面后，σ_2 的作用面也就被确定了。

8.3.4　利用应力圆确定极值切应力及其所在平面的方位

应力圆上的最高点 D_0 和最低点 D'_0（图 8-10）的纵坐标值分别表示应力圆中最大切应力和最小切应力。即

$$\tau_{\max}=\overline{CD_0}=\sqrt{\left(\frac{\sigma_\mathrm{x}-\sigma_\mathrm{y}}{2}\right)^2+\tau_\mathrm{x}^2}\ ,\qquad \tau_{\min}=\overline{CD_0'}=-\sqrt{\left(\frac{\sigma_\mathrm{x}-\sigma_\mathrm{y}}{2}\right)^2+\tau_\mathrm{x}^2}$$

因为 D_0 和 D_0' 是直径的两端(图 8-9),所以 $\tau_{\max}$ 和 $\tau_{\min}$ 的作用面相互垂直。另外,由应力圆可见,因为 D_0A 所对应的圆心角是 $90°$,所以极值切应力作用面和主应力作用面相差 $45°$。此结论和解析法结论完全一致。

【**例题 8-3**】 试用图解法求图 8-12 所示单元体的相应问题。

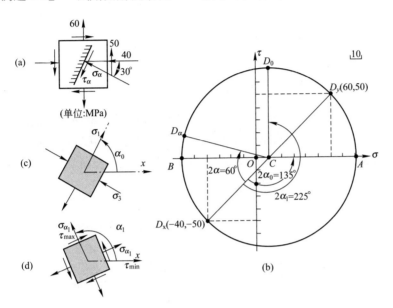

图 8-12　例题 8-3 图

【**解**】 (1)作应力圆

按选定的比例,在 $\sigma\text{-}\tau$ 坐标系中,根据 x 面上的应力:$\sigma_\mathrm{x}=-40\mathrm{MPa}$,$\tau_\mathrm{x}=-50\mathrm{MPa}$ 定出 D_x 点。根据 y 面上的应力:$\sigma_\mathrm{y}=60\mathrm{MPa}$,$\tau_\mathrm{y}=50\mathrm{MPa}$ 定出 D_y 点,然后连接 $D_\mathrm{x}D_\mathrm{y}$ 与 σ 轴相交于 C 点。以 C 为圆心,以 CD_x 或 CD_y 为半径作圆,即为所求的应力圆(图 8-12b)。

(2)求斜面上的应力

以应力圆上 D_x 点为基准,沿圆弧顺时针转 $2\alpha=60°$ 的圆心角得到 D_α 点,D_α 点的横坐标和纵坐标值就是斜面上正应力和切应力的值。

$$\sigma_{30°}=-58\mathrm{MPa},\qquad \tau_{30°}=18\mathrm{MPa}$$

$\sigma_{-30°}$、$\tau_{-30°}$ 均表示于图 8-12(a)中。

(3)主应力及其单元体

应力圆和 σ 轴相交于 A、B 两点。A、B 两点的坐标值即为主应力值。由应力圆得

$$\sigma_1=80\mathrm{MPa},\quad \sigma_2=0,\quad \sigma_3=-60\mathrm{MPa}$$

为了确定主平面方位,可由 CD_x 量到 CA(或由 CD_x 量到 CB)得

$$2\alpha_0=135°,\quad \alpha_0=67.5°\quad (\sigma_1\text{ 和 }x\text{ 轴的夹角})$$

主应力单元体表示于图 8-12(c)中。

145

（4）极值切应力及其作用面

应力圆中点 D_0 的纵坐标，即为最大切应力值。由图可知：$\tau_{\max}=70\text{MPa}$。D_0 点的横坐标，即为极值切应力所在平面上的正应力，为 $\sigma_{\alpha_1}=10\text{MPa}$。

极值切应力平面的方位也可由 CD_x 量到 CD_0 而得

$$2\alpha_1=225°,\quad \alpha_1=112.5°$$

极值切应力及其作用面均表示于图 8-12(d) 中。

8.4　三向应力状态，广义胡克定律

8.4.1　三向应力状态的概念与实例

工程中还会遇到三向应力状态问题。例如在地层一定深度（或在海洋深处的物体上）所取的单元体（图 8-13a），这一单元体是三向受压的应力状态；又如滚珠轴承中的滚珠与外环的接触处（图 8-13b），也是三向受压的应力状态。

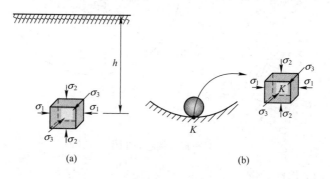

图 8-13　三向应力状态问题的实例

图 8-14(a) 所示的以三个主应力表示的单元体，由三个相互垂直的平面分别作应力圆，将三个平面的应力圆绘在同一平面上就是三向应力圆（图 8-14b）。

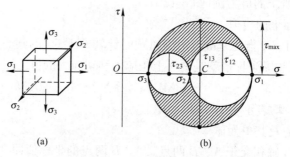

图 8-14　以主应力表示的三向应力状态及三向应力圆

8.4.2　一点的最大应力

从三向应力圆中可以看出，一点的最大正应力为 σ_1。由 σ_1 和 σ_3 所作的应力圆是最大应力圆，工程中最感兴趣的就是最大应力圆。对应三个应力圆可

以找到三对极值切应力，它们分别是

$$\tau_{1,2} = \pm \frac{\sigma_1 - \sigma_2}{2}$$

$$\tau_{2,3} = \pm \frac{\sigma_2 - \sigma_3}{2}$$

$$\tau_{1,3} = \pm \frac{\sigma_1 - \sigma_3}{2}$$

一点的最大切应力值为

$$\tau_{max} = \frac{\sigma_1 - \sigma_3}{2} \qquad (8-9)$$

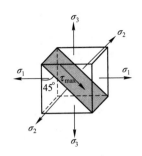

图 8-15　最大切应
力的作用面

其作用面与主应力 σ_2 的作用面垂直，与主应力 σ_1 和 σ_3
的所在平面呈 45°角(图 8-15)。

8.4.3　广义胡克定律

在研究轴向拉伸和压缩时已经知道，当应力不超过材料的比例极限时，
应力和应变呈线性关系。而纵向线应变 ε 和横向线应变 ε' 存在如下关系

$$\varepsilon' = -\nu\varepsilon = -\nu\frac{\sigma}{E}$$

式中　ν——材料泊松比。

对于复杂应力状态下的应力和应变的关系——广义胡克定律(generalized
Hooke's law)，若从受力构件中取出来的单元体是主应力单元体，其三对主
平面上的三个主应力分别为 σ_1、σ_2、σ_3。将这个三向应力状态看成是由三个单
向应力状态叠加而成(图 8-16)。

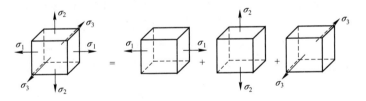

图 8-16　单向应力状态的叠加

在 σ_1 单独作用下，单元体沿三个方向的应变为

$$\varepsilon_1' = \frac{\sigma_1}{E}, \quad \varepsilon_2' = -\nu\frac{\sigma_1}{E}, \quad \varepsilon_3' = -\nu\frac{\sigma_1}{E}$$

在 σ_2 单独作用下，单元体沿三个方向的应变为

$$\varepsilon_1'' = -\nu\frac{\sigma_2}{E}, \quad \varepsilon_2'' = \frac{\sigma_2}{E}, \quad \varepsilon_3'' = -\nu\frac{\sigma_2}{E}$$

在 σ_3 单独作用下，单元体沿三个方向的应变为

$$\varepsilon_1''' = -\nu\frac{\sigma_3}{E}, \quad \varepsilon_2''' = -\nu\frac{\sigma_3}{E}, \quad \varepsilon_3''' = \frac{\sigma_3}{E}$$

则在 σ_1、σ_2、σ_3 共同作用下，单元体沿三个方向的应变为

$$\varepsilon_1 = \frac{1}{E}\left[\sigma_1 - \nu(\sigma_2 + \sigma_3)\right]$$

$$\varepsilon_2 = \frac{1}{E}\left[\sigma_2 - \nu(\sigma_1 + \sigma_3)\right] \qquad (8\text{-}10)$$

$$\varepsilon_3 = \frac{1}{E}\left[\sigma_3 - \nu(\sigma_1 + \sigma_2)\right]$$

式(8-10)就是三向应力状态时的广义胡克定律。式中，ε_1、ε_2、ε_3 称为主应变(principal strain)。

二向应力状态时($\sigma_3 = 0$)，只要在式(8-10)中令 $\sigma_3 = 0$，即得

$$\varepsilon_1 = \frac{1}{E}(\sigma_1 - \nu\sigma_2)$$

$$\varepsilon_2 = \frac{1}{E}(\sigma_2 - \nu\sigma_1) \qquad (8\text{-}11)$$

$$\varepsilon_3 = -\frac{\nu}{E}(\sigma_1 + \sigma_2)$$

式(8-11)也可以写成由主应变表示主应力的形式

$$\sigma_1 = \frac{E}{1-\nu^2}(\varepsilon_1 + \nu\varepsilon_2)$$

$$\sigma_2 = \frac{E}{1-\nu^2}(\varepsilon_2 + \nu\varepsilon_1) \qquad (8\text{-}12)$$

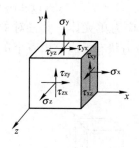

图 8-17 一般应力状态

如果从受力构件中取出的单元体不是主应力单元体，而是一般形式的单元体(图 8-17)，那么单元体中各平面上作用的应力不仅有正应力，而且还有切应力。

可以证明：对各向同性材料，在线弹性范围内，且在小变形时，一点处的线应变 ε_x、ε_y、ε_z 只与该点处的正应力 σ_x、σ_y、σ_z 有关，而与该点的切应力无关。因而，一般形式单元体的广义胡克定律为

$$\varepsilon_x = \frac{1}{E}\left[\sigma_x - \nu(\sigma_y + \sigma_z)\right]$$

$$\varepsilon_y = \frac{1}{E}\left[\sigma_y - \nu(\sigma_x + \sigma_z)\right] \qquad (8\text{-}13)$$

$$\varepsilon_z = \frac{1}{E}\left[\sigma_z - \nu(\sigma_x + \sigma_y)\right]$$

对于平面应力状态($\sigma_z = 0$)，则为

$$\varepsilon_x = \frac{1}{E}(\sigma_x - \nu\sigma_y)$$

$$\varepsilon_y = \frac{1}{E}(\sigma_y - \nu\sigma_x) \qquad (8\text{-}14)$$

$$\varepsilon_z = -\frac{\nu}{E}(\sigma_x + \sigma_y)$$

【例题 8-4】 应力单元体如图 8-18(a)所示。试用解析法求：
(1) 图中所示截面($\alpha = 30°$，$\beta = \alpha + 90°$)上的应力；

(2) 主应力并作主应力单元体；

(3) 最大切应力及其作用平面；

(4) 线应变 ε_α、ε_β；

(5) 线应变 ε_x、ε_y、ε_z；

(6) 主应变 ε_1、ε_2、ε_3。

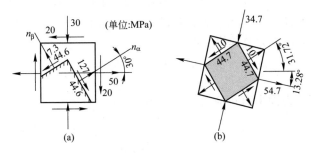

图 8-18　例题 8-4 图

【解】　(1) 求 α 截面和 β 截面上的应力

$$\sigma_\alpha = \frac{\sigma_x + \sigma_y}{2} + \frac{\sigma_x - \sigma_y}{2}\cos 2\alpha - \tau_x \sin 2\alpha$$

$$= \frac{50 + (-30)}{2} + \frac{50 - (-30)}{2}\cos(2 \times 30°) - 20\sin(2 \times 30°) = 12.7\text{MPa}$$

$$\tau_\alpha = \frac{\sigma_x - \sigma_y}{2}\sin 2\alpha + \tau_x \cos 2\alpha$$

$$= \frac{50 - (-30)}{2}\sin(2 \times 30°) + 20\cos(2 \times 30°) = 44.6\text{MPa}$$

$$\sigma_\beta = \frac{\sigma_x + \sigma_y}{2} + \frac{\sigma_x - \sigma_y}{2}\cos 2\beta - \tau_x \sin 2\beta$$

$$= \frac{50 + (-30)}{2} + \frac{50 - (-30)}{2}\cos[2 \times (30° + 90°)] - 20\sin[2 \times (30° + 90°)]$$

$$= 7.3\text{MPa}$$

$$\tau_\beta = \frac{\sigma_x - \sigma_y}{2}\sin 2\beta + \tau_x \cos 2\beta$$

$$= \frac{50 - (-30)}{2}\sin[2 \times (30° + 90°)] + 20\cos[2 \times (30° + 90°)] = -44.6\text{MPa}$$

[讨论]

上述计算结果 σ_α、τ_α、σ_β、τ_β 均表示在图 8-18(a)中。由 $\sigma_\alpha + \sigma_\beta = \sigma_x + \sigma_y = 20\text{MPa}$，说明相互垂直平面上的正应力之和为一常数。

由 $\tau_\alpha = 44.6\text{MPa}$，$\tau_\beta = -44.6\text{MPa}$，说明相互垂直平面上的切应力数值大小相同，方向或者指向两平面的交线，或者背离两平面的交线。

(2) 求主应力 σ_1、σ_2、σ_3，并作主应力单元体

因为
$$\begin{aligned}\sigma_{\max} \\ \sigma_{\min}\end{aligned} = \frac{\sigma_x + \sigma_y}{2} \pm \sqrt{\left(\frac{\sigma_x - \sigma_y}{2}\right)^2 + \tau_x^2}$$

$$= \frac{50 + (-30)}{2} \pm \sqrt{\left[\frac{50 - (-30)}{2}\right]^2 + 20^2} = \begin{aligned}54.7 \\ -34.7\end{aligned}\text{MPa}$$

所以 $\qquad \sigma_1 = 54.7\text{MPa}, \quad \sigma_2 = 0, \quad \sigma_3 = -34.7\text{MPa}$

由 $\qquad \tan 2\alpha_0 = \dfrac{-2\tau_x}{\sigma_x - \sigma_y} = \dfrac{-2 \times 20}{50 - (-30)} = -0.5$

得 $\qquad 2\alpha_0 = -26.56°, \quad \alpha_0 = -13.28°, \quad \alpha_0' = \alpha_0 + 90° = 76.72°$

[讨论]

根据 $\alpha_0 = -13.28°$ 和 $\alpha_0' = 76.72°$ 画出主应力单元体,如图 8-18(b) 所示。因为 $\sigma_x > \sigma_y$,所以 $\alpha_0 = -13.28°$ 是 σ_1 的作用面。而 $\alpha_0' = 76.72°$ 是 σ_3 的作用面。

(3)求最大切应力及其作用面

$$\tau_{\max} = \frac{\sigma_1 - \sigma_3}{2} = \frac{54.7 - (-34.7)}{2} = 44.7\text{MPa}$$

在最大切应力面上有正应力,其值为

$$\sigma_{\alpha_1} = \frac{\sigma_1 + \sigma_3}{2} = \frac{54.7 - 34.7}{2} = 10\text{MPa}$$

由 $\qquad \tan 2\alpha_1 = \dfrac{\sigma_x - \sigma_y}{2\tau_x} = \dfrac{50 - (-30)}{2 \times 20} = 2$

得 $\qquad 2\alpha_1 = 63.44°, \quad \alpha_1 = 31.72°, \quad \alpha_1' = 121.72°$

根据 $\alpha_1 = 31.72°$ 代入 τ_α 的表达式中去,得 $\tau_{31.72°} = 44.7\text{MPa} = \tau_{\max}$,所以 $\alpha_1 = 31.72°$ 是 $\tau_{\max}$ 作用面,$\tau_{\max}$ 的作用面也可由 σ_1 所在主平面按逆时针转 45° 而得到。最大切应力作用面如图 8-18(b) 所示。

(4)求线应变 ε_α、ε_β

$$\varepsilon_\alpha = \frac{1}{E}[\sigma_\alpha - \nu(\sigma_\beta + \sigma_\gamma)] = \frac{1}{2 \times 10^{11}} \times [12.7 \times 10^6 - 0.3 \times (7.3 \times 10^6)] = 52.6 \times 10^{-6}$$

$$\varepsilon_\beta = \frac{1}{E}[\sigma_\beta - \nu(\sigma_\alpha + \sigma_\gamma)] = \frac{1}{2 \times 10^{11}} \times [7.3 \times 10^6 - 0.3 \times (12.7 \times 10^6)] = 17.5 \times 10^{-6}$$

(5)求线应变 ε_x、ε_y、ε_z

$$\varepsilon_x = \frac{1}{E}[\sigma_x - \nu(\sigma_y + \sigma_z)] = \frac{1}{2 \times 10^{11}}[50 \times 10^6 - 0.3 \times (-30 \times 10^6)] = 295 \times 10^{-6}$$

$$\varepsilon_y = \frac{1}{E}[\sigma_y - \nu(\sigma_x + \sigma_z)] = \frac{1}{2 \times 10^{11}}[(-30 \times 10^6) - 0.3 \times (50 \times 10^6)] = -225 \times 10^{-6}$$

$$\varepsilon_z = \frac{1}{E}[\sigma_z - \nu(\sigma_y + \sigma_x)] = -\frac{1}{2 \times 10^{11}}[-0.3 \times (50 \times 10^6 - 30 \times 10^6)] = -30 \times 10^{-6}$$

(6)求主应变 ε_1、ε_2、ε_3

$$\varepsilon_1 = \frac{1}{E}[\sigma_1 - \nu(\sigma_2 + \sigma_3)] = 326 \times 10^{-6}$$

$$\varepsilon_2 = \frac{1}{E}[\sigma_2 - \nu(\sigma_1 + \sigma_3)] = -30 \times 10^{-6}$$

$$\varepsilon_3 = \frac{1}{E}[\sigma_3 - \nu(\sigma_1 + \sigma_2)] = -256 \times 10^{-6}$$

【例题 8-5】 如图 8-19 所示,已知一受力构件弹性模量 $E = 210\text{GPa}$,泊松比为 $\nu = 0.3$,自由表面上某一点处的两个面内应变分别为:$\varepsilon_x = 240 \times 10^{-6}$,$\varepsilon_z = -160 \times 10^{-6}$,试求该点处的主应力及主应变。

【解】 该点为平面应力状态,已知:$\varepsilon_x = 240 \times 10^{-6}$,$\varepsilon_z = -160 \times 10^{-6}$,

$\sigma_z = 0$。由广义胡克定律

$$\varepsilon_x = \frac{1}{E}[\sigma_x - \nu\sigma_y]$$

$$\varepsilon_y = \frac{1}{E}[\sigma_y - \nu\sigma_x]$$

$$\varepsilon_z = -\nu(\sigma_x + \sigma_y)$$

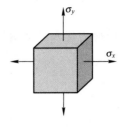

解得

$$\sigma_x = \frac{E}{1-\nu^2}[\varepsilon_x + \nu\varepsilon_y] = 44.3\text{MPa}$$

$$\sigma_y = \frac{E}{1-\nu^2}[\varepsilon_y + \nu\varepsilon_x] = -20.3\text{MPa}$$

$$\varepsilon_z = -\frac{\nu}{E}(\sigma_x + \sigma_y) = -34.3 \times 10^{-6}$$

图 8-19　例题 8-5 图

主应力

$$\sigma_1 = 44.3\text{MPa}, \quad \sigma_2 = 0, \quad \sigma_3 = -20.3\text{MPa}$$

主应变

$$\varepsilon_1 = 240 \times 10^{-6}, \quad \varepsilon_2 = -34.3 \times 10^{-6}, \quad \varepsilon_3 = -160 \times 10^{-6}$$

【例题 8-6】　图 8-20(a)所示矩形截面杆一端自由、一端固定，在中性层点 A 处沿与杆轴呈±45°方向贴两片应变片，当杆受轴向力 F_1 和横向力 F_2 作用时，测出 $\varepsilon_{45°} = \varepsilon_a$ 和 $\varepsilon_{-45°} = \varepsilon_b$。试求此时 F_1 和 F_2 的表达式（E、l、b、h、ν 均为已知）。

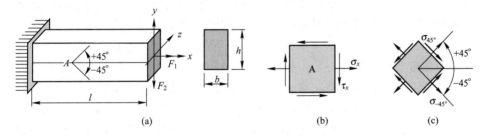

图 8-20　例题 8-6 图

【解】　（1）绘 A 点的应力状态（图 8-20b）

轴力引起的正应力为

$$\sigma_x = \frac{F_1}{A} = \frac{F_1}{bh}$$

横向力引起的切应力为

$$\tau_x = \frac{3F_2}{2A} = \frac{3F_2}{2bh}$$

（2）求 F_1 和 F_2

沿±45°方向的应力单元体（图 8-20c），±45°方向的应力表达式为

$$\sigma_{+45°} = \frac{\sigma_x}{2} - \tau_x = \frac{F_1}{2bh} - \frac{3F_2}{2bh}$$

$$\sigma_{-45°}=\frac{\sigma_x}{2}+\tau_x=\frac{F_1}{2bh}+\frac{3F_2}{2bh}$$

将应力代入广义胡克定律得

$$\varepsilon_a=\varepsilon_{+45°}=\frac{1}{E}\left[\sigma_{+45°}-\nu\sigma_{-45°}\right]=\frac{1}{2Ebh}\left[(1-\nu)F_1-3(1-\nu)F_2\right]$$

$$\varepsilon_b=\varepsilon_{-45°}=\frac{1}{E}\left[\sigma_{-45°}-\nu\sigma_{+45°}\right]=\frac{1}{2Ebh}\left[(1-\nu)F_1+3(1-\nu)F_2\right]$$

联立两式可解得

$$F_1=\frac{Ebh}{(1-\nu)}(\varepsilon_b+\varepsilon_a)$$

$$F_2=\frac{Ebh}{3(1-\nu)}(\varepsilon_b-\varepsilon_a)$$

8.5 强度理论

8.5.1 强度理论的概念

杆件强度是指杆件在荷载作用下抵抗破坏或失效的能力。所谓失效通常可以有两种情况：一类是构件因应力过大而导致断裂，如脆性材料的拉断或扭断即为此类失效；另一类是构件因应力过大出现屈服或较大塑性变形，虽然没有断裂，但丧失了正常使用功能，如塑性材料拉伸时出现滑移线，即为此类失效。强度理论主要解决的问题是：不同材料的构件在复杂应力状态下是如何失效的，失效的原因是什么，保证构件不失效的强度条件是什么。

前面几章我们已建立了单向应力状态下的正应力强度条件($\sigma_{max}\leqslant[\sigma]$)和切应力强度条件($\tau_{max}\leqslant[\tau]$)。如拉(压)杆横截面上的正应力或梁弯曲时最大弯矩横截面边缘处的弯曲正应力；如圆轴受扭时最大扭矩所在横截面边缘处的切应力或梁最大剪力所在横截面中性轴处的弯曲切应力。式中许用应力$[\sigma]$和$[\tau]$是由轴向拉伸(压缩)试验和纯剪切试验所测得的极限应力除以相应的安全系数所得。

工程实际中，大多数受力构件的危险点都处于复杂应力状态，而复杂应力状态下的三个主应力 σ_1、σ_2、σ_3 可有无数种组合。如果仿照轴向拉伸(压缩)时，用试验的办法建立强度条件，就需对材料在各种应力状态下逐一进行试验，以确定相应应力状态下的极限应力，这显然是难以实现的。因此，必须寻找一种新思路来建立复杂应力状态下的强度条件，人们在长期的生产实践中，根据材料在复杂应力状态下破坏时的现象与形式，采用判断和推理的方法，提出材料在复杂应力状态下破坏机理的假说，在这些假说的基础上，利用材料在单向应力状态时的实验资料来建立材料在复杂应力状态下的强度条件，这就是强度理论(theory of strength)。

为了建立强度理论，人们首先对构件的破坏现象进行了研究，发现材料的破坏形式主要是脆性断裂(fracture)和塑性流动(plastic flow)。其次，人们也对构件的破坏原因进行了研究，但这是一个比较复杂的问题，因为构件受力后，各种力学因素（应力、应变、变形能）都在发生变化，都有可能成为引起材料破坏的因素。到底哪些因素可能引起破坏？哪些因素是引起破坏的主要因素？对此，人们提出了各种假设，并根据不同的假设建立了不同的强度条件，其思路是：

（1）认定某种因素是材料破坏的根本原因；

（2）不论何种应力状态，该因素达到某一极限即破坏；

（3）用复杂应力状态 σ_1、σ_2、σ_3 的组合表示此因素，称为相当应力 σ_{xd}；

（4）用单向应力状态 σ、0、0 的组合表示此因素，并寻找此因素的极限值 σ^0；

（5）建立强度条件 $\sigma_{xd} \leqslant [\sigma] = \dfrac{\sigma^0}{n}$。

8.5.2 四个常用强度理论

根据两种不同的破坏方式，将强度理论可分为两类：解释材料断裂破坏的强度理论（最大拉应力理论和最大伸长线应变理论）和解释材料屈服破坏的强度理论（最大切应力理论和形状改变比能理论）。下面对各强度理论一一加以论述。

（1）第一强度理论——最大拉应力理论

这一强度理论认为，最大拉应力是引起材料脆性断裂的主要原因。在一个单元体的三个主应力中，只要其中的最大拉应力 σ_1 达到由单向拉伸试验测得的极限应力 σ_b 时，材料就会发生脆性断裂。根据这一强度理论，材料的破坏条件为 $\sigma_1 = \sigma_b$。其强度条件为

$$\sigma_{r1} = \sigma_1 \leqslant [\sigma] \tag{8-15}$$

其中

$$[\sigma] = \frac{\sigma_b}{n_b}$$

实践证明：第一强度理论对于脆性材料在单向拉伸、二向拉伸、三向拉伸、扭转时的破坏情形较为符合，其破坏都是由最大拉应力 σ_1 所引起的。

（2）第二强度理论——最大伸长线应变理论

这一强度理论认为，最大伸长线应变是引起材料断裂破坏的主要原因，即材料在复杂应力状态中，当最大伸长线应变 ε_1 达到单向拉伸断裂时的最大拉应变 ε_b 时，材料就会发生断裂破坏。根据这一强度理论，材料的破坏条件为 $\varepsilon_1 = \varepsilon_b$。

因为

$$\varepsilon_1 = \frac{1}{E}[\sigma_1 - \nu(\sigma_2 + \sigma_3)], \quad \varepsilon_b = \frac{\sigma_b}{E}$$

所以破坏条件为

$$\sigma_1 - \nu(\sigma_2 + \sigma_3) = \sigma_b$$

强度条件为

$$\sigma_{r2} = \sigma_1 - \nu(\sigma_2 + \sigma_3) \leqslant [\sigma] \tag{8-16}$$

其中

$$[\sigma] = \frac{\sigma_b}{n_b}$$

该理论考虑了三个主应力 σ_1、σ_2、σ_3 的综合影响，它能够解释脆性材料

在单向压缩时沿纵向发生胀裂的破坏现象。但是，此理论不能解释三向均匀
受压时材料不易破坏这一现象。

（3）第三强度理论——最大切应力理论

这一强度理论认为，最大切应力是引起材料塑性破坏的主要原因。即材
料在复杂应力状态中，只要构件危险点处的最大切应力达到材料在单向应
力状态下破坏时的切应力极限值 τ_s，材料就发生屈服破坏，它的破坏条件为
$\tau_{max} = \tau_s$。

因为
$$\tau_{max} = \frac{1}{2}(\sigma_1 - \sigma_3), \quad \tau_s = \frac{1}{2}\sigma_s$$

所以破坏条件为
$$\sigma_1 - \sigma_3 = \sigma_s$$

强度条件为
$$\sigma_{r3} = \sigma_1 - \sigma_3 \leqslant [\sigma] \tag{8-17}$$

其中
$$[\sigma] = \frac{\sigma_s}{n_s}$$

这一强度理论能被塑性材料的试验所证实，能说明塑性材料出现塑性屈
服的现象，在工程中被广泛使用。

（4）第四强度理论——形状改变比能理论

这一强度理论认为，形状改变比能是引起材料塑性破坏的主要原因。即
材料在复杂应力状态中，只要构件危险点处的形状改变比能达到材料在单向
应力状态下破坏时的形状改变比能，材料就发生了屈服破坏。这里我们直接
给出按这一理论建立的、在复杂应力状态下的强度条件为

二维码6 虚拟仿
真强度理论实验

$$\sigma_{r4} = \sqrt{\frac{1}{2}\left[(\sigma_1 - \sigma_2)^2 + (\sigma_2 - \sigma_3)^2 + (\sigma_3 - \sigma_1)^2\right]} \leqslant [\sigma] \tag{8-18}$$

其中
$$[\sigma] = \frac{\sigma_s}{n_s}$$

8.5.3　强度理论的选用

在工程中，对于脆性材料，一般选用第一、第二强度理论；对于塑性材
料，一般选用第三、第四强度理论。四个强度理论可用如下统一的形式予以
表示

$$\sigma_{ri} \leqslant [\sigma] \tag{8-19}$$

式中，σ_{ri} 称相当应力（equivalent stress）。四个强度理论中的相当应力分别为

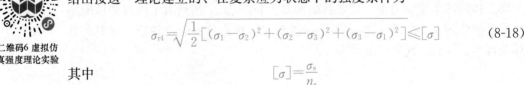

$$\sigma_{r1} = \sigma_1$$
$$\sigma_{r2} = \sigma_1 - \nu(\sigma_2 + \sigma_3)$$
$$\sigma_{r3} = \sigma_1 - \sigma_3$$
$$\sigma_{r4} = \sqrt{\frac{1}{2}\left[(\sigma_1 - \sigma_2)^2 + (\sigma_2 - \sigma_3)^2 + (\sigma_3 - \sigma_1)^2\right]}$$

应该指出的是，在工程中经常有一种二向应力状态，例如工程中的隔震
支座（图 8-21a），它是二向应力状态（图 8-21b），其特点是 $\sigma_y = 0$。所以，这种
应力状态的三个主应力分别为

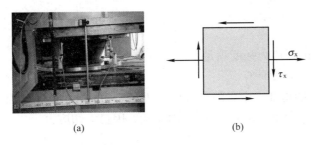

(a)   (b)

图 8-21 　二向应力状态

$$\sigma_1 = \frac{\sigma_x}{2} + \sqrt{\left(\frac{\sigma_x}{2}\right)^2 + \tau_x^2}$$

$$\sigma_2 = 0$$

$$\sigma_3 = \frac{\sigma_x}{2} - \sqrt{\left(\frac{\sigma_x}{2}\right)^2 + \tau_x^2}$$

将 σ_1、σ_2、σ_3 分别代入第三、第四强度理论公式的表达式中，即可得到如下的公式

$$\sigma_{r3} = \sqrt{\sigma_x^2 + 4\tau_x^2} \leqslant [\sigma] \tag{8-20}$$

$$\sigma_{r4} = \sqrt{\sigma_x^2 + 3\tau_x^2} \leqslant [\sigma] \tag{8-21}$$

【例题 8-7】 已知材料的许用应力 $[\sigma] = 150\text{MPa}$，$[\tau] = 95\text{MPa}$，$F = 100\text{kN}$，$l = 2\text{m}$，$a = 0.32\text{m}$。试对如图 8-22(a)所示的简支梁 AB 按第四强度理论进行强度计算。

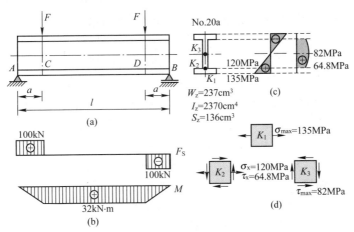

图 8-22 　例题 8-7 图

【解】 作出梁的剪力图和弯矩图，如图 8-22(b)所示。作出 C 截面之左的正应力分布图和切应力分布图，如图 8-22(c)所示。对于这种梁的强度校核一般应包括以下三部分内容：最大正应力强度计算；最大切应力强度计算；在 M 较大、F_S 较大的截面处，对翼缘和腹板相交的点进行强度计算。

（1）正应力强度计算

由弯矩图可知，全梁的最大弯矩 $M_C = 32\text{kN} \cdot \text{m}$，从 C 截面的下边缘 K_1 点处取应力单元体如图 8-22(d)所示，因最大正应力

$$\sigma_{max} = \frac{M_{max}}{W_z} = \frac{32 \times 10^3}{237 \times 10^{-6}} = 135MPa < [\sigma] = 150MPa$$

所以，AB 梁的正应力强度满足。

（2）切应力强度计算

由切应力图可知，全梁的最大剪力 $F_{Smax} = 100kN$，在 C 截面的中性轴上的 K_3 点处取应力单元体如图 8-22(d) 所示，因最大切应力

$$\tau_{max} = \frac{F_{Smax}S_z}{t_w I_z} = \frac{100 \times 10^3 \times 136 \times 10^{-6}}{7 \times 10^{-3} \times 2370 \times 10^{-8}} = 82MPa < [\tau] = 95MPa$$

所以，AB 梁的切应力强度满足要求，且 K_3 点处于纯剪切状态，$\sigma_{r4} = \sqrt{3}\tau_{max} = 142MPa < [\sigma]$。

（3）翼缘与腹板交接处的强度计算

由内力图知，C 截面之左的 $F_{SC左} = 100kN$，$M_C = 32kN \cdot m$。从 C 截面翼缘和腹板交接处 K_2 点取应力单元体如图 8-22(d) 所示。因为

$$\sigma_x = \frac{M_C y}{I_z} = \frac{32 \times 10^3 \times 88.6 \times 10^{-3}}{23.7 \times 10^{-6}} = 120MPa$$

$$\tau_x = \frac{F_S S_z^*}{t_w I_z} = \frac{100 \times 10^3 \times [100 \times 11.4 \times \frac{1}{2} \times (11.4 + 177.2) \times 10^{-9}]}{7 \times 10^{-3} \times 23.7 \times 10^{-6}} = 64.8MPa$$

所以，该点处于复杂应力状态，应选用适当的强度理论进行强度计算。现对 K_2 按第四强度理论进行强度校核如下：

因为 $\qquad \sigma_{r4} = \sqrt{\sigma_x^2 + 3\tau_x^2} = \sqrt{120^2 + 3 \times 64.8^2} = 164MPa > [\sigma]$

所以，K_2 点处的强度不满足要求，即梁的强度不满足要求。

[讨论]

从本例计算中可以看出：全梁的正应力强度和切应力强度虽然满足了强度要求，但在 M 较大和 F_S 较大的翼缘和腹板交接处的 K_2 点，因为处于复杂应力状态，具有较大的正应力和较大的切应力，所以组合起来的主应力就比较大了，容易发生破坏，对这些处于复杂应力状态的点，选用适当的强度理论对它们进行强度计算是非常必要的。

小结及学习指导

平面应力状态分析和强度理论是研究变形体力学的理论基础，用于解决复杂应力状态下的强度问题。

一点的应力状态、单元体的概念，平面应力状态分析的解析法和图解法，广义胡克定律及其应用，强度理论概念的建立，工程中常采用的几种强度理论的相当应力及其强度条件等内容是读者要掌握的重点内容。

理解一点的应力状态概念及其表示方法，能从一般受力构件中取出代表任一点的应力状态的单元体。

能熟练利用解析法或图解法分析一点处的应力随截面方位变化的规律，计算该点的主应力、极值切应力及其所在平面的方位，注意掌握应力状态分

析中的一些基本规律。能在单元体中把主应力单元体和极值切应力单元体表示出来，主应力单元体和极值切应力单元体分别从不同的侧面描述了该点处的应力状态。

广义胡克定律揭示了复杂应力状态在弹性范围内的应力-应变关系，是探讨强度理论和弹性理论的重要理论基础，要求读者能应用广义胡克定律解决复杂应力状态下的应力-应变关系问题。

深刻理解强度理论概念是如何建立的，了解经典强度理论分为两类：(1)关于脆性断裂的理论；(2)关于塑性屈服的理论。掌握各种强度理论的假设前提、适用范围及与之对应的相当应力计算式，正确选择适宜的强度理论解决各种复杂应力状态的强度问题。

思考题

8-1 什么叫一点的应力状态？为什么要研究一点的应力状态？

8-2 什么叫主平面和主应力？主应力和正应力有什么区别？如何确定平面应力状态的三个主应力及其作用平面？

8-3 图 8-23 所示各单元体分别属于哪一类应力状态？

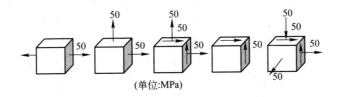

(单位:MPa)

图 8-23　思考题 8-3 图

8-4 一单元体和相应的应力圆如图 8-24 所示。试在应力圆上标出单元体上各斜截面所对应的点。

8-5 已知一平面应力状态如图 8-25 所示。材料的 E、γ 均已知。试列出 ε_u、ε_v 的表达式(u、γ 相互垂直)。

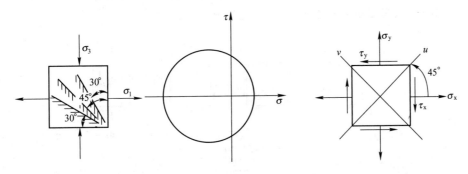

图 8-24　思考题 8-4 图　　　　图 8-25　思考题 8-5 图

8-6 单元体某方向上的线应变若为零，则其相应的正应力也必定为零；若在某方向的正应力为零，则该方向的线应变也必定为零。以上说法是否正确？为什么？

8-7 什么叫强度理论？为什么要研究强度理论？

8-8 为什么按第三强度理论建立的强度条件较按第四强度理论建立的强度条件进行强度计算的结果偏于安全？

习题

8-1 试定性地绘出图 8-26 所示杆件中 A、B、C 点的应力单元体。

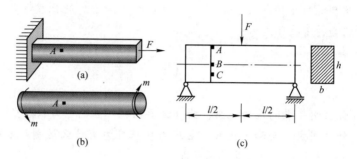

图 8-26 习题 8-1 图

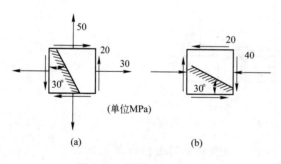

图 8-27 习题 8-2、8-4 图

8-2 已知单元体的应力状态如图 8-27 所示。试用解析法求指定斜截面上的应力，并表示于图中。

8-3 已知单元体的应力状态如图 8-28 所示。图中应力单位均为 MPa，试用解析法求：

（1）指定斜截面上的应力，并表示于图中；

（2）主应力大小及方向，并画主应力单元体；

（3）最大切应力及其作用面。

8-4 试用图解法求图 8-27 中单元体指定斜截面上的应力。

8-5 试用图解法求图 8-28 的单元体中

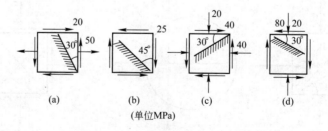

（单位MPa）

图 8-28 习题 8-3、8-5 图

（1）指定斜截面上的应力，并表示于图中；

（2）主应力大小及方向，并画主应力单元体；

（3）最大切应力及其作用面。

8-6 图 8-29 所示简支梁，已知：$F=140\text{kN}$，$l=4\text{m}$。A 点所在截面在集中力 F 的右侧，且无限接近 F 力作用截面。试求：

（1）A 点处指定斜截面上的应力；

（2）A 点处的主应力及主平面位置，并用主应力单元体表示。

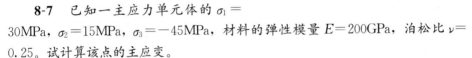

图 8-29　习题 8-6 图

8-7 已知一主应力单元体的 $\sigma_1=30\text{MPa}$，$\sigma_2=15\text{MPa}$，$\sigma_3=-45\text{MPa}$，材料的弹性模量 $E=200\text{GPa}$，泊松比 $\nu=0.25$。试计算该点的主应变。

8-8 已知某点处于平面应力状态，现在该点处测得 $\varepsilon_x=500\times10^{-6}$，$\varepsilon_y=-465\times10^{-6}$。若材料的弹性模量 $E=210\text{GPa}$，泊松比 $\nu=0.33$。试求该点处的正应力 σ_x 和 σ_y。

8-9 边长为 20cm 匀质材料的立方体，放入刚性凹座内，顶面受轴向力 $F=400\text{kN}$ 作用如图 8-30 所示。已知材料的弹性模量 $E=2.6\times10^4\text{MPa}$，$\nu=0.18$。试求下列两种情况下立方体中产生的应力：

（1）凹座的宽度正好是 20cm；

（2）凹座的宽度均为 20.001cm。

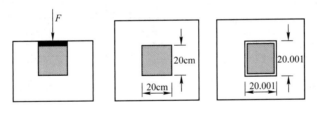

图 8-30　习题 8-9 图

8-10 简支梁由 14 号工字钢制成，受 $F=59.4\text{kN}$ 作用如图 8-31 所示。已知材料的弹性模量 $E=200\text{GPa}$，泊松比 $\nu=0.3$。求中性层 K 点处沿 45° 方向的应变。

8-11 图 8-32 所示一钢杆，截面为 $d=20\text{mm}$ 的圆形。其弹性模量 $E=200\text{GPa}$，泊松比 $\nu=0.3$。现从钢杆 A 点处与轴线呈 30° 方向测得线应变为 $\varepsilon_{30°}=540\times10^{-6}$，试求拉力 F 值。

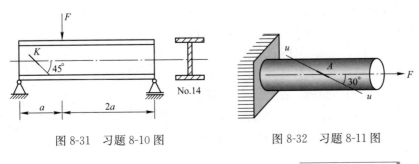

图 8-31　习题 8-10 图　　　　图 8-32　习题 8-11 图

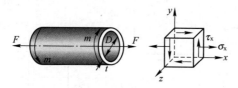

图 8-33　习题 8-12 图

8-12　如图 8-33 所示一内径为 D、壁厚为 t 的薄壁钢质圆管。材料的弹性模量为 E，泊松比为 ν。若钢管承受轴向拉力 F 和力偶矩 m 作用，试求该钢管壁厚的改变量 Δt。

8-13　有一铸铁制成的零件。已知危险点处的主应力为 $\sigma_1=24\text{MPa}$，$\sigma_2=0$，$\sigma_3=-36\text{MPa}$，设材料的许用拉应力 $[\sigma_t]=35\text{MPa}$，许用压应力 $[\sigma_c]=120\text{MPa}$，泊松比 $\nu=0.3$。试用第二强度理论校核其强度。

8-14　从低碳钢制成的零件中的某点处取出一单元体，其应力状态如图 8-34 所示。已知 $\sigma_x=40\text{MPa}$，$\sigma_y=40\text{MPa}$，$\tau_x=60\text{MPa}$。材料的许用应力为 $[\sigma]=140\text{MPa}$。试用第三强度理论和第四强度理论分别对其进行强度校核。

8-15　由 25b 工字钢制成的简支梁，受力如图 8-35 所示，$F=100\text{kN}$，$q=10\text{kN/m}$，$l=2\text{m}$，$a=0.2\text{m}$。材料的 $[\sigma]=120\text{MPa}$，$[\tau]=100\text{MPa}$，试对梁作全面的强度校核。

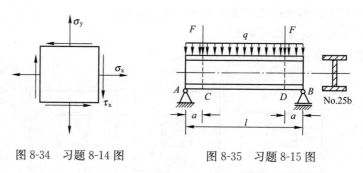

图 8-34　习题 8-14 图　　　　图 8-35　习题 8-15 图

习题答案（部分）

8-2　(a) $\sigma_\alpha=52\text{MPa}$，$\tau_\alpha=-18.7\text{MPa}$

　　　(b) $\sigma_\alpha=-27.32\text{MPa}$，$\tau_\alpha=-27.32\text{MPa}$

8-3　(a) $\sigma_1=57\text{MPa}$，$\sigma_2=0$，$\sigma_3=-7\text{MPa}$，$\alpha_0=19°20'$

　　　(b) $\sigma_1=25\text{MPa}$，$\sigma_2=0$，$\sigma_3=-25\text{MPa}$，$\alpha_0=\pm45°$

　　　(c) $\sigma_1=11.2\text{MPa}$，$\sigma_2=0$，$\sigma_3=-71.2\text{MPa}$，$\alpha_0=-38°$

　　　(d) $\sigma_1=4.7\text{MPa}$，$\sigma_2=0$，$\sigma_3=-84.7\text{MPa}$，$\alpha_0=-13°17'$

8-6　(1) $\sigma_\alpha=2.13\text{MPa}$，$\tau_\alpha=24.3\text{MPa}$

　　　(2) $\sigma_1=84.9\text{MPa}$，$\sigma_2=0$，$\sigma_3=-5\text{MPa}$

8-7　$\varepsilon_1=188\times10^{-6}$，$\varepsilon_2=93.8\times10^{-6}$，$\varepsilon_3=-281\times10^{-6}$

8-8　$\sigma_x=81.7\text{MPa}$，$\sigma_y=-70.7\text{MPa}$

8-9　(1) $\sigma_1=\sigma_2=-2.2\text{MPa}$，$\sigma_3=-10\text{MPa}$

　　　(2) $\sigma_1=\sigma_2=-0.61\text{MPa}$，$\sigma_3=-10\text{MPa}$

8-10 $\varepsilon_{45°} = 390 \times 10^{-6}$

8-11 $F = 64\text{kN}$

8-12 $\Delta t = \varepsilon t = -\dfrac{p\nu}{\pi E D}$

8-13 $\sigma_{r2} = 34.8\text{MPa}$

8-14 $\sigma_{r3} = 120\text{MPa}$，$\sigma_{r4} = 110\text{MPa}$

8-15 （1）正应力最大值在截面中间：

$$\sigma_{max} = 59.1\text{MPa} < [\sigma]$$

（2）剪力最大的截面点在梁端靠近铰支座截面的中性轴上：

$$\tau_{max} = 50.94\text{MPa} < [\tau]$$

$$\sigma_{r3} = 2\tau_{max} = 101.88\text{MPa} < [\sigma]$$

（3）在集中力作用的截面附近，翼缘和腹板交界处：

$$\sigma_{r3} = 89.01\text{MPa} < [\sigma]$$

全梁满足强度要求

第9章
组 合 变 形

本章知识点

> 【知识点】组合变形的概念，斜弯曲、拉(压)与弯曲组合、偏心拉压时危险点的应力，中性轴的位置及变形，弯曲与扭转组合时危险点的应力及采用的强度理论。
>
> 【重点】斜弯曲变形，偏心拉压及弯曲与扭转组合时的强度计算。
>
> 【难点】组合变形情况下，危险截面和危险点的确定以及相应位置处内力和应力的分析及计算方法。

9.1 组合变形的概念和工程实例

前面讨论了构件在轴向拉(压)、剪切、扭转以及平面弯曲四种基本变形条件下的强度和刚度问题。但工程实际中，构件只发生基本变形的情况是有限的，由于受力情况复杂，构件常会发生包含两种或多种基本变形的复杂变形，这类由两种或两种以上的基本变形组成的复杂变形称为组合变形(combined deformations)。

组合变形的工程实例很多，例如，图 9-1(a)所示的烟囱，除因自重引起的轴向压缩外，还有因水平方向风力而引起的弯曲变形；图 9-1(b)、(c)所示压力机框架立柱及厂房支柱等的变形也都属于拉伸(压缩)与弯曲的组合变形；图 9-1(d)所示的屋架檩条，在屋面荷载(垂直作用力)作用下，发生两个主惯性平面内弯曲的组合变形；工程中常见的轴(如齿轮轴、电动机轴、曲柄轴等)，大多在发生扭转变形的同时，还伴有弯曲变形，如图 9-1(e)所示卷扬机机轴 AB，同时发生弯曲和扭转变形。

在小变形和材料服从胡克定律的前提下，组合变形中每一种基本变形所引起的应力和变形都是各自独立、互不影响的，因此，处理组合变形的基本方法可用叠加法。这种叠加包含以下三个过程：

(1) 通过荷载的分解及简化，将产生同种基本变形的荷载归为一组，形成若干组荷载，每一组对应一种基本变形，将组合变形转化成若干种基本变形；

(2) 分析计算各种基本变形条件下构件的内力、应力和变形；

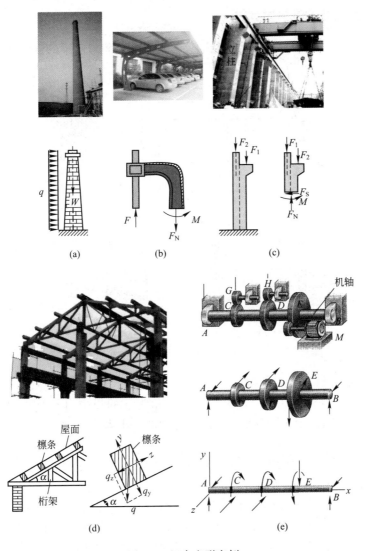

图 9-1　组合变形实例

（3）依据叠加原理，综合考虑在组合变形情况下构件的危险截面位置及危险点的应力状态，据此对构件进行强度和刚度计算。

9.2　斜弯曲

　　前面讨论了梁的平面弯曲问题。当荷载作用平面通过截面的弯曲中心，且通过或平行于梁的任一形心主惯性平面时，梁的挠曲线是在形心主惯性平面内的一条平面曲线，这种弯曲称为平面弯曲。但在很多工程问题中，例如，屋架上的檩条梁(图 9-1d)，荷载作用平面并不与梁的形心主惯性平面重合或平行，此时，梁弯曲后的挠曲线不在荷载作用平面内，我们将这种弯曲称为斜弯曲(oblique bending)。

9.2.1 斜弯曲梁的强度计算

现以图 9-2 所示的矩形截面悬臂梁为例来分析斜弯曲梁的强度计算问题。

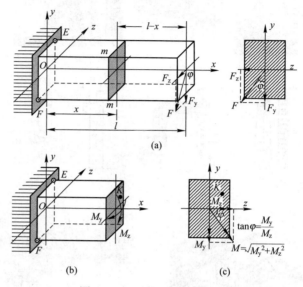

图 9-2 矩形截面梁的斜弯曲

1. 荷载分解和内力分析

矩形截面悬臂梁在自由端受与 y 轴夹角为 φ 的集中力 F 作用(图 9-2a)。首先,将力 F 沿 y、z 轴分解,得两个分力的大小为

$$F_y = F\cos\varphi, \quad F_z = F\sin\varphi$$

在分力 F_y、F_z 作用下,梁将分别在两个形心主惯性平面(xOy 平面和 xOz 平面)内发生平面弯曲。

与平面弯曲情况一样,在斜弯曲梁的横截面上也有剪力和弯矩这两种内力。一般情况下剪力影响较小,故通常认为梁在斜弯曲情况下的强度是由弯矩引起的最大正应力来控制的,因此在进行内力分析时,主要是计算弯矩。分力 F_y 和 F_z 对任意横截面 $m-m$ 所引起的弯矩分别为

$$M_z = F_y(l-x) = F(l-x)\cos\varphi = M\cos\varphi$$
$$M_y = F_z(l-x) = F(l-x)\sin\varphi = M\sin\varphi$$

式中,$M = F(l-x)$ 表示力 F 在 $m-m$ 截面上产生的总弯矩。

2. 应力分析

根据平面弯曲时的正应力公式,横截面 $m-m$ 上任意点 K(坐标为 y、z)处由 M_z 和 M_y 所引起的弯曲正应力分别为

$$\sigma' = \frac{M_z}{I_z}y = \frac{My}{I_z}\cos\varphi, \quad \sigma'' = \frac{M_y}{I_y}z = \frac{Mz}{I_y}\sin\varphi$$

根据叠加原理,梁横截面 $m-m$ 上任意点 K 处总的弯曲正应力为这两个同向正应力的代数和,其公式为

$$\sigma = \sigma' + \sigma'' = \frac{M_z}{I_z}y + \frac{M_y}{I_y}z = M\left(\frac{y\cos\varphi}{I_z} + \frac{z\sin\varphi}{I_y}\right) \tag{9-1}$$

式中 I_z、I_y——分别为横截面对形心主轴 z 和 y 的形心主惯性矩。

正应力的正负号，可以直接观察由弯矩 M_z 和 M_y 分别引起的正应力是拉应力还是压应力来决定。

3. 确定中性轴的位置

由于横截面上的最大正应力发生在离中性轴最远的地方，因此，要求得最大正应力，首先必须确定中性轴的位置。因为中性轴是截面上正应力等于零的各点之连线，所以可用 y_0、z_0 代表中性轴上任一点的坐标，代入式(9-1)，并令 $\sigma=0$，就可得中性轴的方程

$$\frac{\cos\varphi}{I_z}y_0 + \frac{\sin\varphi}{I_y}z_0 = 0 \qquad (9\text{-}2)$$

从式(9-2)可以看出，中性轴是通过截面形心的一条直线，如图 9-3 所示。设中性轴与 z 轴的夹角为 α，由式(9-2)可得

$$\tan\alpha = \left|\frac{y_0}{z_0}\right| = \frac{I_z}{I_y}\tan\varphi \qquad (9\text{-}3)$$

由中性轴与 z 轴的夹角 α 即可确定其实际位置。

从式(9-3)可知，斜弯曲梁截面的中性轴的位置取决于荷载 F 与 y 轴的夹角 φ 及截面的形状和尺寸，与荷载无关。当截面的 $I_z \neq I_y$ 时，如本例的矩形截面(图 9-3a)，$\alpha \neq \varphi$，即中性轴并不垂直于荷载作用平面，而梁的挠曲线所在平面与中性轴垂直，因此挠曲线与荷载作用面不在同一平面内，这和平面弯曲的情况是完全不同的，故称为斜弯曲。若截面的 $I_z = I_y$，如圆截面或正方形截面等(图 9-3b、c)，此时不论 φ 为何值，中性轴都垂直于荷载作用面，梁只发生平面弯曲。

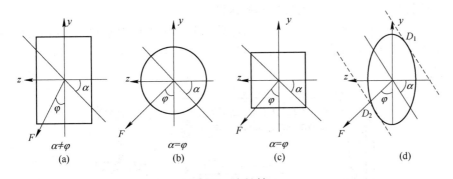

图 9-3　中性轴

4. 建立强度条件

为进行强度计算，首先必须确定危险截面，然后在危险截面上确定危险点的位置，计算其应力值。对图 9-2 所示的矩形截面悬臂梁来说，固定端截面的 M_y 和 M_z 同时达到最大值，显然就是危险截面。危险截面上的危险点应在离中性轴最远的点处，对于具有棱角的矩形截面梁，危险点应在危险截面的角点上，即固定端截面上的 E、F 两点，其中，E 点是最大拉应力点，F 点是最大压应力点。危险点处于单向应力状态，若材料的抗拉强度和抗压强度相

同，则可建立如下的强度条件

$$\sigma_{max} = \frac{M_{zmax}}{I_z} y_{max} + \frac{M_{ymax}}{I_y} z_{max} = \frac{M_{zmax}}{W_z} + \frac{M_{ymax}}{W_y} \leqslant [\sigma] \tag{9-4}$$

如果梁的横截面为没有棱角的任意截面（图 9-3d），则先确定中性轴的位置，在中性轴两侧各作一条与中性轴平行且与截面周边相切的直线，切点 D_1、D_2（截面上距中性轴最远的点）就是正应力最大的危险点。找到危险点后，将危险点的坐标代入式（9-1），便可得到截面上数值最大的正应力。

9.2.2 斜弯曲梁的变形计算

梁斜弯曲时的挠度也可利用叠加原理进行计算。对图 9-2 所示的悬臂梁，由弯曲变形公式可知，分力 F_y 和 F_z 引起的自由端两个方向的挠度分别为

$$f_y = \frac{F_y l^3}{3EI_z} = \frac{F\cos\varphi l^3}{3EI_z}, \quad f_z = \frac{F_z l^3}{3EI_y} = \frac{F\sin\varphi l^3}{3EI_y}$$

梁自由端的总挠度 f 是上述两个不同方向挠度的矢量和（图 9-4），即

$$f = \sqrt{f_y^2 + f_z^2} \tag{9-5}$$

设挠度 f 和 y 轴的夹角为 β，将 z 轴方向的挠度除以 y 轴方向的挠度，可得

$$\tan\beta = \frac{f_z}{f_y} = \frac{I_z \sin\varphi}{I_y \cos\varphi} = \frac{I_z}{I_y}\tan\varphi \tag{9-6}$$

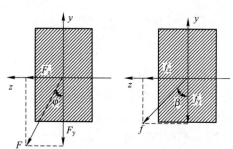

图 9-4 悬臂梁自由端的总挠度 f

由上式及式（9-3）可知，$\beta = \alpha$，即挠曲线所在平面始终与中性轴垂直。一般情况下 $I_z \neq I_y$，故 β 与 φ 不相等，说明斜弯曲梁变形后的挠曲线与荷载作用面不在同一纵向平面内。这就是平面弯曲与斜弯曲的本质区别。

【**例题 9-1**】 如图 9-5 所示的悬臂梁，由 24b 号工字钢制成。材料的弹性模量 $E = 2 \times 10^5$ MPa，$l = 3$m，$q = 5$kN/m，$F = 5$kN，$\varphi = 30°$，试求：

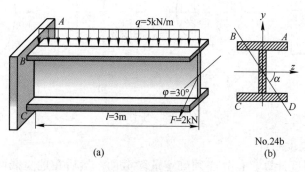

(a)

No.24b
(b)

图 9-5 例题 9-1 图

（1）梁内的最大拉应力和最大压应力；

（2）固定端截面上的中性轴位置；

（3）自由端的总挠度。

【**解**】 （1）梁内最大拉应力和最大压应力

1）外力分解和内力分析

首先要将 F 力分解为梁的两个主惯性平面内的分力
$$F_y = F\cos\varphi = 2 \times \cos 30° = 1.73\text{kN}$$
$$F_z = F\sin\varphi = 2 \times \sin 30° = 1\text{kN}$$

显然，梁在固定端截面将有最大弯矩。在 F_z 作用下
$$M_y = F_z l = 1 \times 3 = 3\text{kN} \cdot \text{m} \qquad （内侧受拉，外侧受压）$$

在 q 和 F_y 作用下
$$M_z = F_y l + \frac{1}{2}ql^2 = 1.73 \times 3 + \frac{1}{2} \times 5 \times 3^2 = 27.7\text{kN} \cdot \text{m}$$
$$（上边缘受拉，下边缘受压）$$

2）应力计算

查型钢表得 24b 号工字钢的 $W_z = 400\text{cm}^3$，$W_y = 50.4\text{cm}^3$。用叠加法计算出固端截面上 A、B、C、D 四点的应力为

$$\sigma_A = +\frac{M_z}{W_z} + \frac{M_y}{W_y} = \frac{27.7 \times 10^3}{400 \times 10^{-6}} + \frac{3 \times 10^3}{50.4 \times 10^{-6}} = 129\text{MPa}$$

$$\sigma_B = +\frac{M_z}{W_z} - \frac{M_y}{W_y} = \frac{27.7 \times 10^3}{400 \times 10^{-6}} - \frac{3 \times 10^3}{50.4 \times 10^{-6}} = 9.8\text{MPa}$$

$$\sigma_C = -\frac{M_z}{W_z} - \frac{M_y}{W_y} = -\frac{27.7 \times 10^3}{400 \times 10^{-6}} - \frac{3 \times 10^3}{50.4 \times 10^{-6}} = -129\text{MPa}$$

$$\sigma_D = -\frac{M_z}{W_z} + \frac{M_y}{W_y} = -\frac{27.7 \times 10^3}{400 \times 10^{-6}} + \frac{3 \times 10^3}{50.4 \times 10^{-6}} = -9.8\text{MPa}$$

从而得最大拉应力 $\qquad \sigma_{max}^+ = \sigma_A = 129\text{MPa}$

最大压应力 $\qquad \sigma_{max}^- = \sigma_C = -129\text{MPa}$

（2）固定端截面上中性轴的位置

由式（9-3）并查型钢表得 $I_z = 4800\text{cm}^4$，$I_y = 297\text{cm}^4$。

$$\tan\alpha = -\frac{I_z}{I_y} \times \frac{M_y}{M_z} = -1.75$$

解得 $\alpha = -60.3°$（中性轴过第二、第四象限）。中性轴位置如图 9-5 所示。

（3）自由端挠度计算

$$f_z = \frac{F_z l^3}{3EI_y} = \frac{1 \times 10^3 \times 3^3}{3 \times 2 \times 10^{11} \times 2.97 \times 10^{-6}} = 1.52 \times 10^{-2}\text{m}$$

$$f_y = \frac{F_y l^3}{3EI_z} + \frac{ql^4}{8EI_z} = \frac{1.73 \times 10^3 \times 3^3}{3 \times 2 \times 10^{11} \times 48 \times 10^{-6}} + \frac{5 \times 10^3 \times 3^4}{8 \times 2 \times 10^{11} \times 48 \times 10^{-6}}$$
$$= 0.689 \times 10^{-2}\text{m}$$

自由端的总挠度为
$$f = \sqrt{f_y^2 + f_z^2} = \sqrt{(1.52 \times 10^{-2})^2 + (0.689 \times 10^{-2})^2} = 1.66 \times 10^{-2}\text{m}$$

【例题 9-2】 矩形截面的悬臂梁承受荷载如图 9-6（a）所示。试：

（1）确定危险截面、危险点所在位置及计算梁内最大正应力的值；

（2）计算固定端截面上中性轴的位置；

167

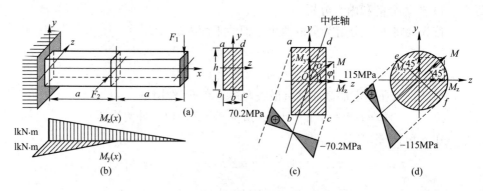

图 9-6 例题 9-2 图

（3）若将截面改为 $D=50\text{mm}$ 的圆形，试确定危险点的位置，并计算最大正应力。

【解】（1）确定危险截面、危险点所在位置

1）外力和内力分析，确定危险截面

此梁在 F_1 力作用下将在 Oxy 平面内发生弯曲，在 F_2 力作用下将在 Oxz 平面内发生弯曲，故此梁的变形为两个平面弯曲的组合——斜弯曲。

分别绘出 $M_z(x)$ 和 $M_y(x)$ 图（图 9-6b）。两个平面内的最大弯矩都发生在固定端截面上，其值分别为

$$M_z=1\times1=1\text{kN}\cdot\text{m} \quad (ad \text{ 边受拉}，bc \text{ 边受压})$$
$$M_y=2\times0.5=1\text{kN}\cdot\text{m} \quad (ab \text{ 边受拉}，cd \text{ 边受压})$$

由于此梁为等截面杆，故固定端截面为该梁的危险截面。

2）确定危险点所在位置

绘固定端截面的应力分布图（图 9-6c），从应力分布图可看出，最大拉应力发生在固定端截面的 a 点，最大压应力发生在固定端截面的 c 点，截面上 a、c 两点即为危险点。

3）计算梁内最大正应力

最大拉应力计算

$$\sigma_{\max}^+=+\frac{M_z}{W_z}+\frac{M_y}{W_y}=23.4\times10^6+46.8\times10^6=70.2\text{MPa}$$

最大压应力计算

$$\sigma_{\max}^-=-\frac{M_z}{W_z}-\frac{M_y}{W_y}=-23.4\times10^6-46.8\times10^6=-70.2\text{MPa}$$

（2）计算固定端截面上中性轴的位置

由

$$\tan\alpha=\frac{I_z}{I_y}\left(\frac{M_y}{M_z}\right)=\frac{\dfrac{40\times80^3}{12}}{\dfrac{80\times40^3}{12}}\times\frac{1\times10^3}{1\times10^3}=4$$

得 $\alpha=76°$，绘中性轴于图 9-6(c)中。

（3）改为圆截面后的最大正应力

对于圆形截面，通过形心的任意轴都是形心主轴，其弯矩矢量和中性轴

一致(图 9-6d)。因为危险截面的合成弯矩为

$$M=\sqrt{M_z^2+M_y^2}=\sqrt{1^2+1^2}=1.41\text{kN}\cdot\text{m}$$

所以，最大正应力为

$$\sigma_{max}=\frac{M}{W}=\frac{1.41\times10^3}{\dfrac{\pi}{32}\times50^3\times10^{-9}}\text{Pa}=115\text{MPa}$$

作合成弯矩 M 矢量的平行线并与圆周相切的 e、f 两点，即为危险点。e 点为最大拉应力，f 点为最大压应力。正应力分布如图 9-6(d)所示。

9.3　拉伸(压缩)与弯曲组合

在杆件受拉伸(压缩)时，还有横向力的作用，这就会引起拉伸(压缩)与弯曲的组合变形。图 9-7(b)所示为一梁在水平拉力 F 和竖向均布力 q 共同作用下产生拉伸与弯曲组合变形，火车预应力水泥枕木(图 9-7a)就是它的实例。

9.3.1　内力分析

在任意横截面 m—m 上，内力有轴力 F_N、弯矩 M 和剪力 F_S(图 9-7c)，由于剪力的作用甚小，常忽略不计，从而只考虑轴力和弯矩的作用。

9.3.2　应力分析

轴力 F_N 引起的正应力，在截面上是均匀分布的，用 σ_N 表示(图 9-7d)，而弯矩引起的正应力呈斜线分布，用 σ_M 表示(图 9-7e)，两种应力叠加后如图 9-7(f)所示。截面上离中性轴距离为 y 处各点的应力为

$$\sigma=\sigma_N+\sigma_M=\frac{F_N}{A}\pm\frac{M}{I_z}y \qquad (9\text{-}7)$$

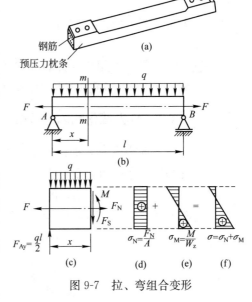

图 9-7　拉、弯组合变形

显然，最大正应力和最小正应力将发生在弯矩最大的横截面上且离中性轴最远的下边缘和上边缘处，其计算式为

$$\genfrac{}{}{0pt}{}{\sigma_{max}}{\sigma_{min}}=\frac{F_N}{A}\pm\frac{M_{max}}{W_z}$$

9.3.3　强度条件

因为危险点处的上、下边缘均为单向应力状态，所以拉伸(压缩)与弯曲组合变形杆的强度条件表示为

$$\genfrac{}{}{0pt}{}{\sigma_{max}}{\sigma_{min}}=\frac{F_N}{A}\pm\frac{M_{max}}{W_z}\leqslant[\sigma] \qquad (9\text{-}8)$$

169

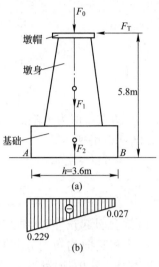

F_0

墩帽

F_T

墩身

5.8m

F_1

基础

F_2

A B

h=3.6m

(a)

0.027

0.229

(b)

图 9-8　例题 9-3 图

【例题 9-3】　图 9-8(a)所示桥墩，承受如下荷载：上部结构传递给桥墩的压力 $F_0 = 1920\text{kN}$，桥墩墩帽及墩身的自重 $F_1 = 330\text{kN}$，基础自重 $F_2 = 1450\text{kN}$，车辆经梁部传下的水平制动力 $F_T = 300\text{kN}$。试绘出基础底部 AB 面上的正应力分布图。已知基础底面为 $b \times h = 8\text{m} \times 3.6\text{m}$ 的矩形。

【解】　(1) 基础底部 AB 截面上的内力

$$F_N = F_0 + F_1 + F_2 = 3700\text{kN}(压)$$
$$M_{max} = F_T \times 5.8 = 1740\text{kN} \cdot \text{m}$$

(2) AB 截面上的最大应力

$$\begin{array}{c}\sigma_{max} \\ \sigma_{min}\end{array} = -\frac{F_N}{A} \pm \frac{M_z y}{I_z} = \begin{cases} -0.027\text{MPa} \\ -0.229\text{MPa} \end{cases}$$

AB 面上的正应力分布如图 9-8(b)所示。

9.4　偏心压缩(拉伸)

当外力作用线与杆的轴线平行但不重合时，杆件的变形称为偏心拉伸(压缩)。现以矩形截面柱体为例，讨论偏心拉压时它的强度计算。

9.4.1　外力简化和内力分析

当偏心压力 F 的作用点不在横截面的形心上时(图 9-9a)，则可将偏心力简化为作用在截面形心的轴向压力 F 和附加力偶矩 $m_y = Fz_F$，$m_z = Fy_F$(图 9-9c)。z_F、y_F 是偏心力 F 作用点在坐标系 Oyz 中的坐标，z_F 是偏心力 F 对 y 轴的偏心距，y_F 是偏心力 F 对 z 轴的偏心距。

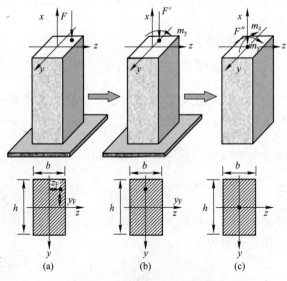

图 9-9　矩形截面柱偏心受压

由截面法可求得柱体在任意截面上的内力

轴力 $F_N = -F$

弯矩 $M_y = m_y = Fz_F$， $M_z = m_z = Fy_F$

9.4.2 应力计算

任意截面任一点 $E(z，y)$ 处(图 9-9a)由以上三个内力产生的应力为

$$\sigma' = \frac{F_N}{A} = -\frac{F}{A}，\quad \sigma'' = -\frac{M_z}{I_z}y，\quad \sigma''' = -\frac{M_y}{I_y}z$$

E 点总的应力为

$$\sigma = \sigma' + \sigma'' + \sigma''' = -\frac{F_N}{A} - \frac{M_z}{I_z}y - \frac{M_y}{I_y}z \tag{9-9}$$

或 $$\sigma = -\frac{F}{A} - \frac{Fy_F}{I_z}y - \frac{Fz_F}{I_y}z = -\frac{F}{A}\left(1 + \frac{Ay_F}{I_z}y + \frac{Az_F}{I_y}z\right) \tag{9-10}$$

引入惯性半径 $i_y = \sqrt{\dfrac{I_y}{A}}$，$i_z = \sqrt{\dfrac{I_z}{A}}$，则

$$\sigma = -\frac{F}{A}\left(1 + \frac{y_F y}{i_z^2} + \frac{z_F z}{i_y^2}\right) \tag{9-11}$$

9.4.3 中性轴

从式(9-11)可以看出，横截面上的正应力分布规律为一斜平面。引用中性轴上应力等于零的概念，先确定中性轴的位置。设中性轴上任一点的坐标为 y_0、z_0，代入式(9-11)，并令 $\sigma = 0$，即可得中性轴的方程式为

$$1 + \frac{y_F y_0}{i_z^2} + \frac{z_F z_0}{i_y^2} = 0 \tag{9-12}$$

由中性轴方程可知，中性轴在截面上的位置与偏心力 F 作用点的坐标 y_F、z_F 有关，且是一条不通过形心的斜直线。设它与坐标轴(y，z)的截距分别为 a_y 与 a_z，在求 a_y 时，取 $z_0 = 0$，$y_0 = a_y$；在求 a_z 时，取 $y_0 = 0$，$z_0 = a_z$。于是得

$$a_y = -\frac{i_z^2}{y_F}，\quad a_z = -\frac{i_y^2}{z_F} \tag{9-13}$$

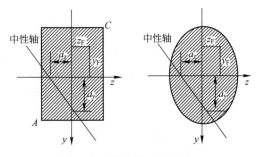

图 9-10 偏心受压中性轴

上式表明：a_y 与 y_F，a_z 与 z_F 总是符号相反，所以，中性轴与外力作用点分别位于截面形心的两侧，如图 9-10 所示。

9.4.4 强度条件

中性轴确定后，沿截面的周边作平行于中性轴的切线，任意横截面上的危险点即可确定。将危险点的坐标代入式(9-9)后，可得截面上的最大拉应力和最大压应力。

对于图 9-10 所示矩形截面柱，任意横截面上的角点 A 和 C 点为危险点，

A 点和 C 点的正应力分别是截面上的最大拉应力和最大压应力。将两点的坐标代入后，可得

$$\sigma_{\max}^{+} = -\frac{F}{A} + \frac{M_z}{I_z}y_{\max} + \frac{M_y}{I_y}z_{\max} = -\frac{F}{A} + \frac{M_z}{W_z} + \frac{M_y}{W_y}$$

$$\sigma_{\max}^{-} = -\frac{F}{A} - \frac{M_z}{I_z}y_{\max} - \frac{M_y}{I_y}z_{\max} = -\frac{F}{A} - \frac{M_z}{W_z} - \frac{M_y}{W_y}$$

因危险点均处于单向应力状态，故强度条件为

$$\sigma_{\max}^{+} \leqslant [\sigma_+], \quad |\sigma_{\max}^{-}| \leqslant [\sigma_-] \tag{9-14}$$

【例题 9-4】 试绘出图 9-11(a)所示构件底截面上正应力分布图。已知 $F=100\text{kN}$，$a=0.2\text{m}$，$b=0.4\text{m}$，$z_F=0.05\text{m}$，$y_F=0.2\text{m}$。

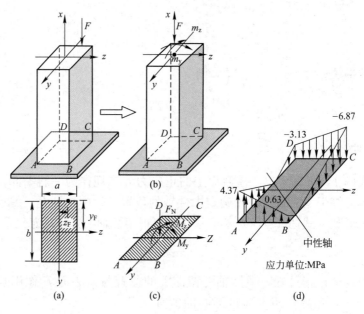

图 9-11 例题 9-4 图

【解】 (1) 外力简化(图 9-11b)

将偏心力 F 向形心简化，得轴向力和力偶矩分别为

$$F_x = F = 100\text{kN}, \quad m_y = Fz_F = 100 \times 0.05 = 5\text{kN} \cdot \text{m},$$

$$m_z = Fy_F = 100 \times 0.2 = 20\text{kN} \cdot \text{m}$$

(2) 内力计算(图 9-11c)

底截面上的内力有轴力和弯矩

$$F_N = F_x = 100\text{kN}, \quad M_y = m_y = 5\text{kN} \cdot \text{m}, \quad M_z = m_z = 20\text{kN} \cdot \text{m}$$

(3) 应力计算

截面的有关几何量计算

$$A = ab = 0.2 \times 0.4\text{m}^2 = 0.08\text{m}^2$$

$$W_y = \frac{1}{6}a^2b = \frac{1}{6}0.2^2 \times 0.4\text{m}^3 = 0.00267\text{m}^3$$

$$W_z = \frac{1}{6}ab^2 = \frac{1}{6}0.2 \times 0.4^2\text{m}^3 = 0.00533\text{m}^3$$

底截面上角点的应力计算

$$\sigma_A = -\frac{F_N}{A} + \frac{M_z}{W_z} + \frac{M_y}{W_y} = (-1.25 + 3.75 + 1.87) = 4.37 \text{MPa}$$

$$\sigma_B = -\frac{F_N}{A} + \frac{M_z}{W_z} - \frac{M_y}{W_y} = (-1.25 + 3.75 - 1.87) = 0.63 \text{MPa}$$

$$\sigma_C = -\frac{F_N}{A} - \frac{M_z}{W_z} - \frac{M_y}{W_y} = (-1.25 - 3.75 - 1.87) = -6.87 \text{MPa}$$

$$\sigma_D = -\frac{F_N}{A} - \frac{M_z}{W_z} + \frac{M_y}{W_y} = (-1.25 - 3.75 + 1.87) = -3.13 \text{MPa}$$

（4）确定中性轴的位置

截面的惯性半径为

$$i_y^2 = \frac{I_y}{A} = \frac{\frac{1}{12}ba^3}{ab} = \frac{a^2}{12} = 0.0033 \text{m}^2, \quad i_z^2 = \frac{I_z}{A} = \frac{\frac{1}{12}ab^3}{ab} = \frac{b^2}{12} = 0.0133 \text{m}^2$$

中性轴在两坐标上的截距为

$$a_z = -\frac{i_y^2}{z_F} = -\frac{0.0033}{0.05} \text{m} = -0.066 \text{m}, \quad a_y = -\frac{i_z^2}{y_F} = -\frac{0.0133}{0.2} \text{m} = -0.0665 \text{m}$$

由上述计算结果可绘出中性轴的位置及底截面上的正应力分布图，如图 9-11(d)所示。

9.5 扭转与弯曲组合

工程中，常常有一些杆件受到扭转和弯曲的联合作用，本节将讨论杆件在扭转与弯曲组合变形时的强度计算问题。

9.5.1 外力简化和内力分析

现以图 9-12(a)所示的圆轴为例，该轴左端固定，右端自由，在凸轮的边

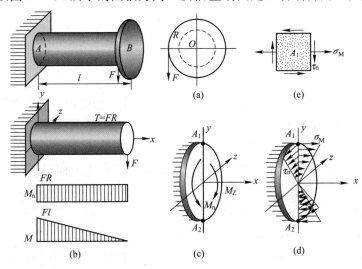

图 9-12 扭转与弯曲组合

缘受到垂直向下的 F 力作用。首先将外力 F 向杆件的截面形心 O 简化，得到一个作用在 O 点的垂直力 F 和一个作用在 B 端面上的力偶矩 $T=FR$，并根据 AB 轴的受力情况，画出 AB 轴在力 F 和力偶矩 T 作用下的弯矩图和扭矩图（图 9-12b）。由于剪力影响很小，可以略去不计。

9.5.2 危险点的应力

根据内力图，危险截面是固定端 A 截面，该截面上的内力（图 9-12c）有弯矩（$M_z=Fl$）和扭矩（$M_n=FR$）。为了确定危险截面上的危险点，可先画出 A 截面上的正应力分布图与切应力分布图（图 9-12d）。可以看出，离中性轴 z 轴最远的 A_1 和 A_2 点处分别是最大拉应力和最大压应力点，其值为

$$\sigma_M=\pm\frac{M_z}{W_z}=\pm\frac{Fl}{W_z}$$

而扭矩产生的切应力在圆周边上有最大值，其值由下式确定

$$\tau_n=\frac{M_n}{W_p}=\frac{FR}{W_p}$$

由于 A_1 和 A_2 点处的正应力 σ_M 和切应力 τ_n 同时达到最大值，所以，它们是危险截面上的危险点。

9.5.3 强度条件

从 A_1 点处取出单元体（图 9-12e）。由应力状态分析可知，采用第三强度理论和第四强度理论进行强度计算，列出扭转与弯曲组合变形时的强度条件为

$$\sigma_{r3}=\sqrt{\sigma_M^2+4\tau_n^2}\leqslant[\sigma] \tag{9-15}$$

$$\sigma_{r4}=\sqrt{\sigma_M^2+3\tau_n^2}\leqslant[\sigma] \tag{9-16}$$

若将 $\sigma_M=M/W$，$\tau_n=\frac{M_n}{W_p}$ 代入式（9-15）及式（9-16），并注意到圆截面的抗扭截面模量与抗弯截面模量间的关系 $W_p=2W$，则可得

$$\sigma_{r3}=\frac{\sqrt{M^2+M_n^2}}{W}\leqslant[\sigma] \tag{9-17}$$

$$\sigma_{r4}=\frac{\sqrt{M^2+0.75M_n^2}}{W}\leqslant[\sigma] \tag{9-18}$$

必须指出，强度条件式（9-17）和式（9-18）只适用于圆轴受扭转与弯曲的情况。

实际问题中，往往同时发生两个平面弯曲，即在相互垂直的两个平面内同时存在弯矩 M_z 和 M_y，由于圆截面杆不可能发生斜弯曲，故可先求出 M_z 和 M_y 的合成弯矩 $M=\sqrt{M_z^2+M_y^2}$，然后将合成弯矩代入上面强度条件中进行计算。

【例题 9-5】 图 9-13（a）所示钢制实心圆轴，其齿轮 C 上作用铅直切向力 5kN，径向力 1.82kN；齿轮 D 上作用有水平切向力 10kN，径向力 3.64kN。齿轮 C 的直径 $d_C=400$mm，齿轮 D 的直径 $d_D=200$mm。圆轴的许用应力 $[\sigma]=100$MPa。试按第四强度理论求轴的直径。

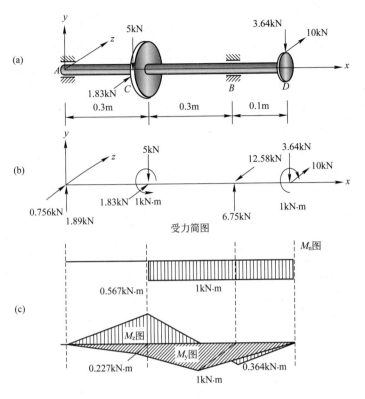

图 9-13　例题 9-5 图

【解】　（1）外力分析

将各力向圆轴的截面形心简化，画出受力简图（图 9-13b）。

（2）内力分析

画出内力图如图 9-13(c)所示，从内力图分析，B 截面为危险截面。B 截面上的内力为

扭矩　　　　　　　　　$M_n = 1\mathrm{kN \cdot m}$

弯矩　　　　　　　　　$M_z = 0.364\mathrm{kN \cdot m}$, 　$M_y = 1\mathrm{kN \cdot m}$

总弯矩为　　　　　　　$M_B = \sqrt{M_z^2 + M_y^2} = 1.06\mathrm{kN \cdot m}$

（3）按第四强度理论求轴的直径

$$\sigma_{r4} = \frac{1}{W}\sqrt{M^2 + 0.75M_n^2} \leqslant [\sigma]$$

$$\frac{\pi d^3}{32} = W \geqslant \frac{\sqrt{M^2 + 0.75M_n^2}}{[\sigma]}$$

解得：$d = 5.19\mathrm{mm}$。

小结及学习指导

本章研究组合变形问题时没有引入新的知识点，而是应用前面所学的各种基本变形的应力和变形计算公式及叠加原理，来计算组合变形杆件的应力

与变形。

解决组合变形问题的关键是正确地将复杂荷载处理为与基本变形对应的简单荷载，分别求解并叠加各基本变形问题的结果，得到复杂荷载作用下构件的危险点的位置及其应力状态，最后选择适当的强度理论进行强度计算，这是读者必须掌握的重点内容。

工程中常见的组合变形有：斜弯曲，拉（压）与弯曲组合，偏心压缩（拉伸），扭转与弯曲组合。

斜弯曲、拉（压）与弯曲组合及偏心压缩（拉伸）组合变形问题，杆件的横截面上只有正应力，没有切应力，危险点处于单向应力状态，因此不需要使用强度理论就可解决其强度问题。

扭转与弯曲组合变形问题，杆件横截面的危险点处，既有正应力，又有切应力，处于复杂应力状态，因此应注意选择适当的强度理论，来解决其强度问题。工程中发生扭转与弯曲组合变形的杆件多由塑性材料制成，因此常使用第三、第四强度理论。

对于由组合变形问题产生的一些新现象、新问题，如斜弯曲中位移方向与荷载方向不一致问题、中性轴位置问题、截面核心的概念及应用等，读者在学习中要予以重视并正确理解。

思考题

9-1 什么是组合变形？在组合变形的强度计算中，应用叠加原理的前提是什么？

9-2 为了分析图 9-14 所示各杆的 AB、BC、CD 段的内力，外力 F 应如何简化？横截面上的内力有哪几种？各段的内力图如何绘制？

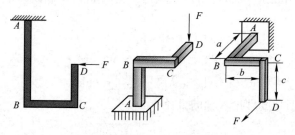

图 9-14　思考题 9-2 图

9-3 图 9-15 所示为几种梁的横截面及荷载作用平面情况（K 为弯曲中心），试指出各梁将发生哪种类型的变形？外力应怎样简化和分解？

9-4 已知圆轴的直径 D，其 $W_z = W_y = \dfrac{\pi D^3}{32}$，$W_P = \dfrac{\pi D^3}{16}$，危险截面上的内力有：弯矩 M_y、M_z 和扭矩 M_n。则 $\sigma_{r3} = \sqrt{\sigma^2 + 4\tau^2}$，其中，$\sigma = \dfrac{M_y}{W_y} + \dfrac{M_z}{W_z}$，$\tau = \dfrac{M_n}{W_n}$。此式对吗？若不对，则 σ_{r3} 应如何计算？

9-5 试分析下列各种受力情况时(图 9-16)杆件底截面上的内力：(1) F 力作用在 E 点；(2) F 力作用在 K 点；(3) F 力作用在形心 C 点。

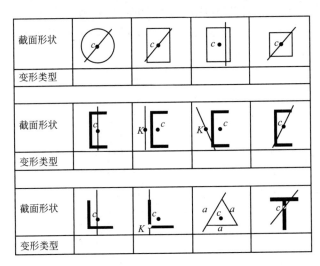

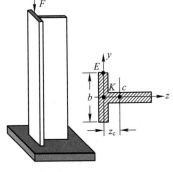

图 9-15 思考题 9-3 图　　　　图 9-16 思考题 9-5 图

9-6 对承受组合变形的杆件如何建立强度条件？为什么校核构件在弯扭组合变形下的强度时要用到强度理论？在建立斜弯曲或偏心拉压的强度条件时是否也用到了强度理论？

习题

9-1 矩形截面的简支梁在跨中央受一个集中力 F 作用，如图 9-17 所示。已知 $h=b=100\text{mm}$，$l=500\text{mm}$，$F=10\text{kN}$，与形心主轴 y 形成 $\varphi=15°$ 的夹角，设木材的弹性模量 $E=10^4\text{MPa}$，试求：

(1) 跨中截面上的正应力分布图；

(2) 跨中截面的挠度。

9-2 矩形截面的悬臂梁承受荷载如图 9-18 所示，已知材料的许用应力 $[\sigma]=10\text{MPa}$，弹性模量 $E=10^4\text{Pa}$。试求：(1)设计矩形截面的尺寸 b，h ($h/b=2$)；(2)自由端的挠度 f。

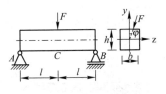

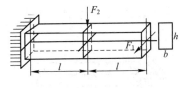

图 9-17 习题 9-1 图　　　　图 9-18 习题 9-2 图

9-3 试求图 9-19 所示 AB 梁中的最大拉应力，并说明发生在何处。梁的截面为 $100\text{mm}\times200\text{mm}$ 的矩形。

9-4 如图 9-20 所示，砖砌烟囱高 $H=30\mathrm{m}$，底截面的外径 $d_1=3\mathrm{m}$，内径 $d_2=2\mathrm{m}$，自重 $G_1=200\mathrm{kN}$，受 $q=1\mathrm{kN/m}$ 的风力作用。试求：（1）烟囱底截面上的最大压应力；（2）若烟囱的基础埋深 $h=4\mathrm{m}$，基础自重按 $G_2=100\mathrm{kN}$ 计算，地基土的许用应力 $[\sigma]=0.3\mathrm{MPa}$，则圆形基础的直径 D 应多大。（注：计算风力时，可略去烟囱直径的变化）

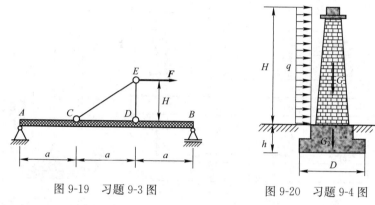

图 9-19 习题 9-3 图 　　　　　　　　图 9-20 习题 9-4 图

9-5 试计算图 9-21 所示杆件中 A、B、C、D 四点处的应力。

9-6 受拉构件的形状如图 9-22 所示。已知截面为 40mm×5mm 的矩形，通过轴线的拉力 $F=12\mathrm{kN}$。现在要对拉杆开一个口子。若不计应力集中的影响，当材料的许用应力 $[\sigma]=100\mathrm{MPa}$ 时，试确定切口的许用最大深度 x。

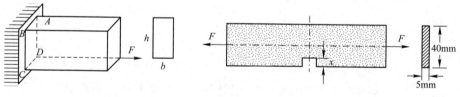

图 9-21 习题 9-5 图 　　　　　　　　图 9-22 习题 9-6 图

9-7 试计算图 9-23 所示杆件中固定端截面上 A、B、C、D 四点处的正应力。已知截面的宽度 $b=60\mathrm{mm}$，截面的高度 $h=120\mathrm{mm}$，$F=10\mathrm{kN}$，$T=10\mathrm{kN}$，$l=1\mathrm{m}$，$\varphi=30°$。

9-8 直径 $d=30\mathrm{mm}$ 的圆轴，承受扭转力偶矩 T 和水平面内的力偶矩 M 的联合作用（图 9-24）。为了测定 T 与 M 之值，在圆轴表面沿轴线方向及与轴线呈 $45°$ 方向上进行应变测试，现测得应变值分别为 $\varepsilon_{0°}=500\times10^{-6}$，$\varepsilon_{45°}=426\times10^{-6}$，试求 T 与 M。已知，材料的 $E=210\mathrm{GPa}$，$\nu=0.28$。

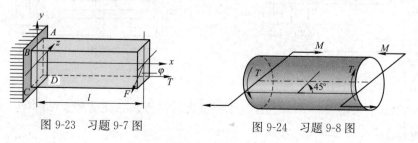

图 9-23 习题 9-7 图 　　　　　　　　图 9-24 习题 9-8 图

9-9 某曲柄轴的端截面受垂直向下荷载 F 作用，如图9-25所示。与 x 轴平行的直线 m-m 通过截面 I-I 边上的 A 点，已知 A 点所处位置与 z 轴的夹角 $\theta = 30°$。现在表面 A 点测得与直线 m-m 呈 $\alpha = 45°$ 方向的线应变 $\varepsilon_{45°} = 700 \times 10^{-6}$，试求 F 的值。已知 $a = l = 500\text{mm}$，$\varepsilon_{45°} = 8.12 \times 10^{-6}$，$d = 200\text{mm}$，$E = 200\text{GPa}$，$\nu = 0.33$。

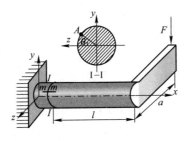

图 9-25 习题 9-9 图

习题答案

9-1 $\sigma_{\max} = 15\text{MPa}$，$f = 2.5\text{mm}$

9-2 (1) $b = 90\text{mm}$，$h = 180\text{mm}$；(2) $f = 19.7\text{mm}$

9-3 $\sigma_{\max} = 8\text{MPa}$

9-4 $\sigma_{\min} = -0.72\text{MPa}$，$D = 4.17\text{m}$

9-5 $\sigma_A = 23.04\text{MPa}$，$\sigma_B = -75.88\text{MPa}$，$\sigma_C = 134.15\text{MPa}$，$\sigma_D = 103.66\text{MPa}$

9-6 $x = 5.2\text{mm}$

9-7 $\sigma_A = 132\text{MPa}$，$\sigma_B = -23.2\text{MPa}$，$\sigma_C = -127\text{MPa}$，$\sigma_D = 28.3\text{MPa}$

9-8 $T = 214\text{N} \cdot \text{m}$，$M = 278\text{N} \cdot \text{m}$

9-9 $F = 157\text{kN}$

第10章
压 杆 稳 定

本章知识点

【知识点】压杆稳定、失稳、临界压力、临界应力及柔度的基本概念；三类压杆的判别，欧拉公式及适用范围，经验公式；压杆的稳定计算；稳定条件，安全系数法，折减系数法；提高压杆稳定性的措施。

【重点】压杆稳定的概念，临界压力的一般表达式欧拉公式，临界应力，柔度表示的欧拉公式的适用范围，稳定条件，提高压杆稳定性的措施。

【难点】临界应力总图，三类压杆的临界应力 σ_{cr} 随柔度 λ 变化的情况，压杆稳定问题计算。

二维码7 压杆稳定

在工程实际中有不少结构和机构中有支撑杆件，如图 10-1 中的建筑结构，它们都是受到轴向压力作用，工程中把承受轴向压力的直杆称为压杆。

(a)   (b)

图 10-1　建筑结构

(a)上海世博会世博轴；(b)上海世博会展馆

在轴向拉伸(压缩)杆件的强度计算中，只需其横截面上的正应力不超过材料的许用应力，就从强度上保证杆件的正常工作。但在实际结构中，受压杆件的横截面尺寸一般都比按强度条件算出的要大，且其横截面的形状往往与梁的横截面形状相仿。例如，钢桁架桥上弦杆(压杆)的截面(图 10-2a)、厂房钢柱的截面(图 10-2b)等。其原因可由一个简单的实验来加以说明。

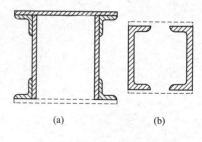

(a)   (b)

图 10-2　受压杆件横截面

如取一根长度为 1m 的松木直杆，其横截面面积为 5mm×30mm，抗压强度极限为 $\sigma_b=40$MPa 。此杆的极限承载能力应为

$$F=40×10^6\,\text{Pa}×5×10^{-3}\,\text{m}×30×10^{-3}\,\text{m}=6\text{kN}$$

试验发现，若将木杆竖立在桌上，用手压其上端，则当压力不到 30N 时，木杆就被明显压弯。这个试验压力比计算的极限荷载小两个数量级。当木杆被明显压弯时，就不可能再承担更大的压力。由此可见，木杆的承载能力并不取决于轴向压缩的强度，而是与木杆受压时变弯有关。同理，将一张平的卡片纸竖放在桌上，其自重就可能使其变弯。但若把纸片折成类似于角钢的形状，就须在其顶端放上一个轻砝码，才能使其变弯。若将纸片卷成圆筒形，则虽放上一个轻砝码，也不能使其变弯。这些表明，实际压杆受压力作用时，将会发生不同程度的压弯现象。

10.1 压杆稳定的概念

从强度观点来看，杆件内的工作应力未超过它的许用应力时，杆件便可安全工作。实践证明，这个结论对于粗短压杆是正确的，而对于细长压杆则不同，即使轴向压力并未达到强度破坏值，压杆也可能会突然弯曲而失去原有的直线平衡状态，丧失承载能力。压杆能否保持其原有直线平衡状态的问题称为压杆的稳定(stable)性问题。

为了理解失稳现象的物理本质，必须了解平衡的不同种类和弹性系统稳定性的概念。先考虑刚体平衡问题。考察图 10-3 所示的放置在光滑表面的小球，在位置 O 处，图 10-3(a)、(b)、(c)中的小球都能在重力 G 和约束力 F_R 的作用下处于平衡。当小球受到轻微扰动时，它将偏离平衡位置而来回运动。显然在图 10-3(a)中，重力和约束力的合力指向初始稳定平衡位置，是一个恢复力，小球将在该力作用下加速回到其初始平衡位置，这样一种平衡称为稳定平衡。在图 10-3(b)中，合力背离初始平衡位置，是一个倾覆力，小球将加速远离其初始平衡位置，这种平衡称为不稳定(unstable)平衡。在图 10-3(c)中，合力为零，说明小球受扰动后，它再次处于平衡状态，既不恢复也不远离其初始平衡位置，这种平衡称为随遇平衡。应该指出，随遇平衡实质上也是一种不稳定平衡状态，小球不能恢复到其初始平衡位置。由于它介于稳定

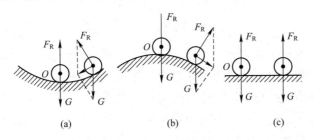

(a)　　　　　　　(b)　　　　　　　(c)

图 10-3　三种状态的平衡

平衡和不稳定平衡之间，也称为临界平衡。以上分析表明，只有当小球处于稳定平衡状态时，才会在小扰动状态下保持其初始平衡位置的稳定性。

还可以从能量的观点来考察上述问题。重力势能是小球-地球这一系统的总势能。图 10-3(a)、(b) 中的重力势能分别处于极小值和极大值，而图 10-3(c) 中的重力势能在平衡位置附近保持不变。偏离初始平衡位置后重力势能的变化为：图 10-3(a) 中 $\Delta V = V - V_0 > 0$，图 10-8(b) 中 $\Delta V < 0$，图 10-8(c) 中 $\Delta V = 0$。即稳定平衡的条件是系统的总势能取极小值。这些反映了自然界中一个普遍规律：任何系统都有使其总势能取极小值的趋向。这就是最小势能原理。例如，苹果下落，水往低处流。

为了说明弹性系统的稳定性问题，我们考察图 10-4 所示的刚性杆拉压弹簧模型。无质量的刚性杆 AB 下部用光滑铰链固定，顶部受轴向力 F 的作用处于铅直平衡位置。两个拉压弹簧的弹簧刚度系数为 k，在图 10-4(a) 所示杆的平衡位置弹簧无变形，其作用仅仅是维持杆 AB 的铅直性。当发生小扰动使 A 端有一水平位移 x 时，如图 10-4(b) 所示，荷载 F 引起的倾覆力矩为 Fx，弹簧力引起的恢复力矩为 $2kxl$。根据前面对小球的平衡稳定性的分析，系统的稳定性取决于哪一个力矩更大。恢复力矩大于倾覆力矩时，平衡是稳定的，这要求 $F < 2kl$；反之，当 $F > 2kl$ 时平衡是不稳定的；稳定和不稳定的分界发生在 $F_{cr} = 2kl$ 时，这个荷载值称为系统的临界荷载 (critical load)。此时杆在微倾状态下保持平衡，已偏离了原来的铅垂平衡状态，同样可以用最小势能原理来考察上述模型，与前面的分析结果是一致的。

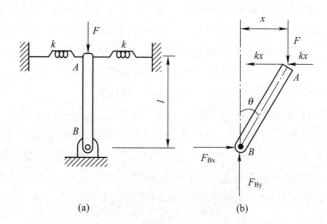

图 10-4　刚性杆拉压弹簧模型

从上述模型的分析我们可以看到弹性系统稳定性问题的基本特点如下：

(1) 稳定和不稳定都是指构件原有平衡构形的性质；

(2) 弹性系统的稳定性与外荷载的大小有关；

(3) 临界荷载的大小与系统的几何性质和物理性质有关(如上述模型中的杆长 l 和弹簧刚度系数 k)，而与小扰动引起的响应无关。因而临界荷载是弹性系统固有的属性。

同时得到分析稳定问题的两点认识：

（1）平衡状态有三种：稳定平衡、随遇平衡和不稳定平衡。而随遇平衡是从稳定平衡变成不稳定平衡的过渡状态。即稳定和不稳定平衡之间的临界状态。

（2）对系统平衡的分析与以前几章的分析有一个重大的区别：平衡条件是在系统变形后的构形（构件形态）上建立的，而前面各章中根据小变形假设，我们总是在构件未变形的构形上建立平衡方程。但是，在变形前的构形上建立平衡方程显然无法得到上述分析结果。因此，必须记住，在研究弹性稳定性时，即使变形很小，也应在变形后的构形上建立平衡方程，这是研究平衡稳定性的主要方法。

对于图 10-5 中理想压杆（ideal column）模型：等截面细长杆的轴线是一根直线，材料是理想弹性体，荷载理想地通过杆件轴线，初始平衡构形为直线，当压杆承受轴向压力后，假想地在杆上施加一微小的横向力，当压力 F 小于某一数值时，在横向任意小的扰动下，压杆偏离其直线平衡位置，如图 10-5（a）所示，当扰动除去后，压杆又回到原来的直线平衡形式即直线，如图 10-5（b）所示，这时压杆的平衡是稳定的。这表明，当压力小于一定数值时，压杆只有一种直线平衡

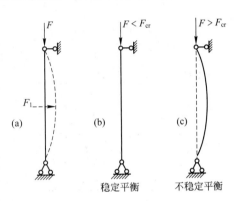

图 10-5　两端铰支压杆

形式。当压力超过一定数值后，压杆仍具有直线平衡形式，但在外界扰动下，压杆偏离直线平衡位置，扰动除去后，压杆不能再回到原来的直线平衡位置，而在某一弯曲状态下达到新的平衡，因此，称原来的直线平衡位置是不稳定的，如图 10-5（c）所示。这表明，当压力大于一定的数值时，压杆存在两种可能的平衡形式，即直线平衡形式和弯曲平衡形式。压杆由稳定的直线平衡形式到不稳定的直线平衡形式的转变，称为失稳（lost stability buckling）或屈曲。压杆处于稳定的直线平衡与不稳定的直线平衡的临界状态时的荷载，称为临界荷载（critical load）或临界压力（critical force），用 F_{cr} 表示。F_{cr} 是压杆保持直线平衡状态的最大荷载，或能发生弯曲平衡状态的最小荷载。从图 10-5 可以看出，对于压杆，当压力等于临界压力时，即 $F = F_{cr}$，除了直线的平衡形式外，在其无穷小的邻域内，还可以存在与之无限接近的微弯的平衡形式。

除压杆外，还有很多其他形式的工程构件或结构同样存在稳定性问题，例如薄壁杆件的扭转与弯曲、薄壁容器承受外压以及薄拱等问题都存在稳定性问题，在图 10-6 中列举了几种薄壁结构的失稳现象。本章只讨论压杆的稳定性问题。

183

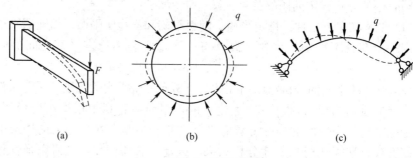

图 10-6 薄壁结构

10.2 细长压杆的临界压力

确定压杆临界压力的方法很多，本节以两端铰支的竖直压杆为例，说明确定压杆临界压力的方法。

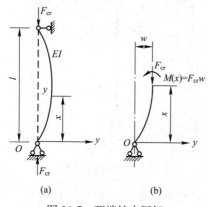

图 10-7 两端铰支压杆

两端铰支的竖直压杆承受轴向压力如图 10-7(a) 所示。前已提及，压杆在临界状态下除了直线平衡形式外，还可能存在与之无限接近的微弯的平衡形式。为了得到可应用于工程的、简明的表达式，并考虑处于临界状态的压杆所受横向干扰力，可能来自任何方向，所以假设我们所讨论的压杆是理想的中心受压竖直细长杆，在其最小抗弯刚度平面内失稳而变为微弯的平衡状态。

考虑微弯状态下任意一段压杆的平衡，如图 10-7(b) 所示，得到弯矩方程为

$$M(x) = F_{cr}w(x) \tag{a}$$

根据小挠度近似微分方程，有

$$M(x) = -EI\frac{\mathrm{d}^2w(x)}{\mathrm{d}x^2} \tag{b}$$

于是，由式(a)、式(b)两式得到

$$\frac{\mathrm{d}^2w(x)}{\mathrm{d}x^2} + k^2w(x) = 0 \tag{c}$$

式中

$$k^2 = \frac{F_{cr}}{EI} \tag{d}$$

这是压杆在微弯状态下的平衡方程，也是确定压杆临界压力的微分方程。确定临界压力必须求解上述微分方程，并确定其中的 k 值。方程式(c)的通解为

$$w(x) = C_1\sin kx + C_2\cos kx \tag{e}$$

式中，C_1、C_2 和 k 为三个待定常数。

在两端铰支的情况下，边界条件为

$$x=0, \quad w(0)=0; \quad x=l, \quad w(l)=0 \tag{f}$$

将边界条件代入式(e)，得到

$$C_1 \cdot 0 + C_2 \cdot 1 = 0 \tag{g}$$

$$C_1 \cdot \sin kl + C_2 \cdot \cos kl = 0 \tag{h}$$

C_1 和 C_2 不全为零的条件是

$$\begin{vmatrix} 0 & 1 \\ \sin kl & \cos kl \end{vmatrix} = 0 \tag{i}$$

由此解得

$$\sin kl = 0$$

这要求

$$kl = n\pi \quad (n=0, 1, 2, 3, \cdots)$$

所以

$$k^2 = \frac{n^2 \pi^2}{l^2}$$

将 k 值代入式(d)，得到

$$F_{cr} = \frac{n^2 \pi^2 EI}{l^2} (n=0, 1, 2, 3, \cdots) \tag{j}$$

这就是计算两端铰支等截面直杆临界压力的一般表达式。相对于不同的 n 值，即不同的微弯波形，临界压力有不同数值。工程上有意义的是临界压力的最小值，即对应于 $n=1$ 的情形，称欧拉临界力，用 F_{cr} 表示

$$F_{cr} = \frac{\pi^2 EI}{l^2} \tag{10-1}$$

这一表达式又称为欧拉公式(Euler's formula)。此公式表明临界压力 F_{cr} 与抗弯刚度 EI 成正比，与杆长的平方 l^2 呈反比。

对于无初始曲率或初始曲率很小的竖直杆，实验结果与上述理论结果接近。

应用上述公式时，应注意以下几点：欧拉公式只适用于弹性范围，即只适用于弹性稳定问题；公式中的 I 为压杆失稳发生弯曲时，截面对其中性轴的惯性矩。对于各个方向约束相同的情形(例如球铰约束)，I 取截面的最小惯性矩，即 $I = I_{min}$；对于不同方向具有不同约束条件的情形，计算时应根据截面惯性矩和约束条件，首先判断失稳时的弯曲方向，从而确定截面的中性轴以及相应的惯性矩。

此外，从式(g)中不难发现，$C_2=0$。于是，由式(e)得到微弯状态下的挠度方程

$$w(x) = C_1 \sin kx$$

这表明 $n=1$ 时，微弯曲线为一个正弦半波形状。因为 C_1 未定，故微弯状态的挠度值不能确定。

由于失稳过程伴随着由直线平衡形式到弯曲平衡形式的突然转变，因此，

影响弯曲变形的因素也必然会影响压杆的临界压力，支承条件便是影响因素之一，以上支承的影响表现为确定待定常数 C_1、C_2 和 k 时所用的边界条件不同。因此，不同支承条件的压杆，其临界压力公式是不相同的。

几种常见约束下压杆的临界压力公式，应用类似方法整理后，可以写成一个统一的表达式

$$F_{cr} = \frac{\pi^2 EI}{(\mu l)^2} \tag{10-2}$$

式中　EI——压杆的抗弯刚度；

　　　μ——长度因数，它反映支承对压杆临界压力的影响；

　　　μl——压杆的相当长度(equivalent length)，它综合反映了压杆长度和支承情况对临界压力的影响。

表 10-1 中对几种常见支承压杆的微弯曲线作了比较，给出了相应的 μ 值和 F_{cr} 值，以便查用。表中约束形式都是工程实际约束的简化，工程实际中的约束条件常常介于这些形式之间，在选取 μ 时，一般可偏大一些。

杆端支承方式与相应临界压力　　　　　　　　表 10-1

约束条件	两端铰支	一端自由 一端固定	两端固定	一端铰支 一端固定
挠曲轴形状			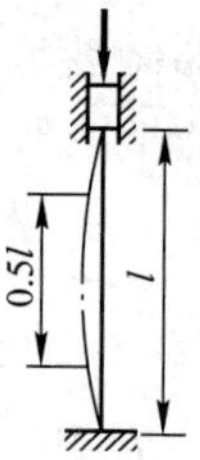	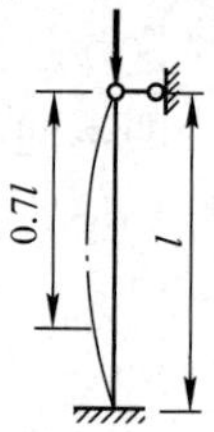
F_{cr}	$\dfrac{\pi^2 EI}{l^2}$	$\dfrac{\pi^2 EI}{(2l)^2}$	$\dfrac{\pi^2 EI}{(0.5l)^2}$	$\dfrac{\pi^2 EI}{(0.7l)^2}$
μ	1.0	2.0	0.5	0.7

【例题 10-1】　如图 10-8(a)所示，两端固定、长度为 l 的受轴向压力作用的等直细长压杆，压杆的弯曲刚度为 EI。试推导其临界压力 F_{cr} 的欧拉公式。

【解】　如图 10-8(a)所示，两端固定的压杆，当轴向压力达到临界压力 F_{cr} 时，杆处于微弯平衡状态。由于对称性，可设杆两端的约束力偶矩均为 M_e，则杆的受力情况如图 10-8(b)所示。将杆从 x 截面截开，并考虑下半部分的静力平衡，可得到 x 截面处的弯矩为

$$M(x) = F_{cr}w - M_e \tag{a}$$

代入挠曲线近似微分方程，得

$$EIw'' = -(F_{cr}w - M_e) \tag{b}$$

两边同除以 EI，并令 $k^2 = \dfrac{F_{cr}}{EI}$，经整理得

$$w''+k^2 w=\frac{M_{\mathrm{e}}}{EI} \qquad\qquad (c)$$

此微分方程式的通解为

$$w=A\sin kx+B\cos kx+\frac{M_{\mathrm{e}}}{F_{\mathrm{cr}}} \qquad (d)$$

w 的一阶导数为

$$w'=Ak\cos kx-Bk\sin kx \qquad (e)$$

边界条件为

当 $x=0$ 时，　$w=0$，　$w'=0$

当 $x=l$ 时，　$w=0$，　$w'=0$

将上述条件代入式(d)、式(e)，得

$$\begin{cases} B+\dfrac{M_{\mathrm{e}}}{F_{\mathrm{cr}}}=0 \\[2mm] Ak=0 \\[2mm] A\sin kl+B\cos kl+\dfrac{M_{\mathrm{e}}}{F_{\mathrm{cr}}}=0 \\[2mm] Ak\cos kl-Bk\sin kl=0 \end{cases} \qquad (f)$$

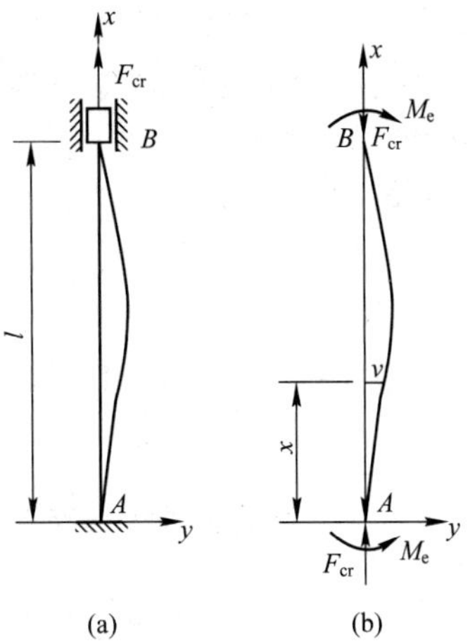

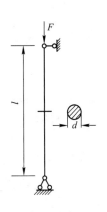

图 10-8　例题 10-1 图

由上面 4 个方程，解出

$$\cos kl=1$$
$$\sin kl=0$$

满足上式的最小且非零解为 $kl=2\pi$ 或 $k=\dfrac{2\pi}{l}$。于是得

$$F_{\mathrm{cr}}=k^2 EI=\frac{\pi^2 EI}{(0.5l)^2} \qquad\qquad (g)$$

这就是两端固定细长压杆临界压力的欧拉公式。

【例题 10-2】　两端铰支压杆受力如图 10-9 所示。杆的直径 $d=40\mathrm{mm}$，长度 $l=2000\mathrm{mm}$，材料为 Q235 钢，$E=206\mathrm{GPa}$，求此压杆的临界压力 F_{cr}。

【解】　根据欧拉公式

$$F_{\mathrm{cr}}=\frac{\pi^2 EI}{(\mu l)^2}$$

现在 $\mu=1$，圆截面对各形心轴的惯性矩均相等，$I=\pi d^4/64$。代入欧拉公式，得

$$F_{\mathrm{cr}}=\frac{\pi^3\times206\times10^6\,\mathrm{kPa}\times40^4\times10^{-12}\,\mathrm{m}^4}{64\times(1\times2000)^2\times10^{-6}\,\mathrm{m}^2}=63.9\mathrm{kN}$$

在这一临界压力作用下，压杆在直线平衡位置时横截面上的应力为 50.8MPa。此值远小于 Q235 钢的比例极限 $\sigma_{\mathrm{p}}=200\mathrm{MPa}$。这表明压杆仍处于线弹性范围内。

[讨论]

本例中若压杆长度 $l=500\mathrm{mm}$，能不能应用欧拉公式?

假设仍可用欧拉公式计算临界压力，即有

图 10-9　例题 10-2 图

187

$$F_{cr} = \frac{\pi^3 \times 206 \times 10^6 \, \text{kPa} \times 40^4 \times 10^{-12} \, \text{m}^4}{64 \times (1 \times 500)^2 \times 10^{-6} \, \text{m}^2} = 1022.4 \text{kN}$$

这时压杆在直线平衡时横截面上的应力为 813MPa，它不仅超过了 Q235 钢的比例极限，而且超过屈服极限 $\sigma_s = 235$MPa。这表明压杆已进入非弹性状态，因而不能应用欧拉公式计算其临界压力，$F_{cr} = 1022.4$kN 的结果是不正确的。

10.3 临界应力与临界应力总图

10.3.1 临界应力和柔度

工程设计中通常采用应力来计算，为了确定欧拉公式的适应范围并对稳定问题作进一步研究，下面引入临界应力和柔度的概念。

欧拉公式只有在弹性范围内才是适用的，这要求压杆在直线平衡位置时，横截面上的应力不大于材料的比例极限，即

$$\sigma_{cr} = \frac{F_{cr}}{A} \leqslant \sigma_p \tag{10-3}$$

式中，σ_{cr} 称为临界应力(critical stress)；A 为压杆的横截面面积。

再将公式 $F_{cr} = \dfrac{\pi^2 EI}{(\mu l)^2}$ 代入上式，得

$$\sigma_{cr} = \frac{F_{cr}}{A} = \frac{\pi^2 EI}{(\mu l)^2 A} \tag{10-4}$$

事实上，不是所有压杆都会满足式(10-3)的，例题 10-2 所揭示的问题便是一例。对于细长杆，将发生弹性失稳；对于粗短杆，则不可能发生失稳问题，而会在压力的作用下发生屈服；介于二者之间称为中长杆，也将发生失稳问题，但其临界应力已超过比例极限，局部区域已进入塑性。这三类不同的压杆需要采用不同的公式计算其临界应力。

这里引入柔度的概念。

令

$$\lambda = \frac{\mu l}{i} \tag{10-5}$$

λ 称为柔度或长细比(slenderness ratio)。其中

$$i = \sqrt{\frac{I}{A}} \tag{10-6}$$

式中 i——截面对中性轴的惯性半径。

压杆的临界应力的欧拉公式为

$$\sigma_{cr} = \frac{\pi^2 E}{\lambda^2} \tag{10-7}$$

10.3.2 欧拉公式的适用范围

柔度 λ 值愈大，杆愈细长，相应的临界应力 σ_{cr} 愈小，则压杆愈容易失稳；

反之，λ 值愈小，杆愈粗短，相应的临界应力 σ_{cr} 愈大，则压杆愈不容易失稳。所以，柔度 λ 是压杆稳定问题中的一个重要物理量，根据柔度的大小即可区分不同类型的压杆。

（1）大柔度杆

根据式（10-3）和式（10-7），在弹性范围内，有

$$\sigma_{cr}=\frac{\pi^2 E}{\lambda^2}\leqslant\sigma_p$$

据此得到弹性失稳时的柔度必须满足

$$\lambda\geqslant\sqrt{\frac{\pi^2 E}{\sigma_p}}=\lambda_p \tag{10-8}$$

对于不同的材料，由于 E、σ_p 各不相同，λ_p 的数值亦不相同。一旦给定 E、σ_p 数值，即可算得 λ_p。例如，对于 Q235 钢，$E=206\mathrm{GPa}$，$\sigma_p=200\mathrm{MPa}$，于是由上式算得 $\lambda_p=101$。满足式（10-8）的压杆，称为大柔度杆（slender column）或细长杆。这类压杆将发生弹性失稳，其临界应力按式（10-7）计算。

（2）中柔度杆

柔度满足 $\lambda_0\leqslant\lambda<\lambda_p$ 的压杆称为中柔度杆（intermediate column）或中长杆。这类压杆也会发生失稳，但失稳时其横截面上的应力已经超过比例极限，故为弹塑性失稳。这类压杆的临界应力需按弹塑性稳定理论确定。目前工程设计中多采用经验公式，以下将作详细介绍。

（3）小柔度杆

当压杆柔度满足 $\lambda<\lambda_0$ 时，这类压杆称为小柔度杆（short column），又称为粗短杆。这类压杆一般不发生失稳，而可能发生屈服（塑性材料）或破裂（脆性材料）。于是，其临界应力为

$$\sigma_{cr}=\sigma_u=\begin{cases}\sigma_s & （塑性材料）\\ \sigma_b & （脆性材料）\end{cases}$$

以上导出的欧拉临界压力或临界应力公式只在弹性阶段适用，临界应力不得超过材料的比例极限。工程实际中的压杆一般很难满足上述理想化的要求，实际压杆的稳定计算都是以经验公式为依据的，而经验公式又是以大量的试验建立的。

10.3.3 临界应力总图

在材料的压杆失稳试验中，使压杆承受轴向压缩荷载，直至压杆失效。最后把参数 λ 和测得的临界应力 σ_{cr} 标在 σ_{cr}-λ 坐标系中，得到该种材料的 σ_{cr}-λ 曲线，又称临界应力总图（total diagram of critical stress）。不同的材料，得到的 σ_{cr}-λ 曲线是不同的。图 10-10 是钢制压杆失稳试

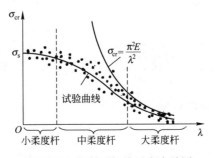

图 10-10 钢制压杆临界应力总图

验所得的 σ_{cr}-λ 曲线。

由试验结果可知，σ_{cr}-λ 曲线相应地分三段(图 10-10)：

(1) 对大柔度杆，试验曲线 σ_{cr}-λ 与欧拉公式得到的理论曲线(图 10-10 中虚线所示)比较接近。

这类压杆的试验结果表明，临界应力 σ_{cr} 与试验压杆所用材料的弹性模量 E 有关，但与材料的屈服极限 σ_s 无关。

(2) 对小柔度杆，σ_{cr}-λ 曲线近乎水平，主要发生屈服失效，因而有 $\sigma_{cr}=\sigma_s$。

(3) 对中柔度杆，试验结果表明，临界应力 σ_{cr} 既与材料的弹性模量 E 有关，也与材料的屈服极限 σ_s 有关。失效时材料已处于弹塑性阶段。对这类压杆，工程界通常根据试验数据和实践资料，经数学回归方法建立相应的经验公式。

常用的经验公式有直线公式和抛物线公式。

1. 直线公式

对于柔度 $\lambda<\lambda_p$ 的压杆，通过试验发现，其临界应力 σ_{cr} 与柔度 λ 之间的关系可近似用如下直线公式表示

$$\sigma_{cr}=a-b\lambda \tag{10-9}$$

式中 a、b——与压杆材料力学性能有关的常数。

事实上，当压杆柔度小于某一值 λ_0 时，不论施加多大的轴向压力，压杆都不会因发生弯曲变形而失稳。例如，压缩实验中的低碳钢短圆柱形试件，就是这种情况。这时只要考虑压杆的强度问题即可。

对于由塑性材料制成的小柔度杆，当其临界应力达到材料的屈服极限 σ_s 时即认为失效，所以有

$$\sigma_{cr}=\sigma_s$$

将式(10-9)代入，可确定 λ_0 的大小

$$\lambda_0=\frac{a-\sigma_s}{b} \tag{10-10}$$

如果将式(10-10)中的 σ_s 换成脆性材料的抗压强度 σ_b，即得到由脆性材料制成压杆的 λ_0 值。

上述分析表明，直线公式的适用范围为 $\lambda_0\leqslant\lambda<\lambda_p$ 的中柔度杆。

表 10-2 列出了不同材料的柔度值以及系数 a、b 的值。

直线公式系数 a、b 和柔度值 λ_p、λ_0　　　　表 10-2

材料[σ_s、σ_b(MPa)]	a(MPa)	b(MPa)	λ_p	λ_0
Q235 钢($\sigma_s=235$，$\sigma_b\geqslant372$)	304	1.12	100	60
优质碳钢($\sigma_s=306$，$\sigma_b\geqslant470$)	460	2.57	100	60
硅钢($\sigma_s=353$，$\sigma_b=510$)	577	3.74	100	60
铬钼钢	980	5.29	55	

材料$[\sigma_s$、$\sigma_b(\text{MPa})]$	$a(\text{MPa})$	$b(\text{MPa})$	λ_p	λ_0
硬铝	392	3.26	50	
铸铁	332	1.45	80	
松木	28.7	0.2	59	

综上所述，根据柔度值的大小可将压杆分为三类：$\lambda < \lambda_0$ 为小柔度杆；$\lambda_0 \leqslant \lambda < \lambda_p$ 为中柔度杆；$\lambda \geqslant \lambda_p$ 为大柔度杆。对小柔度杆，应按强度问题计算；对中柔度杆，应用直线公式计算临界应力；对大柔度杆，用欧拉公式计算临界应力。

以柔度 λ 为横坐标，临界应力 σ_{cr} 为纵坐标，将临界应力与柔度的关系曲线绘于图中，即得到全面反映大、中、小柔度压杆的临界应力随柔度 λ 变化情况的临界应力总图，如图 10-11 所示。

2. 抛物线公式

对于有结构钢与低合金结构钢等材料制作的非细长压杆，可采用抛物线形经验公式计算临界应力，该公式的一般表达式为

$$\sigma_{cr} = a_1 - b_1 \lambda^2 \tag{10-11}$$

式中　a_1、b_1——与材料性能有关的常数。

【例题 10-3】　如图 10-12(a)、(b)所示压杆，其直径均为 d，材料都是 Q235 钢，但二者的长度和约束都不相同。

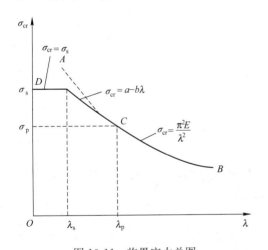

图 10-11　临界应力总图

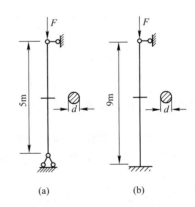

图 10-12　例题 10-3 图

(1) 分析哪一根杆的临界压力较大。

(2) 若 $d=160$mm，$E=205$GPa，计算二杆的临界压力。

【解】　(1) 计算柔度，判断哪一根压杆的临界压力较大

二者均为圆截面，且直径均为 d，故有

$$i = \sqrt{\frac{\dfrac{\pi d^4}{64}}{\dfrac{\pi d^2}{4}}} = \frac{d}{4} \tag{a}$$

但二者的长度和约束条件各不相同，因此，柔度不一定相等。对于图 10-12(a)中的压杆，因为两端铰支约束，故 $\mu=1$。于是

$$\lambda=\frac{\mu l}{i}=\frac{20}{d} \tag{b}$$

对于图 10-12(b)中的压杆，因为约束为一端固定、另一端铰支，故有 $\mu=0.7$。于是

$$\lambda=\frac{\mu l}{i}=\frac{25.2}{d} \tag{c}$$

比较上述结果式(b)与式(c)可知，杆件较长的一端固定、另一端铰支压杆具有较小的临界压力。因此支承条件及杆件长度对压杆临界压力均有影响。

　　(2) 计算给定参数下压杆的临界压力

对于两端铰支的压杆，由式(b)有

$$\lambda=\frac{20}{160\times10^{-3}}=125>\lambda_{\mathrm{p}}=101$$

属于大柔度杆，可用欧拉公式计算临界压力，即

$$F_{\mathrm{cr}}=\frac{\pi^2 EI}{(\mu l)^2}=\sigma_{\mathrm{cr}}A=\frac{\pi^2 E}{\lambda^2}A=\frac{\pi^3\times205\times10^9\,\mathrm{Pa}\times160^2\times10^{-6}\,\mathrm{m}^2}{4\times125^2}=2604\mathrm{kN}$$

对于一端固定、另一端铰支的压杆，由式(c)有

$$\lambda=\frac{\mu l}{i}=\frac{25.2}{d}=\frac{25.2}{160\times10^{-3}}=157.5>\lambda_{\mathrm{p}}=101$$

所以也属于细长杆。由欧拉公式可得

$$F_{\mathrm{cr}}=\frac{\pi^2 E}{\lambda^2}A=\frac{\pi^3\times205\times10^9\,\mathrm{Pa}\times160^2\times10^{-6}\,\mathrm{m}^2}{4\times157.5^2}=1637\mathrm{kN}$$

10.4　压杆的稳定计算

10.4.1　安全系数法

　　当压杆的应力达到临界应力，压杆将丧失稳定，因此，正常工作的压杆，其横截面上的应力不得超过临界应力，即

$$\sigma\leqslant\sigma_{\mathrm{cr}}$$

为保证压杆的直线平衡位置是稳定的，并具有一定的安全储备，必须使压杆横截面上的应力不能超过压杆临界应力的许用值 $[\sigma_{\mathrm{cr}}]$，即

$$\sigma=\frac{F_{\mathrm{N}}}{A}\leqslant[\sigma_{\mathrm{cr}}] \tag{10-12}$$

此式为压杆的稳定条件(stability condition)。式中稳定许用应力 $[\sigma_{\mathrm{cr}}]=\dfrac{\sigma_{\mathrm{cr}}}{n_{\mathrm{st}}}$，$n_{\mathrm{st}}$ 为稳定安全因数。

　　在实际工程计算中，实际安全因数 n 应大于或等于稳定安全因数 n_{st}，即

$$n=\frac{F_{\mathrm{cr}}}{F}=\frac{\sigma_{\mathrm{cr}}}{\sigma}\geqslant n_{\mathrm{st}}$$

由于压杆失稳大都具有突发性，危害性比较大，故通常规定的稳定安全因数 n_{st} 都必须大于强度安全因数 n_{s} 或 n_{b}。对于钢材，取 $n_{\text{st}}=1.8\sim3.0$；对于铸铁，取 $n_{\text{st}}=5.0\sim5.5$；对于木材，取 $n_{\text{st}}=2.8\sim3.2$。由于细长杆丧失稳定的可能性比较大，为了保证充分的安全度，柔度较大的压杆稳定安全因数须相应地增大。

10.4.2 折减系数法

为了计算上的方便，将临界应力许用值 $[\sigma_{\text{cr}}]$ 与材料的强度计算时的许用应力 $[\sigma]$ 进行比较，并用 φ 表示它们的比值，即

$$\varphi=\frac{[\sigma_{\text{cr}}]}{[\sigma]}=\frac{\sigma_{\text{cr}}}{n_{\text{st}}[\sigma]}$$

φ 称为折减系数，或稳定因数。将上式代入式(10-12)，得

$$\sigma=\frac{F_{\text{N}}}{A}\leqslant\varphi[\sigma] \tag{10-13}$$

或

$$\frac{F_{\text{N}}}{\varphi A}\leqslant[\sigma] \tag{10-14}$$

式(10-13)和式(10-14)为压杆稳定条件的又一种形式。

由上式不难看出，折减系数 φ 与材料性能及压杆柔度有关。我国《钢结构设计标准》GB 50017 根据国内常用构件的截面形式、尺寸和加工条件，规定了相应的残余应力变化规律，并考虑了 $l/1000$ 的初曲率，计算了大量压杆的稳定因数 φ 与柔度 λ 间的关系值，然后把承载能力相近的截面归并为 a、b、c 三类，根据不同材料的屈服极限分别给出 a、b、c 三类截面在不同柔度 λ 下的 φ 值(对于 Q235 钢，a、b 类截面的稳定因数见表 10-3、表 10-4)，以供设计时参考。其中 a 类的残余应力影响较小，稳定性较好，c 类的残余应力影响较大，多数情况下可取 b 类。

Q235 钢 a 类截面中心受压值杆的稳定因数 φ 表 10-3

λ	0	1.0	2.0	3.0	4.0	5.0	6.0	7.0	8.0	9.0
0	1.000	1.000	1.000	1.000	0.999	0.999	0.998	0.998	0.997	0.996
10	0.995	0.994	0.993	0.992	0.991	0.989	0.988	0.986	0.985	0.983
20	0.981	0.979	0.977	0.976	0.974	0.972	0.970	0.968	0.966	0.964
30	0.963	0.961	0.959	0.957	0.955	0.952	0.950	0.948	0.946	0.944
40	0.941	0.939	0.937	0.934	0.932	0.929	0.927	0.924	0.921	0.919
50	0.916	0.913	0.910	0.907	0.904	0.900	0.897	0.894	0.890	0.886
60	0.883	0.879	0.875	0.871	0.867	0.863	0.858	0.851	0.849	0.844
70	0.830	0.834	0.829	0.824	0.818	0.813	0.807	0.801	0.795	0.789
80	0.788	0.776	0.770	0.763	0.757	0.750	0.743	0.736	0.728	0.721
90	0.714	0.706	0.699	0.691	0.684	0.676	0.668	0.661	0.653	0.645

续表

λ	0	1.0	2.0	3.0	4.0	5.0	6.0	7.0	8.0	9.0
100	0.638	0.630	0.622	0.615	0.607	0.600	0.592	0.585	0.577	0.570
110	0.563	0.555	0.548	0.541	0.534	0.527	0.520	0.514	0.507	0.500
120	0.494	0.488	0.481	0.475	0.469	0.463	0.457	0.451	0.445	0.440
130	0.434	0.429	0.423	0.418	0.412	0.407	0.402	0.397	0.392	0.387
140	0.383	0.378	0.373	0.369	0.364	0.360	0.356	0.351	0.347	0.343
150	0.339	0.335	0.331	0.327	0.323	0.320	0.316	0.312	0.309	0.305
160	0.302	0.298	0.295	0.292	0.289	0.285	0.282	0.279	0.276	0.273
170	0.270	0.267	0.264	0.262	0.259	0.256	0.253	0.251	0.248	0.246
180	0.243	0.241	0.238	0.236	0.233	0.231	0.229	0.226	0.224	0.222
190	0.220	0.218	0.215	0.213	0.211	0.209	0.207	0.205	0.203	0.201
200	0.199	0.198	0.196	0.194	0.192	0.190	0.189	0.187	0.185	0.183
210	0.182	0.180	0.179	0.177	0.175	0.174	0.172	0.171	0.169	0.168
220	0.166	0.165	0.164	0.162	0.161	0.159	0.158	0.157	0.155	0.154
230	0.150	0.152	0.150	0.149	0.148	0.147	0.146	0.144	0.143	0.142
240	0.141	0.140	0.139	0.138	0.136	0.135	0.134	0.133	0.132	0.131
250	0.130									

Q235 钢 b 类截面中心受压值杆的稳定因数 φ　　　　表 10-4

λ	0	1.0	2.0	3.0	4.0	5.0	6.0	7.0	8.0	9.0
0	1.000	1.000	1.000	0.999	0.999	0.998	0.997	0.996	0.995	0.994
10	0.992	0.991	0.989	0.987	0.985	0.983	0.981	0.978	0.976	0.973
20	0.970	0.967	0.963	0.960	0.957	0.953	0.950	0.946	0.943	0.939
30	0.936	0.932	0.929	0.925	0.922	0.918	0.914	0.910	0.906	9.903
40	0.899	0.895	0.891	0.887	0.882	0.878	0.874	0.870	0.865	0.861
50	0.856	0.852	0.847	0.842	0.838	0.833	0.828	0.823	0.818	0.813
60	0.807	0.802	0.797	0.791	0.786	0.780	0.774	0.769	0.763	0.757
70	0.751	0.745	0.739	0.732	0.726	0.720	0.714	0.707	0.701	0.694
80	0.688	0.681	0.675	0.668	0.661	0.655	0.648	0.641	0.635	0.628
90	0.621	0.614	0.608	0.601	0.594	0.588	0.581	0.575	0.568	0.561
100	0.555	0.549	0.542	0.536	0.529	0.523	0.517	0.511	0.505	0.499
110	0.493	0.487	0.481	0.475	0.470	0.464	0.458	0.453	0.447	0.442

λ	0	1.0	2.0	3.0	4.0	5.0	6.0	7.0	8.0	9.0
120	0.437	0.432	0.426	0.421	0.416	0.411	0.406	0.402	0.397	0.392
130	0.387	0.383	0.378	0.374	0.370	0.365	0.361	0.357	0.353	0.349
140	0.345	0.341	0.337	0.333	0.329	0.326	0.322	0.318	0.315	0.311
150	0.308	0.304	0.301	0.298	0.265	0.291	0.288	0.285	0.282	0.279
160	0.276	0.273	0.270	0.267	0.265	0.262	0.259	0.256	0.254	0.251
170	0.249	0.246	0.244	0.241	0.239	0.236	0.234	0.232	0.229	0.227
180	0.225	0.223	0.220	0.218	0.216	0.214	0.212	0.210	0.208	0.206
190	0.204	0.202	0.200	0.198	0.197	0.195	0.193	0.191	0.190	0.188
200	0.186	0.184	0.183	0.181	0.180	0.178	0.176	0.175	0.173	0.172
210	0.170	0.169	0.167	0.166	0.165	0.163	0.162	0.160	0.159	0.158
220	0.156	0.155	0.154	0.153	0.151	0.150	0.149	0.148	0.146	0.145
230	0.144	0.143	0.142	0.141	0.140	0.138	0.137	0.136	0.135	0.134
240	0.133	0.132	0.131	0.130	0.129	0.128	0.127	0.126	0.125	0.124
250	0.123									

对于木制压杆的稳定因数 φ 值，我国《木结构设计标准》GB 50005 按照树种的强度等级分别给出了两组计算公式：

树种强度等级为 TC17、TC15 及 TB20 时

$$\lambda \leqslant 75 \qquad \varphi = \frac{1}{1 + \left(\frac{\lambda}{80}\right)^2}$$

$$\lambda > 75 \qquad \varphi = \frac{3000}{\lambda^2}$$

树种强度等级为 TC13、TC11、TB17 及 TB15 时

$$\lambda \leqslant 91 \qquad \varphi = \frac{1}{1 + \left(\frac{\lambda}{65}\right)^2}$$

$$\lambda > 91 \qquad \varphi = \frac{2800}{\lambda^2}$$

式中 λ 为压杆的柔度，关于树种的强度等级，TC17 有柏木、东北落叶松等；TC15 有红杉、云杉等；TC13 有红松、马尾松等；TC11 有西北云杉、冷杉等；TB20 有栎木、桐木等；TB17 有水曲柳等；TB15 有栲木、桦木等，代号后的数字为树种的弯曲强度（MPa）。

10.4.3　压杆的稳定性计算

与强度计算类似，压杆的稳定计算一般也有三类，即：稳定校核、截面设计和确定许用荷载。

稳定计算中，无论是欧拉公式还是经验公式，都是以杆件的整体变形为基础的。局部削弱（如螺钉孔等）对杆件的整体变形影响很小，可不考虑，所以计算临界应力时，可采用未经削弱的横截面面积和惯性矩。至于用作压缩强度计算时，自然应该使用削弱后的横截面面积。再者，因为压杆的折减系数或柔度受截面形状和尺寸的影响，因此在压杆的截面设计过程中，不能通过稳定条件求得两个未知量，通常采用试算法。如用安全系数法时，因无法确定柔度，继而无法确定应采用欧拉公式还是采用经验公式。这种情况下，先用欧拉公式确定截面尺寸，然后根据所得结果计算柔度，再校核柔度是否在大柔度范围内。如用折减系数法时，先假设一个 φ 值进行计算，确定 λ 后，由 λ 查表 10-3 或表 10-4 得 φ 值，若前面假设的 φ 值与查表所得的 φ 值相差过大，应重新假设 φ 值，使计算的 λ 值对应的 φ 值接近于假设的 φ 值，最后按 λ 对应的 φ 值进行稳定校核。

【例题 10-4】 如图 10-13 所示木屋架，已知 a 杆长 $l = 3.6\text{m}$，两端均视为铰接，为东北落叶松木，平均直径 $d = 120\text{mm}$，许用压应力 $[\sigma]^- = 9\text{MPa}$，$\lambda_p = 80$，杆件 a 所受的轴力为 $F_{Na} = 18.72\text{kN}$，试对 a 杆进行稳定校核。

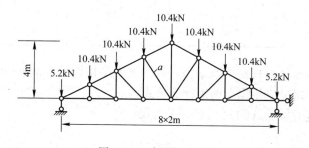

图 10-13 例题 10-4 图

【解】 a 杆两端铰接，故 $\mu = 1$

$$A = \frac{\pi d^2}{4} = \frac{\pi \times (120 \times 10^{-3})^2}{4} = 11.3 \times 10^{-3}\text{m}^2$$

$$i = \frac{d}{4} = \frac{120 \times 10^{-3}}{4} = 30 \times 10^{-3}\text{m}$$

$$\lambda = \frac{\mu l}{i} = \frac{1 \times 3.6}{30 \times 10^{-3}} = 120 > \lambda_p = 80$$

故为细长压杆，又由 $\lambda > 75$，得

$$\varphi = \frac{3000}{\lambda^2} = \frac{3000}{120^2} = 0.208$$

$$\frac{F_{Na}}{\varphi A} = \frac{18.72 \times 10^3}{0.208 \times 11.3 \times 10^{-3}} = 7.96 \times 10^6 \text{Pa} = 7.96\text{MPa} < [\sigma]^-$$

所以 a 杆满足稳定条件。此例题的计算方法，适用于桁架结构中受压杆的稳定性校核。

【例题 10-5】 由 Q235 钢加工成的工字形截面连杆，如图 10-14 所示。两端为柱形铰，即在 xy 平面内失稳时，杆端约束情况接近于两端铰支，长度因数 $\mu_z = 1.0$；而在 xz 平面内失稳时，杆端约束情况接近于两端固定，$\mu_y =$

0.6。已知连杆在工作时承受的最大压力为 $F=35\text{kN}$，材料的许用应力$[\sigma]=$206MPa，并符合《钢结构设计标准》GB 50017 中 a 类中心受压杆的要求。试校核其稳定性。

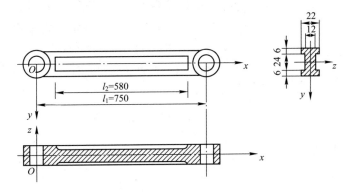

图 10-14　例题 10-5 图

【解】　横截面的面积和形心主惯性矩分别为
$$A=12\times24+2\times6\times22=552\text{mm}^2$$
$$I_z=\frac{12\times24^3}{12}+2\times\left[\frac{22\times6^3}{12}+22\times6\times15^2\right]$$
$$=7.40\times10^4\text{mm}^4$$
$$I_y=\frac{24\times12^3}{12}+2\times\frac{6\times22^3}{12}=1.41\times10^4\text{mm}^4$$

横截面对 z 轴和 y 轴的惯性半径分别为
$$i_z=\sqrt{\frac{I_z}{A}}=\sqrt{\frac{7.40\times10^4}{552}}=11.58\text{mm}$$
$$i_y=\sqrt{\frac{I_y}{A}}=\sqrt{\frac{1.41\times10^4}{552}}=5.05\text{mm}$$

于是，连杆的柔度值为
$$\lambda_z=\frac{\mu_z l_1}{i_z}=\frac{1.0\times750}{11.58}=64.8$$
$$\lambda_y=\frac{\mu_y l_2}{i_y}=\frac{0.6\times580}{5.05}=68.9$$

在两柔度值中，应按较大的柔度值 $\lambda_y=68.9$ 来确定压杆的稳定因数 φ。由表10-3 并用内插法求得
$$\varphi=0.849+\frac{9}{10}\times(0.844-0.849)=0.845$$

得杆的稳定许用应力为
$$[\sigma_{cr}]=\varphi[\sigma]=0.845\times206=174\text{MPa}$$

将连杆的工作应力与稳定许用应力比较，可得
$$\sigma=\frac{F}{A}=\frac{35\times10^3}{552\times10^{-6}}=63.4\text{MPa}<[\sigma_{cr}]$$

故连杆满足稳定性要求。

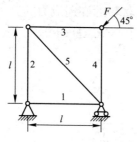

图 10-15 例题 10-6 图

【例题 10-6】 图 10-15 所示桁架由 5 根圆截面杆组成。已知各杆直径均为 $d=30$mm，$l=1$m。各杆的弹性模量均为 $E=200$GPa，$\lambda_p=100$，$\lambda_0=61$，直线经验公式系数 $a=304$MPa，$b=1.12$MPa，许用应力 $[\sigma]=160$MPa，并规定稳定安全因数 $n_{st}=3$，试求此结构的许用荷载 $[F]$。

【解】 由平衡条件可知杆 1、2、3、4 受压，其轴力为

$$F_{N1}=F_{N2}=F_{N3}=F_{N4}=F_N=\frac{F}{\sqrt{2}}$$

杆 5 受拉，其轴力为 $F_{N5}=F$

按杆 5 的强度条件

$$\frac{F_{N5}}{A}\leqslant[\sigma],\quad F\leqslant A[\sigma]=\frac{\pi\times0.03^2}{4}\times160\times10^6=113\text{kN}$$

按杆 1、2、3、4 的稳定条件

$$\lambda=\frac{\mu l}{i}=\frac{1\times1}{\frac{0.03}{4}}=133>\lambda_p$$

由欧拉公式

$$F_{cr}=\frac{\pi^2EI}{(\mu l)^2}=\frac{\pi^2\times200\times10^9\times\frac{\pi\times0.03^4}{64}}{(1\times1)^2}=78.48\text{kN}$$

$$\frac{F_{cr}}{F_N}\geqslant n_{st}\quad F\leqslant37.1\text{kN}\quad[F]=37.1\text{kN}$$

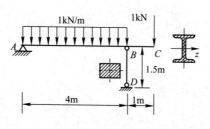

图 10-16 例题 10-7 图

【例题 10-7】 图 10-16 所示结构，横梁 AC 为 10 号工字钢。弯曲截面系数 $W_z=49$cm³，杆 BD 截面为矩形 20mm×30mm，两端为球铰，材料的弹性模量 $E=200$GPa，$\lambda_p=100$，$\lambda_0=60$，直线经验公式系数 $a=304$MPa，$b=1.12$MPa，稳定安全因数 $n_{st}=2.5$，横梁许用应力 $[\sigma]=140$MPa，试校核结构是否安全。

【解】 (1) 横梁 AC 的强度校核

$$M_{max}=1.53\text{kN}\cdot\text{m}\quad(\text{距 } A \text{ 端 1.75 m 处})$$

$$\sigma_{max}=\frac{M_{max}}{W_z}=\frac{1530}{49\times10^{-6}}=31.2\text{MPa}<[\sigma]$$

(2) 压杆 BD 的稳定校核

$$\lambda=\frac{\mu l}{i}=\frac{1\times1500}{\sqrt{20^2/12}}=260>\lambda_p$$

由欧拉公式

$$F_{cr} = \frac{\pi^2 EI}{(\mu l)^2} = \frac{\pi^2 \times 200 \times 10^9 \times \dfrac{0.03 \times 0.02^3}{12}}{(1 \times 1.5)^2} = 17.5 \text{kN}$$

由平衡方程

$$F_{NBD} = \frac{13}{4} \text{kN}$$

$$n = \frac{F_{cr}}{F_{NBD}} = 5.38 > n_{st} = 2.5$$

结构安全。

【例题 10-8】 图 10-17 所示压杆，两端为球铰约束，杆长 $l = 2.4 \text{m}$，杆由两根 $125 \times 125 \times 12$ 的等边角钢铆接而成。铆钉孔直径为 23mm。若压杆承受轴向压力 $F = 750 \text{kN}$，材料为 Q235 钢，$[\sigma] = 160 \text{MPa}$，试校核此压杆是否安全。

【解】 因为铆接时在角钢上开孔，所以此压杆可能发生两种情形：一是失稳，局部截面的削弱影响不大，故不考虑铆钉孔对压杆截面的削弱，即在稳定计算中仍采用未开孔时的横截面（称为毛面积）；二是强度问题，即在开有铆钉孔的横截面上，压应力由于面积的削弱将增加，有可能超过许用应力值，所以在进行强度计算时，要用削弱后的面积（称为净面积）。现分别就这两类问题校核如下：

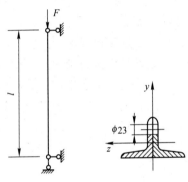

图 10-17　例题 10-8 图

（1）稳定校核

因为压杆的两端为球铰，各个方向的约束均相同，所以 $\mu = 1$，又因为两根角钢铆接在一起，失稳时二者形成一整体而挠曲，其横截面将绕惯性矩最小的轴（图中 y 轴）转动，所以临界应力公式中

$$I_y = 2I_y' \quad A = 2A' \quad i_y = \sqrt{\frac{I_y}{A}} = \sqrt{\frac{I_y'}{A'}} = i_y'$$

其中 I_y'，i_y' 分别为每根角钢横截面对于 y 轴的惯性矩与惯性半径，A' 为其面积，均可由型钢表查得。对于 $125 \times 125 \times 12$ 等边角钢，表中给出

$$i_y' = 38.3 \text{mm}, \quad A' = 28.9 \times 10^2 \text{mm}^2$$

于是，压杆的柔度

$$\lambda = \frac{\mu l}{i_y} = \frac{1 \times 2.4 \times 10^3}{38.3} = 62.66$$

据此，查表 10-4 得

$$\varphi = 0.791$$

于是稳定许用应力为

$$[\sigma_{cr}] = 0.791 \times 160 = 127 \text{MPa}$$

在外力的作用下，压杆的工作应力为

10.4　压杆的稳定计算

$$\sigma = \frac{F}{A} = \frac{750 \times 10^3 \, \mathrm{N}}{2 \times 28.9 \times 10^{-4} \, \mathrm{m}^2} = 130 \mathrm{MPa}$$

$$\frac{\sigma - [\sigma_{cr}]}{[\sigma_{cr}]} = \frac{130 - 127}{127} < \frac{5}{100}$$

这是允许的，所以压杆的稳定性是安全的。

（2）强度校核

在开有铆钉孔的压杆横截面上，压应力为

$$\sigma = \frac{F}{A - 2 \times 23 \times 12} = \frac{750 \times 10^3}{(2 \times 28.9 - 5.52) \times 10^{-4}}$$
$$= 143 \times 10^6 \mathrm{Pa} = 143 \mathrm{MPa} < [\sigma]$$

所以，压杆的强度也是安全的。

以上分析表明，稳定安全条件 $\sigma \le \varphi[\sigma]$ 和强度条件 $\sigma \le [\sigma]$ 形式上相似，而本质上是不同的。前者反映压杆的整体承载能力，不完全是各个截面上的真正应力，它是为了计算方便，从 $F \le F_{cr}/n_{st}$ 演变过来的。而强度条件却反映了杆件某个确定截面上（常选择危险截面）的真实应力情况。

此外，以上讨论的是两根角钢连成一体的情形。如果两根角钢只在两端连接在一起，上述稳定计算与强度计算是否仍然有效？这个问题请读者结合稳定问题的基本概念加以思考并作出解答。

10.5 提高压杆稳定性的措施

为提高压杆承载能力，必须综合考虑杆长、支承、截面的合理性以及材料性能等因素的影响。

10.5.1 减小压杆杆长

对于细长杆，其临界压力与杆长的平方成反比，因此，减小杆长可以显著提高杆的承载能力。在某些情况下，通过改变结构或增加支点可以达到减小杆长的目的。例如，对于图 10-18(a)、(b)所示两种桁架，不难分析，其中的杆①、④均为压杆，但图 10-18(b)中压杆的承载能力要远远大于图 10-18(a)中的压杆。

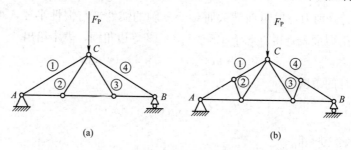

(a)   (b)

图 10-18　桁架

10.5.2 增强支承的刚性

支承的刚性越大，压杆的长度因数 μ 值越低，临界压力越大，例如，将两端铰支的细长杆变成两端固定约束时，临界压力将成倍数地增加。

10.5.3　合理选择截面形状

当压杆两端在各个方向的挠曲平面内具有相同的约束条件时，压杆将在刚度最小的主轴平面内失稳。这时，如果只增加截面某个方向的惯性矩（例如增加矩形截面高度），并不能有效地提高压杆的承载能力。最经济的办法是将截面设计成中心是空的，且使 $I_y = I_z$，从而加大截面的惯性矩，并使截面对各个方向的轴的惯性矩均相同，在这种情形下，对于一定的横截面面积，正方形截面或圆形截面比矩形截面好，空心的正方形或圆形截面比实心截面好。当压杆端部在不同的平面内具有不同的约束条件时，应采用最大与最小主惯性矩不等的截面（例如矩形截面），并使主惯性矩较小的平面内具有刚性较大的约束，尽量使两主惯性矩平面内的压杆的柔度 λ 相接近，如图 10-19 所示。

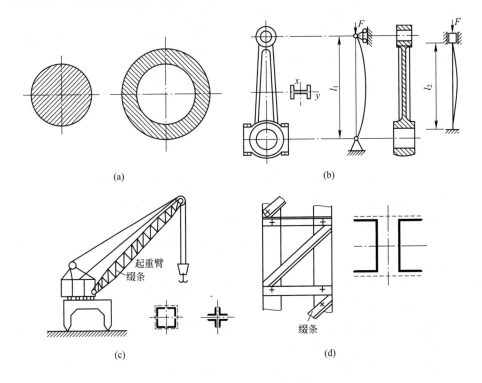

(a)　　　　　　　　　　　(b)

(c)　　　　　　　　　　　(d)

图 10-19　压杆的合理截面形状

10.5.4　合理选用材料

在其他条件相同的情况下，选用弹性模量 E 较大的材料，可以提高大柔度压杆的承载能力。例如钢杆的临界压力大于铜、铸铁或铝制压杆的临界压力。但是，普通碳素钢、合金钢以及高强度钢的弹性模量相差不大。因此，对于细长杆，选用高强度钢对压杆的临界压力影响甚微，意义不大，反而造成材料的浪费。对于粗短杆或中长杆，其临界压力与材料的比例极限 σ_p 和屈服极限 σ_s 有关，这时选用高强度钢材会使临界压力有所提高。

小结及学习指导

本章所讨论的压杆，都是理想化的，即压杆必须是直的，没有任何初始曲率，荷载作用线沿着压杆的中心线，由此导出的欧拉公式只适用于应力不超过比例极限的情形。

根据柔度值的大小可将压杆分为三类：$\lambda < \lambda_0$ 为小柔度杆；$\lambda_0 \leqslant \lambda < \lambda_p$ 为中柔度杆；$\lambda \geqslant \lambda_p$ 为大柔度杆。对小柔度杆，应按强度问题计算；对中柔度杆，应用直线公式计算临界应力；对大柔度杆，用欧拉公式计算临界应力。

与强度条件类似，压杆的稳定条件同样可以解决三类问题，即：压杆的稳定性校核，设计压杆尺寸和确定许用荷载。

学习中应注意的问题，一是正确地对结构进行受力分析，准确地判断结构中哪些杆件承受压缩荷载，对这些杆件按稳定性计算。二是要根据压杆端部约束条件以及截面的几何形状，正确判断可能在哪一个平面内发生失稳，从而确定欧拉公式中的截面惯性矩或压杆的柔度。三是确定压杆的柔度，判断属于哪一类压杆，选用合适的临界应力公式计算临界应力和临界压力。四是应用稳定性条件二进行稳定性校核、设计压杆截面尺寸或确定许用荷载。

思考题

10-1 何谓失稳？何谓稳定平衡与不稳定平衡？何谓临界压力？

10-2 两端铰支细长压杆的临界压力公式是如何建立的？

10-3 何谓柔度？它的量纲是什么？何谓临界应力？

10-4 如何区分大柔度杆、中柔度杆、小柔度杆？它们的临界应力各如何确定？

10-5 欧拉公式的适应范围是什么？如用欧拉公式来计算中长压杆的临界压力会引起什么后果？

10-6 对于两端铰支、由 Q235 钢制成的圆截面压杆，杆长 l 应比直径 d 大多少倍时，才能应用欧拉公式。

10-7 压杆的稳定条件是如何建立的？有几种形式？

10-8 用安全系数法和折减系数法设计压杆的截面时，是用压杆的临界压力还是用工作压力来计算？为什么？压杆的临界压力与工作压力有什么关系？

10-9 稳定安全因数通常比强度安全因数大一些，为什么？

10-10 什么是折减系数 φ？它与哪些因素有关？用折减系数法对压杆进行稳定计算时，是否要区别细长杆、中长杆、粗短杆？

10-11 如果压杆横截面 $I_y > I_z$，那么杆件失稳时，横截面一定绕 z 轴转动而失稳吗？

10-12 如何进行压杆的合理设计？

10-1 图 10-20 所示三根压杆的材料及横截面均相同，试判断哪一根最容易失稳，哪一根最不容易失稳。

10-2 两端铰支的压杆，截面为工字钢 22a，长 $l=5$m，弹性模量 $E=2.0\times10^5$ MPa，试用欧拉公式求压杆的临界压力。

10-3 有两根长度、横截面面积、杆端约束和材料均相同的细长压杆，一根的横截面为圆形，另一根为正方形。试用欧拉公式求圆杆和方杆的临界压力之比。

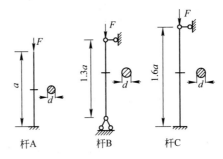

图 10-20 习题 10-1 图

10-4 三根圆截面压杆的直径均为 $d=160$mm，材料均为 Q235 钢，$E=200$GPa，$\sigma_p=200$MPa、$\sigma_s=240$MPa。已知杆的两端均为铰支，长度分别为 l_1、l_2 及 l_3 且 $l_1=2l_2=4l_3=5$m。试求各杆的临界压力。

10-5 如果一压杆分别由下列材料制成：

(1) 比例极限 $\sigma_p=220$MPa，弹性模量 $E=190$GPa 的钢；

(2) $\sigma_p=490$MPa，$E=215$GPa 的镍钢；

(3) $\sigma_p=20$MPa，$E=11$GPa 的松木。

试求可用欧拉公式计算临界压力的压杆的最小柔度。

10-6 图 10-21 所示压杆横截面为矩形，$h=80$mm，$b=40$mm，杆长 $l=2$m，材料为 Q235 钢，$E=2.1\times10^5$MPa，两端约束如图所示。在正视（图 10-21a）的平面内为两端铰支；在俯视（图 10-21b）的平面内为两端弹性固定，采用 $\mu=0.8$，试求此杆的临界压力。

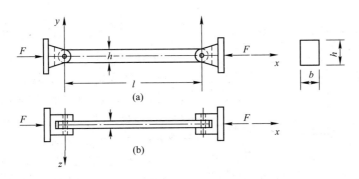

图 10-21 习题 10-6 图

10-7 图 10-22 所示圆截面压杆 $d=40$mm，屈服极限 $\sigma_s=235$MPa。试求可以用经验公式 $\sigma_{cr}=(304-1.12\lambda)$MPa 计算临界应力时的最小杆长。

10-8 某工厂自制的简易起重机如图 10-23 所示，其压杆 BD 为 20 号槽钢，材料为 Q235 钢。起重机的最大起重量 $W=40$kN。取稳定安全因数 $n_{st}=$ 5，试校核 BD 杆的稳定性。

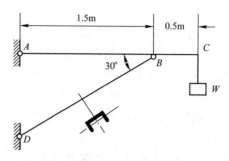

图 10-22　习题 10-7 图　　　　图 10-23　习题 10-8 图

10-9　图 10-24 所示结构为正方形，由五根圆钢杆组成，各杆直径均为 $d=40$mm，$a=1$m，材料均为 Q235 钢，$[\sigma]=160$MPa，连接处均为铰链。

（1）试求结构的许用荷载 $[F]$；

（2）若力 F 的方向改为向外，试问许用荷载是否改变？若有改变，应为多少？

10-10　图 10-25 所示三角架，BC 为圆截面钢杆，材料为 Q235 钢，已知 $F=12$kN，$a=1$m，$d=0.04$m，许用应力 $[\sigma]=170$MPa。（1）校核 BC 杆的稳定性；（2）若从 BC 杆的稳定考虑，求此三角架所能承受的最大荷载 F_{max}。

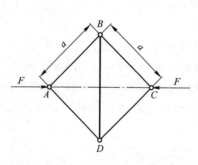

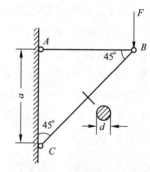

图 10-24　习题 10-9 图　　　　图 10-25　习题 10-10 图

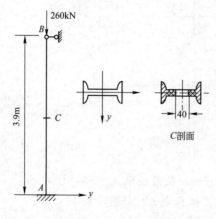

图 10-26　习题 10-11 图

10-11　如图 10-26 所示，立柱一端固定、一端铰支，顶部受轴向压力 $F=260$kN 作用。立柱用工字钢制成，材料为 Q235 钢，许用应力 $[\sigma]=172$MPa。在立柱中点 C 截面上因构造需要开一直径为 $d=40$mm 的圆孔。试选择工字钢的型号。

10-12　图 10-27 所示托架，其撑杆 AB 为东北落叶松圆木杆，$q=50$kN/m，AB 杆两端为柱形铰，$[\sigma]=11$MPa。试求 AB 杆的直径 d。

10-13　如图 10-28 所示由 Q235 钢制

成的一圆截面钢杆，长 $a=800\text{mm}$，下端固定，上端自由，承受轴压力 $F=100\text{kN}$，$[\sigma]=170\text{MPa}$。求杆的直径 d。

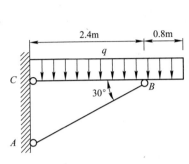

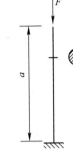

图 10-27　习题 10-12 图　　　图 10-28　习题 10-13 图

10-14　图 10-29 所示托架中 AB 杆的直径 $d=40\text{mm}$，长度 $l=800\text{mm}$，两端可视为铰支，材料为 Q235 钢，$\sigma_s=235\text{MPa}$，假如 CD 是安全的。(1)试求托架的临界荷载。(2)若已知 $F=70\text{kN}$，AB 杆的稳定安全因数规定为 $n_{st}=2.0$，试问此托架是否安全？

10-15　横截面如图 10-30 所示的立柱，由四根 $80\text{mm}\times80\text{mm}\times6\text{mm}$ 的角钢所组成，柱长 $l=6\text{m}$。立柱两端为铰支，承受轴向压力 $F=450\text{kN}$ 作用，立柱用 Q235 钢制成，许用应力 $[\sigma]=160\text{MPa}$，试确定横截面的边宽 a。

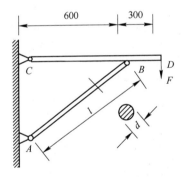

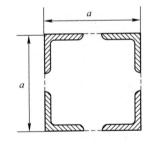

图 10-29　习题 10-14 图　　　图 10-30　习题 10-15 图

习题答案

10-1　杆 A 最容易失稳，杆 C 最不容易失稳

10-2　$F_{cr}=178\text{kN}$

10-3　0.955

10-4　$F_{cr1}=2540\text{kN}$，$F_{cr2}=4705\text{kN}$，$F_{cr3}=4825\text{kN}$

10-5　(1) $\lambda=92.3$；(2) $\lambda=65.8$；(3) $\lambda=73.7$

10-6　$F_{cr}=345\text{kN}$

10-7　$l_{min}=0.88\text{m}$

10-8　$n=6.5>n_{st}$，安全

10-9 (1) $[F]=172$kN；(2) $[F]=69$kN

10-10 $F_{max}=51.8$kN

10-11 工字钢 20a

10-12 $d=193$mm

10-13 $d=31.2$mm

10-14 (1)$F_{cr}=118$kN；(2)$n=1.685$，不安全

10-15 $a\geqslant187.4$mm

第11章
能 量 法

本章知识点

> 【知识点】弹性变形能、功能关系、虚位移原理、杆件基本变形的变形能计算、卡氏定理、莫尔定理、冲击问题中的能量法、各种计算方法的适用条件。
>
> 【重点】杆件基本变形的变形能计算、卡氏定理、莫尔定理、冲击问题的能量法计算、各种计算法的适用范围、刚架和平面曲杆的能量法计算。
>
> 【难点】虚位移原理的应用、组合变形的能量法计算、刚架和平面曲杆的能量法计算、非线弹性本构关系的能量法计算、桁架节点的相对位移计算。

11.1 概述

能量有许多种，如太阳能、风能、核能、热能、机械能、电能等。任何物质都有能量，在物质的运动过程中，能量一般要发生变化，且不同种类的能量是可以相互转化的。在固体力学中，涉及的能量因素也同样很丰富，比如弹簧在反复的拉压过程中，不仅有机械能量的变化，还会出现发热现象；再比如材料在断裂过程中除了机械能量的变化外，还出现发热现象，甚至有时还会出现发光、发声等，这些现象都与能量的变化有关，且涉及多种能量的变化。人们从长期的观察发现，能量的变化与功是分不开的，它们之间存在一定的数量关系。在固体力学中，人们把与功和能有关的一些定理和结论称为能量原理。计算力学发展的基础之一就是能量原理，有限元法的基础也是能量原理。

能量法(energy method)既可以用于静力学的计算，也适用于冲击动力学的分析。作为一门实用而简单的力学分支——材料力学，能量法更是一种有效的计算杆件变形和内力的方法，可用于静定结构的分析计算，也可用于超静定结构的计算。材料力学研究的对象主要是简单构件，如拉(压)杆、扭转轴、梁和板等，这些构件承受外荷载后发生变形，储存了应变能，外荷载做了功。对于静态问题，外荷载是从零开始无限缓慢地增加到最终值，变形过

207

程中，外荷载与构件内力始终处于平衡状态，因而构件的动能和其他能量的变化可以忽略，外荷载做的功完全转化为构件的应变能。此外，在有关冲击问题的研究中，考虑到能量是状态量，功是过程量，而构件处于最大变形状态时，是处于暂时静止状态，不需要考虑动能的计算，这对于利用功能关系式（能量原理）解决实际问题是非常方便的。本章主要介绍能量原理在材料力学中的应用，并且约定外力功用 W 表示，应变能用 V_ε 表示。材料力学中的能量原理是

$$V_\varepsilon = W \tag{11-1}$$

这里介绍应变能的概念，关于功的概念前面的课程已经介绍，这里不再讨论。

11.2 杆件应变能的计算

简单杆件应变能的计算如下。

11.2.1 轴向拉伸和压缩

在线弹性范围内，杆件所受外力与杆件拉压变形之间是线性关系，杆件在轴向拉伸或压缩时的应变能，利用功能关系有

$$V_\varepsilon = W = \frac{1}{2} F \Delta l \tag{11-2}$$

式中 F——杆件两端所受的外力的最终值；

Δl——杆件的最终变形。

假设等截面杆件的原长是 l，材料的杨氏模量为 E，截面积为 A，则杆件变形 Δl 与外力 F 之间的关系为 $\Delta l = \dfrac{Fl}{EA}$，将该式代入式（11-2）中有

$$V_\varepsilon = W = \frac{F^2 l}{2EA} \tag{11-3}$$

需要注意的是，上述公式仅适用于等截面杆件在两端受静力 F 作用的情形。工程上还会遇到非等截面杆件受到沿着杆件轴线变化的力的作用情形，此时可以在任意截面处选择一个长度为 $\mathrm{d}x$ 的微小杆件，然后应用上述公式有 $\mathrm{d}V_\varepsilon = \dfrac{F_N^2(x)\mathrm{d}x}{2EA(x)}$，最后在杆件总长度上积分得到杆件的总变形为

$$V_\varepsilon = \int_l \frac{F_N^2(x)\mathrm{d}x}{2EA(x)} \tag{11-4}$$

拉压时单位体积的应变能（strain energy）（即应变能密度）为

$$\upsilon_\varepsilon = \frac{1}{2}\sigma\varepsilon \tag{11-5}$$

上述应变能密度公式可适用于任意弹性变形的计算，对于线性弹性变形来说，应变能密度公式可借助于本构关系 $\sigma = E\varepsilon$，有

$$v_\varepsilon = \frac{\sigma^2}{2E} = \frac{1}{2} E\varepsilon^2 \qquad (11\text{-}6)$$

11.2.2 纯剪切

在线弹性范围内，纯剪切的应变能密度为

$$v_\varepsilon = \frac{1}{2}\tau\gamma \qquad (11\text{-}7)$$

上述公式适用于任何弹性剪切本构关系。对于线弹性剪切问题，上述应变能密度又可表示为

$$v_\varepsilon = \frac{\tau^2}{2G} = \frac{1}{2} G\gamma^2 \qquad (11\text{-}8)$$

11.2.3 扭转

假设作用在圆轴上的扭转力偶矩（图 11-1）从零开始无限缓慢地增加到最终数值。在线弹性范围内，轴两端的相对扭转角 φ 与扭转力偶矩 M_n 之间的关系是一条倾斜直线（图 11-1），显然有

$$\varphi = \frac{M_n l}{GI_p} \qquad (11\text{-}9)$$

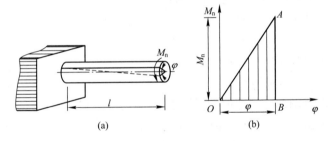

图 11-1　圆轴的扭转变形及扭矩和扭转角的关系曲线

扭转力偶矩 M_n 所做的功可表示为

$$W = \frac{1}{2} M_n \varphi = \frac{M_n^2 l}{2GI_p} \qquad (11\text{-}10)$$

上述计算公式仅适用于相对扭转角 φ 与扭转力偶矩 M_n 之间是线性关系、扭转杆件是等横截面、外力偶矩仅作用于扭转杆件的两端而处于平衡状态的情形。按照功能关系，扭转杆件的应变能为

$$V_\varepsilon = W = \frac{1}{2} M_n \varphi = \frac{M_n^2 l}{2GI_p} \qquad (11\text{-}11)$$

对于变截面或等截面扭转杆件上承受着沿着杆件轴线（连续）变化的扭转力偶矩的作用时，杆件储存的应变能为

$$dV_\varepsilon = \frac{T^2(x)\,dx}{2GI_p} \qquad (11\text{-}12)$$

整根扭转杆件储存的应变能为

$$V_\varepsilon = \int_l \frac{T^2(x)\,\mathrm{d}x}{2GI_\mathrm{p}} \tag{11-13}$$

11.2.4　弯曲

图 11-2 所示为一纯弯曲梁。利用前面介绍的求梁弯曲变形的办法，可以求出 B 端截面的转角为

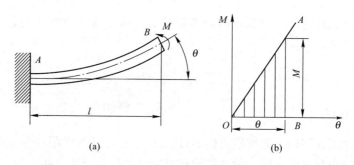

图 11-2　纯弯曲梁及弯矩和截面转角的关系曲线

$$\theta = \frac{Ml}{EI} \tag{11-14}$$

式中　M——梁自由端面所受的弯矩；

θ——梁两端相对角位移；

E——材料的杨氏模量；

I——梁截面惯性矩；

EI——梁的弯曲刚度。

在线弹性范围内，当弯曲力偶矩 M 从零无限缓慢（或足够缓慢）地增加到最终值，外力偶矩 M 与角位移 θ 之间的关系是一条直线，从而外力功

$$W = \frac{1}{2}M\theta \tag{11-15}$$

由功能关系知，梁的纯弯曲变形能为

$$V_\varepsilon = W = \frac{1}{2}M\theta \tag{11-16}$$

或者写为

$$V_\varepsilon = W = \frac{M^2 l}{2EI} \tag{11-17}$$

上述公式仅仅适用于等截面梁两端承受弯矩而处于平衡时的应变能计算。

在横力弯曲问题中，尽管梁的横截面上会同时存在弯矩和剪力，如图 11-3 所示，但对于细长梁来说，由弹性力学的推导表明，其剪切变形的应变能与相应的弯曲变形的应变能相比很小，可以忽略不计。因此只需要计算弯曲应变能即可保证足够的计算精度，其应变能为

$$\mathrm{d}V_\varepsilon = \frac{M^2(x)\,\mathrm{d}x}{2EI} \tag{11-18}$$

从而整个梁的应变能为

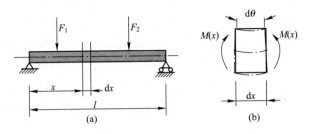

图 11-3　横力弯曲简支梁

$$V_\varepsilon = \int_l \frac{M^2(x)\,\mathrm{d}x}{2EI} \tag{11-19}$$

需要注意的是梁横截面的截面惯性矩 $I(x)$、各个截面上的弯矩 $M(x)$ 以及材料的杨氏模量 E 都有可能是分段的函数。此时，上述积分需要分段进行，再求总和。

从上述讨论可以将各种静变形情况下的能量计算公式统一写为如下形式

$$V_\varepsilon = W = \frac{1}{2} F\delta \tag{11-20}$$

其中，F 是广义力，分别代表拉伸（压缩）时的拉（压）力；扭转时的扭转力偶矩；弯曲时的弯矩。δ 是相应的广义位移，代表拉伸（压缩）时的轴向线位移；扭转时的角位移；弯曲时的位移。在线弹性情况下，广义力与广义位移之间是线性关系。在非线弹性变形情况下，上述应变能计算公式为

$$V_\varepsilon = W = \int_0^{\delta_0} F(\delta)\,\mathrm{d}\delta \tag{11-21}$$

具体应用时，同一种构件常常承受多种荷载的作用，计算应变能时可采用不同变形下应变能的计算方法。下面给出一些计算算例。

为便于理解，这里将前面各章中的拉伸（压缩）、扭转、弯曲的应力、变形、应变能各个计算公式列成表进行对比，见表 11-1，可见它们的数学结构是一样的。

各个计算公式对比　　　　　　　　　　　　　　表 11-1

	应力	变形	应变能
拉伸（压缩）	$\sigma = \dfrac{F_N}{A}$（式 2-1）	$\Delta l = \dfrac{F_N l}{EA}$（式 2-7）	$V_\varepsilon = \dfrac{F^2 l}{2EA}$（式 11-3）
扭转	$\tau = \dfrac{M_n}{W_p}$（式 4-9）	$\varphi = \dfrac{M_n l}{GI_p}$（式 4-11a）	$V_\varepsilon = \dfrac{M_n^2 l}{2GI_p}$（式 11-11）
弯曲	$\sigma = \dfrac{M}{W_z}$（式 6-5）	悬臂梁受集中力 $y_B = \dfrac{Fl^3}{3EI}$，$\theta_B = \dfrac{Fl^2}{2EI}$ 简支梁受集中力 $y_C = \dfrac{Fl^3}{48EI}$，$\theta_A = \dfrac{Fl^2}{16EI}$ （表 7-1）	悬臂梁 $V_\varepsilon = \dfrac{M^2 l}{2EI}$（式 11-17）

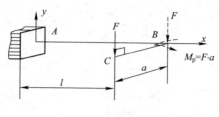

图 11-4 例题 11-1 图

【例题 11-1】 如图 11-4 所示，一根长度为 l 的圆形等截面悬臂梁，弯曲刚度为 EI，扭转刚度为 GI_p，在梁的自由端 B 处外焊一根长度为 a 的水平刚性杆，在杆端 C 处垂直向下作用了一个外力 F，假设梁发生小变形。求 C 端的竖向位移。

【解】 假设 C 点处的垂向位移为 δ，则静力 F 做的功为 $W = \dfrac{1}{2}F\delta$。

由于外力 F 的作用，梁将储存应变能 V_ε。具体计算时，需要将力 F 简化到梁端 B 点处，这样梁 AB 在 B 端处除了受到一个垂直向下的力 F 作用外，还受到一个扭转力偶矩 $M_n = Fa$ 的作用。在任意截面 x 处的弯矩和扭矩分别为

$$M_e(x) = F(l-x), \quad M_n = Fa$$

梁的应变能有两部分，为

$$V_\varepsilon = \int_l \frac{M_e^2 \, \mathrm{d}x}{2EI} + \frac{M_n^2 l}{2GI_p}$$

代入有关量，并积分得

$$V_\varepsilon = \int_0^l \frac{F^2(l-x)^2 \, \mathrm{d}x}{2EI} + \frac{(Fa)^2 l}{2GI_p} = \frac{F^2 l^3}{6EI} + \frac{F^2 a^2 l}{2GI_p}$$

按照功能关系有 $W = V_\varepsilon$，从而有垂向位移

$$\delta = \frac{Fl^3}{3EI} + \frac{Fa^2 l}{GI_p}$$

【例题 11-2】 试推导横力弯曲时的应变能(其中包括弯曲应变能 V_b 和剪切应变能 V_t)。

【解】 如图 11-5 所示，假设受到横力弯曲梁的截面惯性矩为 I，横截面积为 A，长度 l。任意截面处的弯矩为 $M(x)$，剪力为 $F_S(x)$。则截面上离中性轴为 y 处的正应力 σ 和切应力 τ 为

$$\sigma = \frac{M(x)y}{I}, \quad \tau = \frac{F_S(x)S_z}{Ib}$$

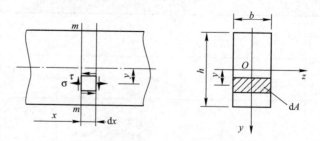

图 11-5 例题 11-2 图

利用弯曲线弹性变形和剪切线弹性变形的应变能密度计算公式

$$\upsilon_b = \frac{\sigma^2}{2E}, \quad \upsilon_t = \frac{\tau^2}{2G}$$

其中，v_b、v_t 分别代表弯曲变形应变能密度和剪切应变能密度。

这样
$$v_b = \frac{\sigma^2}{2E} = \frac{M^2 y^2}{2EI^2}, \quad v_t = \frac{F_S^2 S_z^2}{2GI^2 b^2}$$

从梁上取出一个微分单元体 dx，该单元体位于离中性轴为 y 处，且体积为 $dV = dA \cdot dx$，该单元体储存的应变能为

$$v_b dV = \frac{M^2 y^2}{2EI^2} dA dx, \quad v_t dA = \frac{F_S^2 S_z^2}{2GI^2 b^2} dA dx$$

通过对整根梁长度范围内积分可得整个梁内储存的应变能 V_b、V_t 分别为

$$V_b = \int_l \left[\frac{M^2(x)}{2EI^2} \int_A y^2 dA \right] dx, \quad V_t = \int_l \left[\frac{F_S^2(x)}{2GI^2} \int_A \frac{(S_z)^2}{b^2} dA \right] dx$$

注意到 $I = \int_A y^2 dA$，并令 $\gamma = \frac{A}{I^2} \int_A \frac{(S_z)^2}{b^2} dA$，则上面两式可简写为

$$V_b = \int_l \frac{M^2(x)}{2EI} dx, \quad V_t = \int_l \frac{\gamma F_S^2(x)}{2GA} dx$$

其中，系数 γ 是一个无量纲的数，从其定义公式容易看出它仅仅与截面形状有关。可以证明，当梁的截面形状为矩形时，$\gamma = \frac{6}{5}$；当梁的截面形状为圆形时，$\gamma = \frac{10}{9}$；当梁的截面形状为薄壁圆管时，$\gamma = 2$。其他截面形状均可推导。

【例题 11-3】 如图 11-6 所示简支梁，试比较其弯曲和剪切两种应变能。并假设梁的截面形状为矩形。

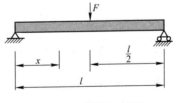

图 11-6 例题 11-3 图

【解】 任意截面 x 处的弯矩 $M(x)$ 和剪切力 $F_S(x)$ 分别为

$$M(x) = \frac{F}{2} x, \quad F_S(x) = \frac{F}{2}$$

弯曲应变能
$$V_b = 2 \int_0^{l/2} \frac{1}{2EI} \left(\frac{F}{2} x \right)^2 dx = \frac{F^2 l^3}{96EI}$$

剪切应变能
$$V_t = 2 \int_0^{l/2} \frac{k}{2GA} \left(\frac{F}{2} \right)^2 dx = \frac{kF^2 l}{8GA}$$

两种应变能之比为
$$\frac{V_t}{V_b} = \frac{12EIk}{GAl^2}$$

对于矩形截面梁，由于 $\gamma = 6/5$，$I/A = h^2/12$，另外根据均质各向同性线弹性材料其剪切模量 G 与杨氏模量 E 之间存在数量关系 $G = \frac{E}{2(1+\mu)}$，故有

$$\frac{V_t}{V_b} = \frac{12(1+\mu)}{5} \left(\frac{h}{l} \right)^2$$

从上述公式知道当取 $\frac{h}{l} = \frac{1}{5}$，$\mu = 0.3$ 时，$\frac{V_t}{V_b} = 0.125$；当 $\frac{h}{l} = \frac{1}{10}$ 时，

$\dfrac{V_t}{V_b} = 0.0312$。由此可见，对于细长梁，剪切应变能可以不考虑。

对于非线性弹性体来说，应力和应变的关系及力和位移的关系是非线性

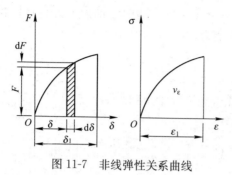

图 11-7 非线弹性关系曲线

的（图 11-7），此时功能关系仍然成立。其应变能和应变能密度分别为

$$V_\varepsilon = W = \int_0^{\delta_1} F(\delta)\,\mathrm{d}\delta, \quad \upsilon_\varepsilon = \int_0^{\varepsilon_1} \sigma\,\mathrm{d}\varepsilon$$

比如，$\sigma = C\varepsilon^{1/n}$（$n>0$，$C$ 是某个正常数）。假设应变从零开始无限缓慢地增加到 ε_0，则应变能密度为

$$\upsilon_\varepsilon = \int_0^{\varepsilon_0} \sigma(\varepsilon)\,\mathrm{d}\varepsilon = \frac{nC}{n+1}\varepsilon_0^{1/n+1}$$

11.3　应变能的一般关系

前面讨论的是杆件的基本变形对应的应变能计算公式。下面讨论一般情况下的应变能计算问题，如图 11-8 所示。

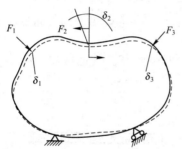

图 11-8 受力系作用的约束线弹性体

假设作用在物体上的外力是 F_1，F_2，…相应作用点的位移为 δ_1，δ_2，…不考虑物体的刚性位移，仅考虑物体的弹性变形，由于物体在外力作用下发生的是弹性变形，各个作用点的位移与外力之间呈线性关系，所以外力与其作用点的位移之间是按照同一比例变化的，当然不同的外力，变化比例可以不一样，但是对于弹性体在静力变形过程中储存的应变能只决定于外力和位移的最终数值，与加载过程或加载次序没有关系。这样就可以选择一种计算比较简单的方式来计算应变能，假设各个外载的变化比例是一样的，假设该比例系数为 β，其变化范围为 $\beta \in [0,1]$，各个外荷载的变化中间值为 βF_1，βF_2，…（这里 F_1，F_2，…设为各个荷载的最终值），各个外荷载的作用点的位移为 $\beta\delta_1$，$\beta\delta_2$，…（这里 δ_1，δ_2，…设为各个荷载对应的位移的最终值），在比例系数 β 变化一个微量 $\mathrm{d}\beta$ 的过程中，按照功能关系式，弹性物体储存的应变能为

$$\mathrm{d}W = \beta F_1 \cdot \delta_1 \mathrm{d}\beta + \beta F_2 \cdot \delta_2 \mathrm{d}\beta + \cdots \tag{11-22}$$

对上式积分，即可得到整个变形过程中弹性物体储存的应变能为

$$W = (F_1\delta_1 + F_2\delta_2 + \cdots)\int_0^1 \beta\,\mathrm{d}\beta = \frac{1}{2}F_1\delta_1 + \frac{1}{2}F_2\delta_2 + \cdots \tag{11-23}$$

上述结论称为克拉贝依隆（Clapeyron）原理。由于外力与作用点位移之间是线性关系，因此当应变能仅仅用外力或位移表示时，应变能表达式将成为外力或位移的二次齐次函数。

现将上述原理具体应用到杆件的组合变形（图 11-9）。

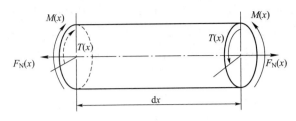

图 11-9　杆件的组合变形

假设从杆件中取出长为 $\mathrm{d}x$ 的微段，该微段的两端截面上作用有弯矩 $M(x)$、扭矩 $T(x)$ 和轴力 $F_{\mathrm{N}}(x)$。并假设微段两端的轴向相对位移为 $\mathrm{d}(\Delta l)$，相对扭转角为 $\mathrm{d}\varphi$，相对转角为 $\mathrm{d}\theta$，由克拉贝依隆原理可得到微段内的应变能为

$$\mathrm{d}V_{\varepsilon} = \frac{1}{2}F_{\mathrm{N}}(x)\mathrm{d}(\Delta l) + \frac{1}{2}M(x)\mathrm{d}\theta + \frac{1}{2}T(x)\mathrm{d}\varphi$$

$$= \frac{F_{\mathrm{N}}^{2}(x)\mathrm{d}x}{2EA} + \frac{M^{2}(x)\mathrm{d}x}{2EI} + \frac{T^{2}(x)\mathrm{d}x}{2GI_{\mathrm{p}}} \tag{11-24}$$

对上式积分，可求出整个杆件的应变能为

$$V_{\varepsilon} = \int_{l}\frac{F_{\mathrm{N}}^{2}(x)\mathrm{d}x}{2EA} + \int_{l}\frac{M^{2}(x)\mathrm{d}x}{2EI} + \int_{l}\frac{T^{2}(x)\mathrm{d}x}{2GI_{\mathrm{p}}} \tag{11-25}$$

上述公式适用于圆形截面杆件，对于非圆形截面杆件，上述公式第三项 I_{p} 应该改为 I_{t}。

11.4　功的互等定理和位移互等定理

对于线弹性结构，借助于应变能的概念，可以导出功的互等定理（recip-rocal theorem of work）和位移互等定理（reciprocal theorem of displacement），这对于结构静力分析是非常有用的。

如图 11-10 所示，假设作用在线弹性结构上的力（广义力）有两个，分别为 F_1、F_2，由于该两力的作用，引起它们的作用点的位移分别为 δ_1、δ_2，它们共同完成的总功为 $\frac{1}{2}F_1\delta_1 + \frac{1}{2}F_2\delta_2$；在此基础上，在线弹性结构上再作用两个力，分别为 F_3 和 F_4，由于它们的作用，一方面引起了它们作用点的位移分别为 δ_3 和 δ_4；另一方面，也引起了力 F_1 和 F_2 作用点处的新位移 δ_1' 和 δ_2'，

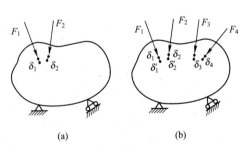

图 11-10　受力作用的线弹性体

并且在发生位移 δ_1' 和 δ_2' 的过程中，力 F_1 和 F_2 的作用方向、位置和大小均不改变，按照这样的加载顺序，线弹性体储存的应变能可表示为

$$V_{\varepsilon 1} = \frac{1}{2}F_1\delta_1 + \frac{1}{2}F_2\delta_2 + \frac{1}{2}F_3\delta_3 + \frac{1}{2}F_4\delta_4 + F_1\delta_1' + F_2\delta_2' \tag{11-26}$$

现在改变一下加载顺序，先加力 F_3 和 F_4，再加力 F_1 和 F_2。有关力作用

点的位移情况如下，力 F_3 和 F_4 作用点的位移分别为 δ_3 和 δ_4；力 F_1 和 F_2 作用点的位移分别为 δ_1 和 δ_2，另外由于后加力 F_1 和 F_2，又引起了力 F_3 和 F_4 作用点新的额外位移 δ_3' 和 δ_4'。按照这样的顺序加载，线弹性体储存的应变能可表示为

$$V_{\varepsilon 2} = \frac{1}{2}F_1\delta_1 + \frac{1}{2}F_2\delta_2 + \frac{1}{2}F_3\delta_3 + \frac{1}{2}F_4\delta_4 + F_3\delta_3' + F_4\delta_4' \tag{11-27}$$

考虑到线弹性体储存的应变能与加载顺序无关，有

$$F_1\delta_1' + F_2\delta_2' = F_3\delta_3' + F_4\delta_4' \tag{11-28}$$

上述结论的物理意义是第一组力（这里指力 F_1 和 F_2）在第二组力（这里指力 F_3 和 F_4）引起的位移上做的功等于第二组力在第一组力引起的位移上做的功。显然该结论的成立与各组力包含的数量没有关系。

总结上述过程，注意如下几点：

（1）结构必须是线弹性体；（2）结构发生的变形是小变形；（3）涉及的力是广义力；（4）力作用点的位移是指沿着力作用方向的位移；（5）由于结构发生的是线弹性小变形，因此无论原来结构上是否作用有力，新加载的力引起的其自身方向上的位移始终不变；（6）不考虑结构的刚体位移。

作为一个特例，假设先后作用到结构上的荷载分别为 F_1 和 F_2，则由于力 F_1 的作用而引起的力 F_2 方向上的位移 δ_2，与由于力 F_2 的作用而引起的力 F_1 方向上的位移 δ_1，当 $F_1 = F_2$ 成立时，有 $\delta_1 = \delta_2$。这是由于按照刚刚介绍的功的互等定理有 $F_1\delta_1 = F_2\delta_2$ 成立，结论不言自明。

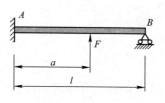

图 11-11 受竖向力作用的固端简支梁

［思考］ 如图 11-11 所示的超静定梁，在梁上作用了一个垂直向上的外力 F，试利用互等定理求解 B 端的约束反力。

［提示］ 将外力 F 与 B 端约束力 F_B（方向假设垂直向下）作为第一组力，在 B 端处垂直向上作用一个单位力 $F = 1$，并把它作为问题的第二组力。

11.5 卡氏定理

有约束而无刚性位移的线弹性结构受到力 F_1，F_2，…，F_n 的作用，力的作用点沿着这些力的方向分别产生位移 δ_1，δ_2，…，δ_n。结构因为外力的作用显然储存了弹性应变能 V_ε，该应变能应该是力 F_1，F_2，…，F_n 的函数，即

$$V_\varepsilon = V_\varepsilon(F_1, F_2, \cdots, F_n)$$

假设这些力中有一个力 F_k 产生了增量 dF_k，因而应变能产生了增量 ΔV_ε，该增量按照泰勒级数展开略去高阶微量可表示为

$$\Delta V_\varepsilon = V_\varepsilon(F_1, F_2, \cdots, F_k + dF_k, \cdots, F_n) - V_\varepsilon(F_1, F_2, \cdots, F_k, \cdots, F_n)$$

$$= \frac{\partial V_\varepsilon}{\partial F_k} dF_k$$

即有

$$V_\varepsilon(F_1, F_2, \cdots, F_k + \mathrm{d}F_k, \cdots, F_n) = V_\varepsilon(F_1, F_2, \cdots, F_k, \cdots, F_n)$$
$$+ \frac{\partial V_\varepsilon}{\partial F_k}\mathrm{d}F_k \qquad (11\text{-}29)$$

改变加载顺序，首先加力 $\mathrm{d}F_k$，其作用点的位移为 $\mathrm{d}\delta_k$，做功为 $\frac{1}{2}\mathrm{d}F_k\mathrm{d}\delta_k$；再作用力组 $F_1, F_2, \cdots, F_n$。尽管预先作用了力 $\mathrm{d}F_k$，但由于考虑的问题是线弹性结构小变形，因此，该力组的作用点的位移仍然分别是 $\delta_j(j=1, 2, \cdots, n)$，其做的功为 $W = V_\varepsilon(F_1, F_2, \cdots, F_n)$。需要注意的是在作用力组 $F_j(j=1, 2, \cdots, n)$ 的过程中，已经存在的微力 $\mathrm{d}F_k$ 大小方向和位置都没有改变，即它是个常力，因此其做的功为 $\delta_k\mathrm{d}F_k$，这样综合起来，第二种加载方式对应的功（等于弹性体储存的应变能）为

$$\frac{1}{2}\mathrm{d}F_k\mathrm{d}\delta_k + V_\varepsilon + \delta_k\mathrm{d}F_k \qquad (11\text{-}30)$$

由于应变能大小与加载顺序没有关系，因而有如下等式

$$V_\varepsilon + \frac{\partial V_\varepsilon}{\partial F_k}\mathrm{d}F_k = \frac{1}{2}\mathrm{d}F_k\mathrm{d}\delta_k + V_\varepsilon + \delta_k\mathrm{d}F_k \qquad (11\text{-}31)$$

省略高阶无穷小 $\frac{1}{2}\mathrm{d}F_k\mathrm{d}\delta_k$ 项，有

$$\delta_k = \frac{\partial V_\varepsilon}{\partial F_k} \qquad (11\text{-}32)$$

由此对于线弹性结构的小变形情况，当把结构应变能表示为荷载的函数时，应变能函数对于任何一个荷载的偏导数，就等于相应荷载方向上的位移，这就是卡氏第二定理(Castigliano's second theorem)。定理中的荷载和位移分别代表广义力和广义位移。具体应用时，当所求位移处无荷载作用时，可附加上相应的荷载，在最后的结果中令附加荷载为零即可，或在内力求导运算结束后，令附加荷载为零，再做积分运算，结果是一样的。

作为卡氏第二定理的具体应用，拉压杆件、扭转轴和弯曲梁的有关公式可表示如下：

具有 n 根杆件的桁架结构的拉压应变能可表示为

$$V_\varepsilon = \sum_{k=1}^{n} \frac{F_{Nk}^2 l_k}{2E_k S_k} \qquad (11\text{-}33)$$

其对应的拉压变形计算式为

$$\delta_j = \sum_{k=1}^{n} \frac{F_{Nk} l_k}{E_k S_k} \frac{\partial F_{Nk}}{\partial F_j} \quad (j=1, 2, \cdots, m) \qquad (11\text{-}34)$$

其中 F_{Nk} 和 l_k 分别代表第 k 根杆的轴力和长度；$E_k S_k$ 代表第 k 根杆的拉压刚度；m 代表桁架结构所受力的数量，而 $F_{Nk} = F_{Nk}(F_1, F_2, \cdots, F_m)$。

对于横力弯曲梁，位移计算公式为

$$\delta_j = \frac{\partial V_\varepsilon}{\partial F_j} = \frac{\partial}{\partial F_j}\left(\int_l \frac{M^2(x)\mathrm{d}x}{2EI}\right) \qquad (11\text{-}35)$$

由于上述公式中的求导运算和求积运算是相互独立的，因此两者之间的运算顺序可以交换进行，即有

217

$$\delta_j = \int_l \frac{M(x)}{EI} \cdot \frac{\partial M(x)}{\partial F_j} dx \qquad (11\text{-}36)$$

补充材料：卡氏第一定理（Castigliano's first theorem）

弹性杆件的应变能 $U(\delta_i)$ 对于杆件上与某一荷载相应的位移 $\delta_i(i=1，2，\cdots，n)$ 的变化率等于该荷载的值，即

$$\frac{\partial U}{\partial \delta_i} = P_i \qquad (11\text{-}37)$$

以图 11-12 简支梁为例，其上作用有荷载 P_1，P_2，$\cdots$，P_n（广义力），其相应位移为 δ_1，δ_2，$\cdots$，δ_n（广义位移）。假定荷载 $P_i(i=1，2，\cdots，n)$ 同时作用，且由同一比例从零加载到终值 $P_i(i=1，2，\cdots，n)$。结构的变形能

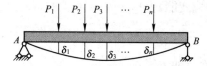

图 11-12 受力系作用的简支梁

$P_i d\delta_i$ 等于荷载作用期间所做的功，通过材料的荷载-位移关系，每个力 P_i 可表示成为其相应位移 δ_i 的函数，通过积分求得的变形能是位移 δ 的函数，即 $U(\delta_i)$。

如果此时某一位移 δ_i 有一增量 $d\delta_i$，其余位移保持不变，则此时变形能的增量 dU 为

$$dU = \frac{\partial U}{\partial \delta_i} d\delta_i \qquad (11\text{-}38)$$

当位移 δ_i 增大 $d\delta_i$ 时，相应力 P_i 将做功 $P_i d\delta_i$，而其他任何力都不做功，因为其他的位移没有改变，所以 $dW = P_i d\delta_i$，根据式（11-1）$dV_e = dW$ 故有

$$P_i = \frac{\partial U}{\partial \delta_i} \qquad (11\text{-}39)$$

卡氏第一定理还可通过虚位移原理导出，不受线弹性材料的限制，可用于非线性弹性材料杆件或结构。

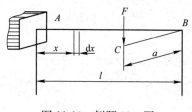

图 11-13 例题 11-4 图

【例题 11-4】 图 11-13 所示为直角曲拐杆件 ABC，由 AB 和 BC 两部分组成，其中 AB 部分是长度为 l 的圆形等截面直杆，其扭转刚度和弯曲刚度分别为 GI_p、EI_z；BC 部分为长度 a 的刚性直杆，在 C 端处垂直向下作用一个集中力 F，求 C 处的垂直位移。

【解】 为对比运算结果，下面采用卡氏第二定理和一般非能量方法来求解该问题。采用一般非能量方法求解步骤如下：首先将力简化到 AB 部分的 B 端，除了一个垂直向下的力 F 外，还附加一个力偶矩 $M_p = F \cdot a$。这样梁 AB 实际上是既有横力弯曲变形，又有扭转变形。由弯曲挠度方程

$$v''(x) = \frac{M(x)}{EI_z}$$

其中， $\qquad M(x) = -F(l-x)，\quad (0 < k \leqslant l)$

对上述微分方程积分两次有

$$\upsilon(x) = \frac{1}{EI_z}\left(\frac{1}{6}Fx^3 - \frac{1}{2}Flx^2 + cx + d\right)$$

其中,c、d 是积分常数,需要由边界条件确定。

由图 11-13 所示,边界条件为 $\begin{cases} \upsilon(0)=0 \\ \upsilon'(0)=0 \end{cases}$,由此得到 AB 梁的挠度方程为

$$\upsilon(x) = \frac{1}{EI_z}\left(\frac{1}{6}Fx^3 - \frac{1}{2}Flx^2\right)$$

因而,AB 梁的 B 端点的垂直挠度为

$$\upsilon_B = -\frac{Fl^3}{3EI_z}$$

此外,由于扭矩 $M_p = F \cdot a$ 的作用,B 端的扭转角为 $\varphi_B = \frac{Fal}{GI_p}$(从 B 端看逆时针方向)。由于 B 端的微小转动导致刚性杆件 BC 的端点 C 的下垂位移为 $\frac{Fa^2l}{GI_p}$,再叠加上 B 端的下垂位移 $\frac{Fl^3}{3EI_z}$,得到曲拐杆 ABC 的 C 端的总下垂位移为 $\upsilon_C = \frac{Fa^2l}{GI_p} + \frac{Fl^3}{3EI_z}$。

下面采用卡氏第二定理求解。由于是静力加载和变形以及曲拐 BC 部分为不变形的刚性杆件,因此 BC 部分实际上没有任何应变能。只有 AB 部分存在应变能,其应变能计算如下

$$V_\varepsilon = 弯曲应变能 + 扭转应变能 = \int_0^l \frac{M^2(x)\mathrm{d}x}{2EI_z} + \frac{M_p^2 l}{2GI_p} = \frac{F^2 l^3}{6EI_z} + \frac{F^2 a^2 l}{2GI_p}$$

利用卡氏第二定理有

$$\upsilon_C = \frac{\partial V_\varepsilon}{\partial F} = \frac{Fl^3}{3EI_z} + \frac{Fa^2l}{GI_p}$$

两种方法计算结果是一样的,但明显看出,能量法简单好用。

11.6 能量法在动荷载问题中的应用

工程中的许多问题会涉及运动状态或荷载随时间发生变化的情况。根据荷载的性质,可将这些问题划分为三类:第一类是惯性荷载问题,即运动物体的加速度已知;第二类是冲击荷载问题,即荷载作用时间很短;第三类是周期性荷载问题,即构件承受的荷载是周期性变化的,构件因为疲劳而破坏。

对于惯性荷载问题,由于构件运动加速度已知,可利用动静法(达朗伯原理),将惯性力形式上作为外力来看待,并与其他荷载一起构成平衡力系,利用前面的分析方法得到结论。

如一根横截面积为 A 的钢丝绳吊着一个静止重量为 G 的重物以匀加速度 a 匀加速上升,则显然作用于竖直向下的惯性力为 $\frac{G}{g}a$,若不计算钢丝绳的重

量，则钢丝绳内截面上承受的轴向力为 $F_N = G + \dfrac{G}{g}a$，假设钢丝绳截面上的应力均匀分布，则其截面上的动应力为

$$\sigma = \frac{G}{A}\left(1 + \frac{a}{g}\right) \tag{11-40}$$

此外，当杆件围绕着垂直于其轴线的轴匀速旋转或薄壁圆环围绕着其圆心匀速旋转时，都可用类似方法来求得其动应力。

工程中还存在着许多冲击荷载问题，如地基打桩、吊运货物过程中的急刹车、构件之间的弹性碰撞等。这些问题的共同特点是冲击荷载作用时间都很短，冲击过程中常常伴随着热量、声音等现象出现。简言之，冲击过程是一个很复杂的综合过程，要详细研究它是非常困难的。从工程实用的角度，常常要对它进行简化处理，这种处理不仅使得问题研究起来简单方便，而且所得到的结果偏于安全，满足工程实际需要。这种简化原则对于利用能量法解决问题也是非常实用的。具体简化原则如下：

（1）仅仅考虑被冲击物的变形，不考虑冲击物的变形；

（2）在冲击过程中，被冲击物的变形始终处于线弹性范围内；

（3）冲击过程中，机械能守恒，即冲击能全部转化为被冲击物的应变能，不考虑其他能量的变化。

值得强调的是，承受各种变形的弹性杆件都可以看作是一个弹簧，相应的弹簧系数是杆件所受的广义力及其引起的广义变形之比。因此，弹簧在冲击问题的讨论中是一个常用的模型。

下面就考虑弹簧冲击问题，首先考虑竖直状态情形。

假设重量为 P 的冲击物一旦与受冲击的弹簧接触上，就相互附着共同运动，略去弹簧质量，仅考虑其弹性，这样冲击物体与受冲弹簧就组成了一维自由度系统。设冲击物体在与弹簧开始接触的瞬间动能为 T，冲击过程中由于弹簧的阻抗，弹簧变形达到最大程度（设为 Δ_d）时，体系动能为零，在该过程中，冲击物的动能变化了 T（注意已经假设弹簧没有质量）；此外，冲击物又进一步下降了 Δ_d，势能变化了 $V = P \cdot \Delta_d$。假设弹簧处于最大变形状态时的应变能为 V_{ed}，根据前面的假设和机械能守恒定律知，自冲击物与弹簧刚刚接触（此时冲击物具有动能 T 和势能 $P \cdot \Delta_d$，弹簧没有变形因而没有势能）的状态到冲击结束（冲击物的动能和势能皆为零，仅弹簧有弹性势能）时的状态，这两个状态的机械能是相等的，即有

$$T + V = V_{ed} \tag{11-41}$$

假设体系速度为零时（弹簧处于最大变形状态）弹簧的动荷载为 F_d（引起的动应力为 σ_d），弹簧服从胡克定律，动荷载与变形成正比，且都是从零变化到最终值。所以冲击过程完成后，动荷载做的功（即弹簧的最大应变能）为

$$V_{ed} = \frac{1}{2} F_d \Delta_d \tag{11-42}$$

此外，若冲击物（重量为 P）以静荷载方式无限缓慢地施加到构件上后，

弹簧的静变形和静应力分别为 Δ_{st} 和 σ_{st}，则在线弹性范围内，应该有如下等式成立

$$\frac{F_d}{P} = \frac{\Delta_d}{\Delta_{st}} = \frac{\sigma_d}{\sigma_{st}} \qquad (11\text{-}43)$$

或者写为

$$F_d = \frac{\Delta_d}{\Delta_{st}}P, \quad \sigma_d = \frac{\Delta_d}{\Delta_{st}}\sigma_{st} \qquad (11\text{-}44)$$

将 $F_d = \dfrac{\Delta_d}{\Delta_{st}}P$ 代入 $V_{\varepsilon d} = \dfrac{1}{2}F_d\Delta_d$ 中，再代入能量平衡方程式 $T + V = V_{\varepsilon d}$ 中，整理有

$$\Delta_d^2 - 2\Delta_{st}\Delta_d - \frac{2T\Delta_{st}}{P} = 0 \qquad (11\text{-}45)$$

解之得

$$\Delta_d = \Delta_{st}\left(1 + \sqrt{1 + \frac{2T}{P\Delta_{st}}}\right) \qquad (11\text{-}46)$$

引入符号

$$K_d = \frac{\Delta_d}{\Delta_{st}} = 1 + \sqrt{1 + \frac{2T}{P\Delta_{st}}} \qquad (11\text{-}47)$$

K_d 称为冲击动荷载系数。因此又有

$$\Delta_d = K_d\Delta_{st}, \quad F_d = K_d P, \quad \sigma_d = K_d\sigma_{st} \qquad (11\text{-}48)$$

由此可见，动荷载系数 K_d 分别乘静荷载、静变形和静应力就得到了冲击结束后的动荷载、动变形和动应力。而最大动荷载、动变形和动应力正是结构构件强度或刚度分析所需要的。

若冲击物是从离弹簧垂直高度为 h 的地方自由落下，则显然冲击物与弹簧接触的瞬间的动能为 $T = P \cdot h$，代入动荷载系数 K_d 中有

$$K_d = 1 + \sqrt{1 + \frac{2h}{\Delta_{st}}} \qquad (11\text{-}49)$$

若冲击物是在离弹簧垂直高度为零的地方突然加到弹簧上，这相当于物体是从 $h = 0$ 处自由下落，此时显然有 $K_d = 2$，这说明突加荷载会导致应力和变形从静变形状态下增加一倍的变化，即突加荷载导致的动应力和动变形分别是静应力和静变形的两倍。

[思考] 若冲击物是从离弹簧 h 的高度，以速度 v 下落冲击弹簧，考虑动荷载系数 K_d 的表达式。

考虑水平冲击状态情形，如图 11-14 所示，一根悬臂梁（水平杆），长度为 l，拉压刚度为 $E \cdot A$（材料杨氏模量 E 和横截面面积 A 的乘积）。重量为 P 的冲击物，以水平速度 v 沿着水平光滑平面与水平杆发生正碰撞。

按照前面处理冲击问题的假设，冲击

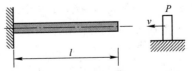

图 11-14　受水平冲击的杆

物（刚性的）的水平运动动能 $T=\dfrac{1}{2}\dfrac{P}{g}v^2$ 将全部转化为水平杆的变形势能（应变能）$V_{\epsilon d}=\dfrac{1}{2}F_d\Delta_d$，即

$$T=\frac{1}{2}\frac{P}{g}v^2=V_{\epsilon d}=\frac{1}{2}\frac{\Delta_d^{\,2}}{\Delta_{st}}P$$

从而
$$\Delta_d=\sqrt{\frac{v^2}{g\Delta_{st}}}\Delta_{st}\Rightarrow K_d=\frac{\Delta_d}{\Delta_{st}}=\sqrt{\frac{v^2}{g\Delta_{st}}} \tag{11-50}$$

故
$$F_d=K_dP,\quad \sigma_d=K_d\sigma_{st}=K_d\frac{P}{A} \tag{11-51}$$

其中，F_d 是杆件中的最大冲击（轴向）力；σ_d 是杆件中的最大冲击应力；σ_{st} 是杆件中的静应力，在这里是把重量 P 静力作用到杆件上后产生的静应力。

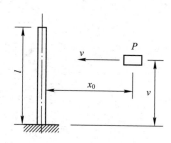

图 11-15　受水平冲击的立柱

[思考]　如图 11-15 所示，一根长度为 l 的竖直杆，横截面为矩形（矩形的宽高分别为 b_1、h_1），材料杨氏模量为 E；一个离竖直杆水平距离为 x_0，高度为 h 的刚性重物 P（重量也假设为 P）以水平速度 v 向左运动（作平抛运动），假设冲击物与杆件接触后是光滑接触的。求杆件内的最大正应力、剪切应力和杆上点的最大位移。若不是光滑接触，并假设摩擦系数为 μ，情况又如何呢？

从前面的讨论容易看出，在冲击问题中，如果能够增大静位移 Δ_{st}（即被冲击物刚度小，容易变形，能够吸收更多的冲击能量），就可以降低冲击荷载和冲击应力。但需要注意的是，事物总是一分为二的，不能顾此失彼，有时增加了静变形，可能又会增加了静应力 σ_{st}，反倒没有降低动应力 σ_d。

上述简化计算方法，省略了其他能量的损失，实际上冲击物的动能和势能并没有完全转化为被冲击物的应变能，另外冲击物本身也不是绝对的刚性体，它自身也要吸收部分撞击能量。所以，简化计算结果是偏于安全和保守的，这显然符合工程设计所要求的。

小结及学习指导

能量法是材料力学中重要内容，是分析和计算杆、轴和梁变形的实用方法之一。

要熟练掌握外力功的概念、常力做功和变力做功的计算问题、广义力和广义位移的概念、克拉贝依隆原理；要明确外力做功的大小仅与外力的最终值有关而与加载顺序无关。

要熟练掌握应变能和应变能密度（也称变形比能）的概念、功能原理、功的互等定理和位移互等定理、基本变形的应变能和应变能密度的计算方法及应用范围，应变余能的概念及计算方法，虚位移原理的内容。

要掌握卡氏定理应用的条件及注意事项(包括虚加荷载法)，了解卡氏定理的证明过程。

掌握莫尔定理的内容及适用条件，了解其推导过程，掌握冲击应力及冲击变形的能量分析方法。

掌握刚架和曲杆变形的能量分析方法、组合变形的能量计算方法以及桁架结构节点的相对位移和绝对位移的能量分析和计算法，了解非线性本构关系的应变能密度计算。

重点掌握各种能量分析方法的适用条件及分析问题的思路、冲击应力计算的能量分析法。

思考题

11-1 计算应变能时可以应用叠加原理么？若不能，为什么杆件的应变能又等于拉压应变能、扭转应变能和弯曲应变能之和？什么情况应变能可以叠加？什么情况下不可以？

11-2 在线性弹性范围内，下列错误说法有哪些？

(1) 两端受拉的直杆中，当拉力由 F 增加到 $\sqrt{2}F$ 时，其伸长量增加到原来长度的 $\sqrt{2}$ 倍；

(2) 受扭圆轴中，当两端的扭矩减少一半时，其应变能也减少一半；

(3) 简支梁承受均布荷载 q，梁中横截面上的最大应力为 40MPa，当荷载 q 增加到 $2q$ 时，应变能增加到原来的 2 倍；

(4) 梁的弯曲变形能也可以改写为 $V_{b}=\int_{l}\frac{1}{2}EI(v'')^{2}\mathrm{d}x$。

11-3 如图 11-16 所示，下方的承重圆盘与一根上端固定的弹性圆杆连接。圆盘上放置有刚度为 k 的弹簧。空心重物 P(其重量也是 P)从与弹簧上端面相距 H 的高度上自由下落。求下落的许用高度 H。假设圆杆直径为 d，长度为 L，材料杨氏模量为 E，许用应力为 $[\sigma]$。

11-4 如图 11-17 所示，有两根相同的悬臂梁末端有间隙 $\delta=\dfrac{FL^{3}}{3EI}$，左梁末端处有一重物 P 突然加到梁上，但没有冲击高度。求右梁末端的最大挠度 Δ。

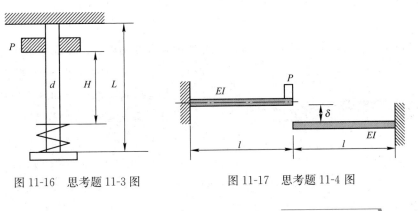

图 11-16　思考题 11-3 图　　　　图 11-17　思考题 11-4 图

习题

以下习题中，如无特别说明，都假定材料是线弹性的。

11-1 两根圆截面直杆的材料相同，尺寸如图 11-18 所示，其中一根为等截面杆，另一根为变截面杆。试比较两根杆件的应变能。

11-2 图 11-19 所示桁架各杆的材料相同，截面面积相等。试求在 F 力作用下，桁架的应变能。

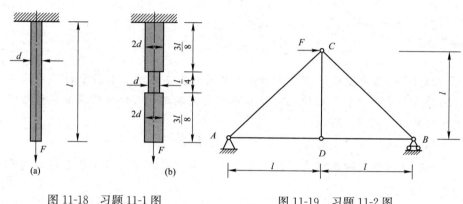

图 11-18 习题 11-1 图   图 11-19 习题 11-2 图

11-3 计算图 11-20 所示各杆的应变能。

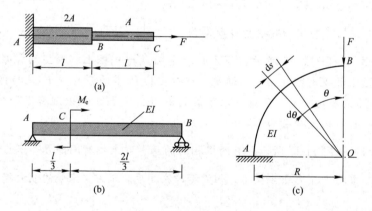

图 11-20 习题 11-3 图

11-4 车床主轴如图 11-21 所示，在转化为当量轴以后，其抗弯刚度 EI 可以作为常量。试求在荷载 F 作用下，截面 C 的挠度和前轴承 B 处的截面转角。

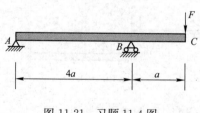

图 11-21 习题 11-4 图

11-5 简支梁的整个跨度 l 内，作用均布荷载 q。材料的应力—应变关系为 $\sigma = C\sqrt{\varepsilon}$。式中 C 为常量，σ 与 ε 皆取绝对值。试求梁的端截面的转角。

11-6 如图 11-22 所示，刚架各杆的材料相同，但截面尺寸不一，所以抗弯刚度 EI 不同。试求在 F 力作用下，截面 A 的位移和转角。

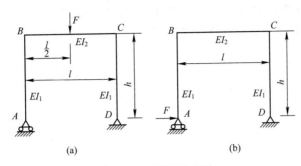

图 11-22　习题 11-6 图

11-7 图 11-23 所示桁架各杆的材料相同，截面面积相等。试求节点 C 处的水平位移和垂直位移。

11-8 图 11-24 所示桁架各杆的材料相同，截面面积相等。在荷载 F 作用下，试求节点 B 与 D 间的相对位移。

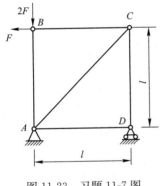

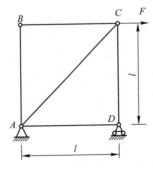

图 11-23　习题 11-7 图　　　　图 11-24　习题 11-8 图

11-9 杆系及梁组成的混合结构如图 11-25 所示。设 F、a、E、A、I 均已知。试求 C 点的垂直位移。

11-10 平面刚架如图 11-26 所示。若刚架各部分材料和截面相同，试求截面 A 的转角。

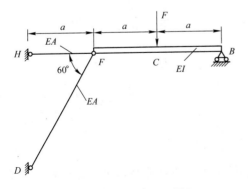

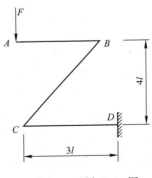

图 11-25　习题 11-9 图　　　　图 11-26　习题 11-10 图

11-11 等截面曲杆如图 11-27 所示。试求截面 B 的垂直位移和截面 B 的转角。

11-12 如图 11-28 所示，等截面曲杆 BC 的轴线为 3/4 的圆周。若 AB 杆可视为刚性杆，试求在 F 力作用下，截面 B 的水平位移。

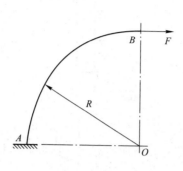

图 11-27　习题 11-11 图

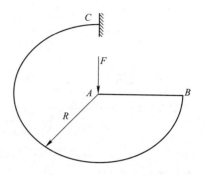

图 11-28　习题 11-12 图

11-13 图 11-29 所示折杆的横截面为圆形。在力偶矩 M_e 作用下，试求折杆自由端的线位移和角位移。

11-14 如图 11-30 所示，正方形刚架各部分的 EI 相等，GI_t 也相等。E 处有一切口。在一对垂直于刚架平面的水平力 F 作用下，试求切口两侧的相对水平位移 δ。

11-15 轴线为水平平面内 1/4 圆周的曲杆如图 11-31 所示，在自由端 B 作用垂直荷载 F。设 EI 和 GI_p 已知，试求截面 B 在垂直方向的位移。

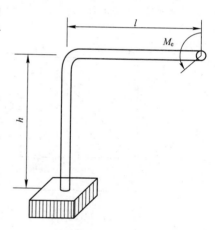

图 11-29　习题 11-13 图

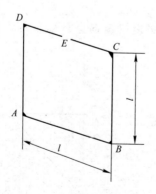

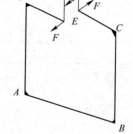

图 11-30　习题 11-14 图

11-16 如图 11-32 所示，平均半径为 R 的细圆环，截面为圆形，其直径为 d。F 垂直于圆环中线所在的平面。试求两个 F 力作用点的相对线位移。

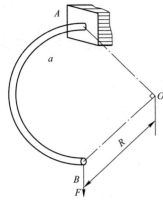

图 11-31 习题 11-15 图   图 11-32 习题 11-16 图

11-17 柱形密圈螺旋弹簧的簧圈平均直径为 D，簧丝横截面直径为 d，有效圈数为 n。在弹簧两端受到扭转力偶矩 M_e 的作用，试求两端的相对扭转角。

习题答案

11-1 (a) $V_\varepsilon = \dfrac{2F^2 l}{\pi E d^2}$, (b) $V_\varepsilon = \dfrac{7F^2 l}{8\pi E d^2}$

11-2 $V_\varepsilon = 0.957 \dfrac{F^2 l}{EA}$

11-3 (a) $V_\varepsilon = \dfrac{3F^2 l}{4EA}$, (b) $V_\varepsilon = \dfrac{M_e^2 l}{18EI}$, (c) $V_\varepsilon = \dfrac{\pi F^2 R^3}{8EI}$

11-4 $v_C = \dfrac{5Fa^3}{3EI}$（向下）, $\theta_B = \dfrac{4Fa^2}{3EI}$（顺时针）

11-5 端截面转角 $\theta = \dfrac{q^2 l^5}{240 C^2 I^2}$

11-6 (a) $x_A = \dfrac{Fhl^2}{8EI_2}$（向左）, $\theta_A = \dfrac{Fl^2}{16EI_2}$（顺时针）

(b) $x_A = \dfrac{Fh^2}{3E}\left(\dfrac{2h}{I_1} + \dfrac{3l}{I_2}\right)$（向右）, $\theta_A = \dfrac{Fh}{2E}\left(\dfrac{h}{I_1} + \dfrac{l}{I_2}\right)$（逆时针）

11-7 $x_C = 3.83\dfrac{Fl}{EA}$（向左）, $y_C = \dfrac{Fl}{EA}$（向上）

11-8 $\delta_{BD} = 2.71\dfrac{Fl}{EA}$（相向接近）

11-9 $\delta_C = \dfrac{Fa^2}{6EI} + \dfrac{3Fa}{4EA}$（向下）

11-10 $\theta_A = 16.5\dfrac{Fl^2}{EI}$（逆时针）

11-11 $y_B = \dfrac{FR^3}{2EI}$（向下）, $\theta_B = 0.571\dfrac{FR^2}{EI}$（顺时针）

11-12 $x_{\mathrm{B}} = \dfrac{FR^3}{2EI}$（向左）

11-13 自由端线位移为 $\dfrac{32M_{\mathrm{e}}h^2}{E\pi d^4}$（向前），自由端截面的转角为 $\dfrac{32M_{\mathrm{e}}l}{G\pi d^4} + \dfrac{64M_{\mathrm{e}}h}{E\pi d^4}$

11-14 $\delta = \dfrac{5Fl^3}{6EI} + \dfrac{3Fl^3}{2GI_{\mathrm{t}}}$（分开）

11-15 $\delta_{\mathrm{B}} = FR^3\left(\dfrac{0.785}{EI} + \dfrac{0.356}{GI_{\mathrm{p}}}\right)$（向下）

11-16 相对线位移 $\delta = \dfrac{\pi FR^3}{EI} + \dfrac{3\pi FR^3}{GI_{\mathrm{p}}}$

11-17 两端相对转角 $\theta = \dfrac{32nDM_{\mathrm{e}}}{d^4}\left(\dfrac{2\cos^2\alpha}{E} + \dfrac{\sin^2\alpha}{G}\right)$

附录 I
截面图形的几何性质

本章知识点

【知识点】静矩的定义，截面形心坐标的确定，组合截面的静矩和形心计算；惯性矩、极惯性矩、惯性积和惯性半径的定义与计算，组合截面的惯性矩、惯性积计算；平行移轴公式、转轴公式；主惯性轴、主惯性矩。

【重点】静矩、惯性矩、极惯性矩和惯性积的计算，平行移轴公式、转轴公式的应用。

【难点】组合截面的惯性矩、惯性积计算，确定形心主轴的位置及形心主惯性矩大小。

构件在外力作用下的应力和变形，不仅与构件的内力、材料的弹性模量有关，还取决于构件横截面的形状、尺寸。例如在计算拉伸（压缩）杆件时用到的横截面面积 A，计算受扭转杆件时用到的横截面极惯性矩 I_p 和抗扭截面系数 W_p 等。它们都是只与横截面图形的形状、尺寸有关的几何量，统称为截面图形的几何性质。

工程实践和力学理论都已证明构件横截面图形的几何性质是影响构件承载能力的重要因素。例如，在圆轴扭转计算中，我们已知

$$\tau_\rho = \frac{M_n\rho}{I_p}, \quad \tau_{max} = \frac{M_n}{W_p}, \quad \theta = \frac{M_n}{GI_p}$$

由上面公式可以看出，横截面上的极惯性矩 I_p 和抗扭截面系数 W_p 直接影响横截面上的切应力 τ_ρ 和 τ_{max} 以及单位扭转角 θ 的数值，都必须掌握构件横截面图形几何量，如 I_p、W_p 等的计算。

I.1 静矩与形心

I.1.1 静矩

面积为 A 的任意平面图形如图 I-1 所示，设定平面坐标系 Oyz。取微面积 dA，其坐标为 (y, z)。则 zdA 和 ydA 分别称为微面积 dA 对 y 轴和 z 轴的静矩（static moment of an area）。

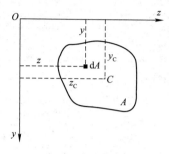

图I-1 平面图形

而

$$S_y = \int_A z\,dA, \quad S_z = \int_A y\,dA \quad （I\text{-}1）$$

分别定义为图形对 y 轴和 z 轴的静矩。

静矩的量纲是[长度]³。同一图形对不同的坐标轴的静矩是不同的，静矩可能为正值、负值或零。

I.1.2 形心

平面图形面积的几何中心称为形心（center of an area）。在图I-1中，设图形的形心点 C，其坐标为（y_C, z_C），静矩可写为

$$S_y = \int_A z\,dA = Az_C, \quad S_z = \int_A y\,dA = Ay_C \quad （I\text{-}2）$$

上式表明，平面图形对 y 轴和 z 轴的静矩分别等于图形面积 A 乘以形心的坐标 z 和 y。

由式（I-2）可得图形形心位置的坐标为

$$y_C = \frac{\int_A y\,dA}{A}, \quad z_C = \frac{\int_A z\,dA}{A} \quad （I\text{-}3）$$

或

$$y_C = \frac{S_z}{A}, \quad z_C = \frac{S_y}{A} \quad （I\text{-}4）$$

[讨论]

由式（I-2）可知：（1）图形对通过其形心的轴（即 y_C 或 z_C 为零）的静矩等于零；（2）如果图形对某轴的静矩等于零即 S_y 或 S_z 为零，则该轴必通过图形的形心。

根据形心的定义，显然形心在图形的对称轴上。凡是截面图形具有两根或两根以上对称轴，如图I-2(a)、(b)、(c)所示，则形心 C 必在对称轴的交点上。如果截面图形具有一根对称轴，如图I-2(d)、(e)、(f)所示，则形心 C 必在该对称轴上。

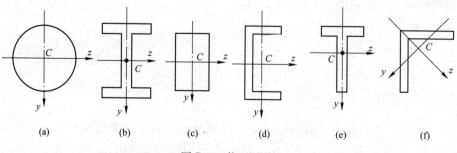

(a)　　　　(b)　　　　(c)　　　　(d)　　　　(e)　　　　(f)

图I-2 截面图形

工程实际中，经常遇到由若干个简单图形（如矩形、三角形或圆形等），组成的复杂截面图形的，这种图形称为组合图形。组合图形中各个简单图形的面积 A_i 和它的形心 C_i 在给定坐标系 y，z 中的坐标 y_{Ci}，z_{Ci} 都是很容易求得的。由式（Ⅰ-2）可知组合图形对 y 轴和 z 轴的静矩分别为

$$\left.\begin{array}{l} S_y = A_1 z_{C_1} + A_2 z_{C_2} + \cdots + A_n z_{C_n} = \sum A_i z_{C_i} \\ S_z = A_1 y_{C_1} + A_2 y_{C_2} + \cdots + A_n y_{C_n} = \sum A_i y_{C_i} \end{array}\right\} \quad （Ⅰ\text{-}5）$$

同时，组合图形的形心 C 在给定坐标系统 y，z 中的坐标 y_C 和 z_C 可由式（Ⅰ-4）知道，分别由下面公式求得

$$\left.\begin{array}{l} y_C = \dfrac{S_z}{A} = \dfrac{A_1 y_{C_1} + A_2 y_{C_2} + \cdots + A_i y_{C_i}}{A_1 + A_2 + \cdots + A_n} = \dfrac{\sum A_i y_{C_i}}{\sum A_i} \\ z_C = \dfrac{S_y}{A} = \dfrac{A_1 z_{C_1} + A_2 z_{C_2} + \cdots + A_n z_{C_n}}{A_1 + A_2 + \cdots + A_n} = \dfrac{\sum A_i z_{C_i}}{\sum A_i} \end{array}\right\} \quad （Ⅰ\text{-}6）$$

式（Ⅰ-5）和式（Ⅰ-6）中：A_1、A_2、$\cdots$、A_n 为组合图形中各个简单图形的面积；y_{C_1}、z_{C_1}、y_{C_2}、z_{C_2}、$\cdots$、y_{C_n}、z_{C_n} 为各个简单图形的形心坐标。

【例题Ⅰ-1】 在图Ⅰ-3中抛物线的方程为 $z = h\left(1 - \dfrac{y^2}{b^2}\right)$。计算由抛物线、$y$ 轴和 z 轴所围成的截面图形对 y 轴和 z 轴静矩 S_y 和 S_z，并确定其形心 C 的位置坐标。

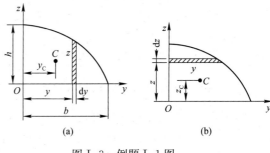

图Ⅰ-3 例题Ⅰ-1图

【解】 取平行于 z 轴的狭长条作为微面积 dA，则

$$dA = z\,dy = h\left(1 - \dfrac{y^2}{b^2}\right)dy$$

图形的面积和对 z 轴的静矩分别为

$$A = \int_A dA = \int_0^b h\left(1 - \dfrac{y^2}{b^2}\right)dy = \dfrac{2bh}{3}$$

$$S_z = \int_A y\,dA = \int_0^b yh\left(1 - \dfrac{y^2}{b^2}\right)dy = \dfrac{b^2 h}{4}$$

$$y_C = \dfrac{S_z}{A} = \dfrac{3}{8}b$$

取平行于 y 轴的狭长条作为微面积 dA，仿照上述方法，可求出

$$S_y = \dfrac{4bh^2}{15}, \quad z_C = \dfrac{2h}{5}$$

【例题Ⅰ-2】 图Ⅰ-4为工程结构中常见的 T 形截面梁的横截面图形，试确定其形心的位置。

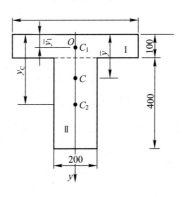

图Ⅰ-4 例题Ⅰ-2图

【解】 取坐标轴 y 如图Ⅰ-4所示。由于图形对 y 轴对称，形心必在 y 轴上，即

$$z = 0$$

将 T 形截面图形分为Ⅰ和Ⅱ两个矩形，利用组合图形求形心坐标的公式（Ⅰ-6）可求得形心坐标 y_C 为

$$y_C = \frac{S_z}{A} = \frac{A_1 y_{C_1} + A_2 y_{C_2}}{A_1 + A_2} = \frac{600 \times 100 \times 50 \text{mm}^3 + 400 \times 200 \times 300 \text{mm}^3}{600 \times 100 \text{mm}^2 + 400 \times 200 \text{mm}^2} = 193 \text{mm}$$

Ⅰ.2 惯性矩、极惯性矩、惯性积和惯性半径

Ⅰ.2.1 惯性矩

面积为 A 的任意平面图形如图Ⅰ-5 所示，y 轴和 z 轴是图形平面内任意给定的坐标轴。任意点处坐标为 (y, z)，取微面积 dA。将 $z^2 dA$ 和 $y^2 dA$ 分别定义为微面积 dA 对 y 轴和 z 轴的惯性矩。在整个平面图形上进行积分，便可得到平面图形分别对 y 轴和 z 轴的惯性矩 I_y 和 I_z，即

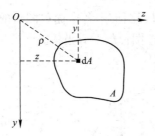

图Ⅰ-5 平面图形

$$\left. \begin{aligned} I_y &= \int_A z^2 dA \\ I_z &= \int_A y^2 dA \end{aligned} \right\} \qquad （Ⅰ\text{-}7）$$

惯性矩的量纲是[长度]^4。由式（Ⅰ-7）可知惯性矩恒为正值。

由若干个简单图形组成的组合图形分别对 y 轴和 z 轴的惯性矩等于各简单图形对同一轴惯性矩之和，可由下式计算

$$I_y = \sum I_{yi} \qquad I_z = \sum I_{zi} \qquad （Ⅰ\text{-}8）$$

式中 I_{yi}、I_{zi}——分别为每一个简单图形对同一对轴 y 和 z 的惯性矩。

Ⅰ.2.2 极惯性矩

任意平面图形如图Ⅰ-5 所示，定义平面图形对平面内点 O 的极惯性矩 I_p 为

$$I_p = \int_A \rho^2 dA \qquad （Ⅰ\text{-}9）$$

式中 ρ——平面图形内某点 (y, z) 到原点 O 的距离。

极惯性矩的量纲也是[长度]^4。由式（Ⅰ-9）可知极惯性矩恒为正值。由公式 $z_\rho = \dfrac{M_n \rho}{I_p}$ 和 $\theta = \dfrac{M_n}{GI_p}$ 知道极惯性矩 I_p 是反映圆截面抗扭特性的一个重要几何量。

由于 $\rho^2 = z^2 + y^2$，因此 $I_p = \int_A \rho^2 dA = \int_A (z^2 + y^2) dA = \int_A z^2 dA + \int_A y^2 dA$，可见极惯性矩和惯性矩的关系为

$$I_{\mathrm{p}}=I_{\mathrm{y}}+I_{\mathrm{z}} \qquad (\text{I}\text{-}10)$$

I.2.3　惯性积

任意平面图形如图 I -5 所示，定义平面图形对两个正交坐标轴 y、z 的惯性积 I_{yz} 为

$$I_{\mathrm{yz}}=\int_{A}yz\mathrm{d}A \qquad (\text{I}\text{-}11)$$

惯性积的量纲是[长度]^4。由式（I -11）可知惯性积可能为正值、负值或零。

由若干个简单图形组成的组合图形对两个正交坐标轴 y、z 的惯性积等于各简单图形对同一对正交轴 y、z 惯性积之和，可由下式计算

$$I_{\mathrm{yz}}=\sum I_{\mathrm{yzi}} \qquad (\text{I}\text{-}12)$$

式中　I_{yzi}——每一个简单图形对同一对正交坐标轴 y、z 的惯性积。

具有对称性的平面图形对两个正交轴 y、z 求惯性积时，只要这两个轴中有一个轴是对称轴，则惯性积为零。如图 I -6 所示的对称平面图形，y 轴是对称轴。将图形划分为 I 和 II 两个对称的部分，面积 $A_1=A_2$。显然，在 I 部分 $I_{\mathrm{yz1}}=\int_{A_1}yz\mathrm{d}A$ 恒为负值，在 II 部分 $I_{\mathrm{yz2}}=\int_{A_2}yz\mathrm{d}A$ 恒为正值，$I_{\mathrm{yz1}}=-I_{\mathrm{yz2}}$，因此

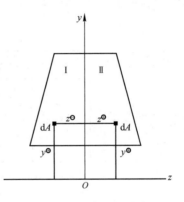

图 I -6　对称平面图形

$$I_{\mathrm{yz}}=I_{\mathrm{yz1}}+I_{\mathrm{yz2}}=-I_{\mathrm{yz2}}+I_{\mathrm{yz2}}=0$$

I.2.4　惯性半径

任意平面图形（图 I -5）对坐标轴 y 和 z 的惯性矩 I_{y}、I_{z} 被面积 A 相除后，商的平方根分别定义为图形相对于 y 轴和 z 轴的惯性半径 i_{y} 和 i_{z}，即

$$i_{\mathrm{y}}=\sqrt{\frac{I_{\mathrm{y}}}{A}}, \quad i_{\mathrm{z}}=\sqrt{\frac{I_{\mathrm{z}}}{A}} \qquad (\text{I}\text{-}13)$$

由上式可知，也可将惯性矩 I_{y} 和 I_{z} 改写为

$$I_{\mathrm{y}}=Ai_{\mathrm{y}}^2, \quad I_{\mathrm{z}}=Ai_{\mathrm{z}}^2$$

惯性半径的量纲是[长度]。由式（I -13）可知惯性半径恒为正值。在力学计算中，当需要同时引进平面图形惯性矩和面积这两种几何量时，有时采用惯性半径十分方便，这在压杆稳定计算中反映的十分突出。

【例题 I -3】　试计算如图 I -7 所示矩形对 z 轴、y 轴和 z_1 轴的惯性矩 I_{z}、I_{y} 和 I_{z_1}。

【解】　根据式（I -7）计算惯性矩，取平行 z 轴的条形微面积 $\mathrm{d}A=b\mathrm{d}y$，因

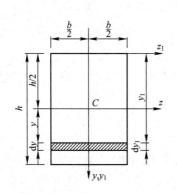

图Ⅰ-7 例题Ⅰ-3图

此矩形对 z 轴惯性矩 I_z 为

$$I_z = \int_A y^2 \mathrm{d}A = \int_{-h/2}^{h/2} y^2 b\mathrm{d}y = \frac{bh^3}{12} \quad (a)$$

显然，如果取平行 y 轴的条形微面积 $\mathrm{d}A = h\mathrm{d}z$，并作与计算 I_z 相类似的运算，对比式(a)可得

$$I_y = \frac{hb^3}{12} \quad (b)$$

与式(a)同理，矩形对 z_1 轴的惯性矩 I_{z_1} 为

$$I_{z_1} = \int_A y_1^2 \mathrm{d}A = \int_0^h y_1^2 b\mathrm{d}y_1 = \frac{bh^3}{3} \quad (c)$$

【例题Ⅰ-4】 试计算如图Ⅰ-8(a)所示工字形平面图形分别对通过形心的轴 z_0 和轴 y_0 的惯性矩 I_{z_0} 和 I_{y_0}。

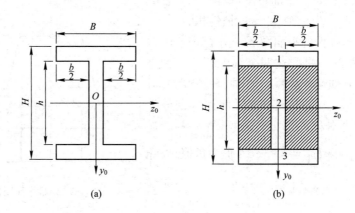

图Ⅰ-8 例题Ⅰ-4图

【解】 (1) 求惯性矩 I_{z_0}

将图Ⅰ-8(a)所示的工字形平面图形视为如图Ⅰ-8(b)所示，由面积为 $B \times H$ 的大矩形减去两个面积都为 $bh/2$ 的小矩形(图中有阴影线部分)组成。根据组合图形计算惯性矩公式(Ⅰ-8)和例题Ⅰ-3中计算矩形截面惯性矩公式(a)，可求得 I_{z_0} 为

$$I_{z_0} = \frac{BH^3}{12} - 2 \times \frac{\frac{b}{2} \times h^3}{12} = \frac{1}{12}(BH^3 - bh^3)$$

(2) 求惯性矩 I_{y_0}

将工字形平面图形视为由 1、2、3 三个矩形组成，如图Ⅰ-8(b)所示。根据式(Ⅰ-8)和例题Ⅰ-3中的式(b)，可求得 I_{y_0} 为

$$I_{y_0} = \frac{h(B-b)^3}{12} + 2 \times \frac{\frac{H-h}{2}B^3}{12} = \frac{1}{12}[h(B-b)^3 + (H-h)B^3]$$

【例题Ⅰ-5】 试计算如图Ⅰ-9所示圆形平面图形对圆心 O 的极惯性矩 I_p，

对形心轴 y、轴 z 的惯性矩 I_y、I_z 和惯性积 I_{yz}。

【解】 （1）求对圆心的极惯性矩 I_p

取环形微面积，设圆环到圆心的距离为 ρ，圆环宽度为 $d\rho$，则微面积为 $dA = 2\pi\rho d\rho$。整个圆形图形对圆心的极惯性矩

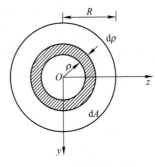

$$I_p = \int_A \rho^2 dA = \int_0^R \rho^2 2\pi\rho d\rho = 2\pi \int_0^R \rho^3 d\rho$$

$$= \frac{\pi R^4}{2} = \frac{\pi D^4}{32}$$

图 I-9　例题 I-5 图

（2）求惯性矩 I_y 和 I_z

由式（I-10）知道 $I_p = I_y + I_z$，由于 y 轴和 z 轴都是通过圆心的对称轴，因此有 $I_y = I_z$，即 $I_p = 2I_y$ 或 $I_p = 2I_z$，可求得 I_y 和 I_z 为

$$I_y = I_z = \frac{I_p}{2} = \frac{\pi D^4}{64}$$

（3）求惯性积 I_{yz}

由于 y 轴和 z 轴都是通过形心的对称轴，因此对这一对轴的惯性积为零，即

$$I_{yz} = 0$$

I.3　平行移轴公式、组合截面的惯性矩和惯性积

I.3.1　平行移轴公式

如图 I-10 所示的任意平面图形。如果已知图形对于任意 y_0、z_0 轴的惯性矩分别为 I_{y_0} 和 I_{z_0}，另有一对与 y_0、z_0 轴平行的坐标轴 y、z 与 y_0、z_0 轴的垂直距离分别为 a 和 b。探讨 I_y、I_z 与 I_{y_0}、I_{z_0} 的关系。由图 I-10 可见，微面积 dA 到 y 轴的距离 z 和到 z 轴距离 y 分别为

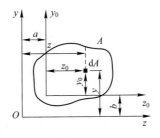

图 I-10　平面图形

$$z = z_0 + a, \quad y = y_0 + b$$

因而有

$$I_y = \int_A z^2 dA = \int_A (z_0 + a)^2 dA = \int_A (z_0^2 + 2az_0 + a^2) dA$$

$$= \int_A z_0^2 dA + 2a \int_A z_0 dA + a^2 \int_A dA$$

得到

$$I_y = I_{y_0} + 2aS_{y_0} + a^2 A \tag{I-14a}$$

同理得到

$$I_z = I_{z_0} + 2bS_{z_0} + b^2 A \tag{I-14b}$$

式中，S_{y_0} 和 S_{z_0} 分别为平面图形对 y_0、z_0 轴的静矩。式（I-14）称为惯性矩的平行移轴定理。

如果 y_0、z_0 是通过平面图形形心的一对形心轴，并用 y_C、z_C 表示。已知平面图形对形心轴的静矩等于零，即

$$S_{y_C} = S_{z_C} = 0$$

设对形心轴 y_C、z_C 的惯性矩 I_{y_C}、I_{z_C} 已知，则可由式（I-14）将惯性矩平行移轴公式简化为

$$\left.\begin{array}{l} I_y = I_{y_C} + a^2 A \\ I_z = I_{z_C} + b^2 A \end{array}\right\} \tag{I-15}$$

由上式可以看出，在所有互相平行的坐标轴中，平面图形对形心轴的惯性矩为最小。

利用惯性矩的平行移轴公式可以使复杂的组合图形惯性矩的计算大为简化。

已知平面图形对形心轴 y_C、z_C 的惯性积 $I_{y_C z_C}$，通过 $z = z_C + a$ 和 $y = y_C + b$ 可求得对平行于 y_C、z_C 的坐标轴 y、z 的惯性积 I_{yz}，即

$$I_{yz} = \int_A yz\, \mathrm{d}A = \int_A (y_C + b)(z_C + a)\, \mathrm{d}A$$

$$= \int_A y_C z_C\, \mathrm{d}A + a\int_A y_C\, \mathrm{d}A + b\int_A z_C\, \mathrm{d}A + ab\int_A \mathrm{d}A = I_{y_C z_C} + 0 + 0 + abA$$

得到

$$I_{yz} = I_{y_C z_C} + abA \tag{I-16}$$

式（I-16）称为惯性积的平行移轴定理。

应用以上公式可根据截面对于形心轴的惯性矩或惯性积，计算截面对于与形心轴平行的坐标轴的惯性矩或惯性积。

I.3.2 组合截面的惯性矩和惯性积

根据惯性矩和惯性积的定义可知，组合截面对于某坐标轴的惯性矩或惯性积，等于其各组成部分对于同一坐标轴的惯性矩或惯性积之和。若截面是由 n 个部分组成，则组合截面对于 y、z 两轴的惯性矩和惯性积分别为

$$I_y = \sum_{i=1}^{n} I_{yi}, \quad I_z = \sum_{i=1}^{n} I_{zi}, \quad I_{yz} = \sum_{i=1}^{n} I_{yzi} \tag{I-17}$$

式中　I_{yi}、I_{zi}、I_{yzi}——分别为组合截面中组成部分 i 对于 y、z 两轴的惯性矩和惯性积。不规则截面对坐标轴的惯性矩或惯性积，可将截面分割成若干等高度的窄长条，然后应用式（I-17），计算其近似值。

【例题 I-6】 如图 I-11 所示为一工字形截面图形，C 点是图形的形心，试求图形对形心轴 y 和 z 的惯性矩 I_y 和 I_z。

【解】 由计算组合图形惯性矩公式(Ⅰ-17)可求得

$$I_y = \frac{50 \times 100^3}{12} + \frac{200 \times 25^3}{12} + \frac{50 \times 250^3}{12} = 69.53 \times 10^6$$

由式(Ⅰ-17)和平行移轴公式(Ⅰ-15)可求得

$$I_z = \frac{100 \times 50^3}{12} + 50 \times 100 \times (192-25)^2 + \frac{25 \times 200^3}{12}$$

$$+ 200 \times 25 \times (150-108)^2 + \frac{250 \times 50^3}{12} + 50 \times 250 \times (108-25)^2$$

$$= 254.70 \times 10^6$$

【例题Ⅰ-7】 如图Ⅰ-12所示一截面图形,试求图形对 y、z 轴和形心轴 y_C、z_C 的惯性积 I_{yz}、$I_{y_C z_C}$。

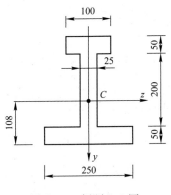

图Ⅰ-11 例题Ⅰ-6图

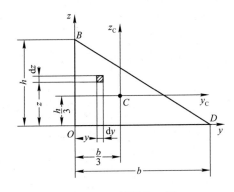

图Ⅰ-12 例题Ⅰ-7图

【解】 三角形斜边 BD 的方程式为

$$z = \frac{h(b-y)}{b}$$

取微面积 $dA = dydz$,三角形对 y、z 轴的惯性积 I_{yz} 为

$$I_{yz} = \int_A yz\,dA = \int_0^b \left[\int_0^z z\,dz\right] y\,dy = \int_0^b \frac{h^2}{2b^2}(b-y)^2 y\,dy = \frac{b^2 h^2}{24}$$

三角形的形心 C 在 Oyz 坐标系中的坐标为 $\left(\dfrac{b}{3}, \dfrac{h}{3}\right)$,由惯性积的平行移轴公式,得

$$I_{y_C z_C} = I_{yz} - \left(\frac{b}{3}\right)\left(\frac{h}{3}\right)A = \frac{b^2 h^2}{24} - \frac{b}{3} \cdot \frac{h}{3} \cdot \frac{bh}{2} = -\frac{b^2 h^2}{72}$$

Ⅰ.4 转轴公式、截面的主惯性轴和主惯性矩

Ⅰ.4.1 转轴公式

平行移轴公式给出了平行轴之间的惯性矩、惯性积的内在联系,转轴公

237

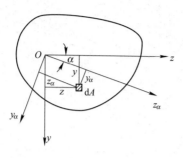

图Ⅰ-13 平面图形

式将给出同原点但相差 α 角的轴之间的惯性矩、惯性积之间的内在联系。如图Ⅰ-13 所示，坐标轴 y、z 与坐标轴 y_α、z_α 具有同一原点 O，z 与 z_α 间夹角为 α，图形对 y、z 坐标轴的惯性矩、惯性积分别为 I_y、I_z 和 I_{yz}。对 y_α、z_α 坐标轴的惯性矩、惯性积分别为 I_{y_α}、I_{z_α} 和 $I_{y_\alpha z_\alpha}$。

设微面积 $\mathrm{d}A$ 在 y、z 坐标系中坐标为 $(y，z)$，在 y_α、z_α 坐标系中的坐标则为

$$y_\alpha = y\cos\alpha - z\sin\alpha$$
$$z_\alpha = y\sin\alpha + z\cos\alpha$$

由惯性矩、惯性积的积分定义，得到

$$\begin{cases} I_{z_\alpha} = \int_A y_\alpha^2 \mathrm{d}A = \int_A (y\cos\alpha - z\sin\alpha)^2 \mathrm{d}A \\[2mm] I_{y_\alpha} = \int_A z_\alpha^2 \mathrm{d}A = \int_A (z\cos\alpha + y\sin\alpha)^2 \mathrm{d}A \\[2mm] I_{y_\alpha z_\alpha} = \int_A y_\alpha z_\alpha \mathrm{d}A = \int_A (y\cos\alpha - z\sin\alpha)(z\cos\alpha + y\sin\alpha) \mathrm{d}A \end{cases} \quad (Ⅰ\text{-}18)$$

将上述各式积分记号内各项展开，应用惯性矩和惯性积的定义，得到

$$\begin{cases} I_{z_\alpha} = \dfrac{I_z + I_y}{2} + \dfrac{I_z - I_y}{2}\cos 2\alpha - I_{zy}\sin 2\alpha \\[3mm] I_{y_\alpha} = \dfrac{I_z + I_y}{2} - \dfrac{I_z - I_y}{2}\cos 2\alpha + I_{zy}\sin 2\alpha \\[3mm] I_{y_\alpha z_\alpha} = \dfrac{I_z - I_y}{2}\sin 2\alpha + I_{zy}\cos 2\alpha \end{cases} \quad (Ⅰ\text{-}19)$$

上述式（Ⅰ-19）即为转轴时惯性矩和惯性积之间的关系，称为惯性矩与惯性积的转轴定理。

若将上述 I_{z_α} 与 I_{y_α} 相加，不难得到

$$I_{z_\alpha} + I_{y_\alpha} = I_z + I_y = \int_A (z^2 + y^2)\mathrm{d}A = \int_A \rho^2 \mathrm{d}A = I_\mathrm{p} \quad (Ⅰ\text{-}20)$$

这表明图形对任一对垂直轴的惯性矩之和与转轴的角度无关，即在轴转动时，其和保持不变。

上述转轴定理式（Ⅰ-19），与移轴定理式（Ⅰ-15）、式（Ⅰ-16）不同，它不要求 y、z 轴通过形心。当然，对于绕形心转动的坐标系也是适用的，而且也是实际应用中最感兴趣的。

Ⅰ.4.2　截面的主惯性轴和主惯性矩

如果图形对一对坐标轴的惯性积为零，那么，这对坐标轴就称为主惯性轴，简称主轴。截面图形对主轴的惯性矩称为主惯性矩。

下面来确定主惯性轴的位置，并导出主惯性矩的计算公式。

设主惯性轴与原坐标轴的夹角为 α_0，将其带入惯性积的转轴公式（Ⅰ-19）并令其为零

$$I_{y_\alpha z_\alpha} = \frac{I_z - I_y}{2}\sin 2\alpha_0 + I_{zy}\cos 2\alpha_0 = 0$$

得

$$\tan 2\alpha_0 = -\frac{2I_{yz}}{I_z - I_y} \qquad （Ⅰ\text{-}21）$$

由式（Ⅰ-21）可解得两个相差 90° 的角度 α_0 和 $\alpha_0 + 90°$，从而确定了相互垂直的一对主惯性轴 z_0、y_0。主惯性轴也可以由惯性矩来定义，即通过 $\dfrac{\mathrm{d}I_z}{\mathrm{d}\alpha}$ 来确定（读者可以自行证明）。

由式（Ⅰ-21）解得的 α_0 代回式（Ⅰ-19），可得到主惯性矩的计算公式

$$\begin{matrix} I_{\max} \\ I_{\min} \end{matrix} = \frac{I_z + I_y}{2} \pm \sqrt{\left(\frac{I_z - I_y}{2}\right)^2 + I_{yz}^2} \qquad （Ⅰ\text{-}22）$$

如果主轴的交点和截面图形形心位置重合，那么，这对坐标轴称为形心主轴。图形对形心主轴的惯性矩称为形心主惯性矩。

确定形心主轴的位置及形心主惯性矩大小的具体步骤如下：

（1）确定图形的形心位置；

（2）选取一对过形心的正交轴 z、y，计算图形的 I_z、I_y、I_{yz}，这对形心轴的设立应以使惯性矩和惯性积的计算方便为准则；

（3）利用式（Ⅰ-21）和式（Ⅰ-22）计算形心主轴和形心主惯性矩。

Ⅰ.4.3 组合截面的形心主惯性轴与形心主惯性矩

在计算组合截面的形心主惯性矩时，首先应确定其形心位置，然后通过形心选择一对便于计算惯性矩和惯性积的坐标轴，算出组合截面对于这一对坐标轴的惯性矩和惯性积。将上述结果带入式（Ⅰ-21）和式（Ⅰ-22），即可确定表示形心主惯性轴位置的角度 α_0 和形心主惯性矩的数值。

若组合截面具有对称轴，则包括此轴在内的一对互相垂直的形心轴就是形心主惯性轴。此时，只需利用移轴式（Ⅰ-15）、式（Ⅰ-16）和式（Ⅰ-17），即可得截面的形心主惯性矩。

【例题Ⅰ-8】 如图Ⅰ-14 所示为一正方形截面图形，C 点是图形的形心，试求正方形截面的惯性矩 I_{y_1}、I_{x_1} 和惯性积 $I_{y_1 x_1}$，并作出相应的结论。

【解】 （1）通过正方形形心点 C 的 x、y 轴为形心主轴，则有

$$I_y = I_x = \frac{1}{12}a^4, \quad I_{xy} = 0$$

利用转轴公式，得

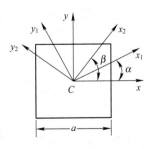

图Ⅰ-14　例题Ⅰ-8 图

$$I_{y_1} = \frac{I_x + I_y}{2} - \frac{I_x - I_y}{2}\cos 2\alpha + I_{xy}\sin 2\alpha = \frac{1}{12}a^4 \qquad (a)$$

$$I_{x_1} = \frac{I_x + I_y}{2} + \frac{I_x - I_y}{2}\cos 2\alpha - I_{xy}\sin 2\alpha = \frac{1}{12}a^4 \qquad (b)$$

$$I_{x_1 y_1} = \frac{I_x - I_y}{2}\sin 2\alpha + I_{xy}\cos 2\alpha = 0 \qquad (c)$$

因 $I_{x_1 y_1} = 0$，所以 y_1、x_1 轴为主轴，且从以上三式可知转角 α 为任意角时式(a)、式(b)、式(c)都成立，故过正方形形心点 C 的任意一对正交轴都是形心主轴。

(2) y_2、x_2 为通过正方形形心点 C 的另一对主轴，则有

$$I_{x_2 y_2} = \frac{I_x - I_y}{2}\sin 2\beta + I_{xy}\cos 2\beta = 0$$

$I_{xy} = 0$，$\sin 2\beta \neq 0$（β 角不是 $\pi/2$ 整数倍），则由上式可知，必须有

$$I_x = I_y$$

即过正方形截面形心 C 点，除 y、x 轴外，如还能找到另外一对主轴，则截面对 y、x 轴的惯性矩必相等。正方形的对角线就是另外一对主轴。

(3) 若将式(a)和式(b)相加便可得出

$$I_{x_1} + I_{y_1} = I_x + I_y$$

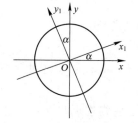

对于圆形截面图形，这一结论是毫无疑义的，因为圆的每一条直径都是圆的对称轴，自然也是圆的形心主惯性轴，如图Ⅰ-15所示。

$$I_x = I_y = I_{x_1} = I_{y_1} = \frac{\pi d^4}{64}$$

图Ⅰ-15 圆形截面

由以上讨论可得结论：

1) 若已知截面的一对主轴，且截面对这对主轴的惯性矩相等，则过这对主轴交点的任意轴也都是该截面的主轴，且其主惯性矩皆相等。

2) 任意正多边形的任一形心轴均为形心主惯性轴，其形心主惯性矩为常量。

工程实际中常用型钢截面图形的形心主轴位置和形心主惯性矩，可以由表Ⅰ-1查得。

常用截面图形的几何性质　　　　　　　　　　　表Ⅰ-1

编号	截面图形	截面几何性质
1	b, z, h, C, z_0, y_1, z_1, y_0	$A = bh$ $y_1 = \dfrac{h}{2}$ $z_1 = \dfrac{b}{2}$ $I_{y_0} = \dfrac{hb^3}{12}$ $I_{z_0} = \dfrac{bh^3}{12}$ $I_z = \dfrac{bh^3}{3}$ $W_{y_0} = \dfrac{hb^2}{6}$ $W_{z_0} = \dfrac{h^2 b}{6}$

编号	截面图形	截面几何性质
2		$A=bh-b_1h_1$ $y_1=\dfrac{h}{2}$ $z_1=\dfrac{b}{2}$ $I_{y_0}=\dfrac{hb^3-h_1b_1^3}{12}$ $I_{z_0}=\dfrac{bh^3-b_1h_1^3}{12}$ $W_{y_0}=\dfrac{hb^3-h_1b_1^3}{6b}$ $W_{z_0}=\dfrac{bh^3-b_1h_1^3}{6h}$
3		$A=\dfrac{\pi D^2}{4}=0.785D^2$ 或 $A=\pi r^2=3.142r^2$ $y_1=\dfrac{D}{2}=r$ $z_1=\dfrac{D}{2}=r$ $I_{y_0}=I_{z_0}=\dfrac{\pi D^4}{64}$ $W_{y_0}=W_{z_0}=\dfrac{\pi D^3}{32}$
4		$A=\dfrac{\pi(D^2-D_1^2)}{4}$ $y_1=\dfrac{D}{2}$ $z_1=\dfrac{D}{2}$ $I_{y_0}=I_{z_0}=\dfrac{\pi(D^4-D_1^4)}{64}$ $W_{y_0}=W_{z_0}=\dfrac{\pi(D^4-D_1^4)}{32}$
5		$A=Bd+ht$ $y_1=\dfrac{1}{2}\dfrac{tH^2+d^2(B-t)}{Bd+ht}$ $y_2=H-y_1$ $z_1=\dfrac{B}{2}$ $I_{z_0}=\dfrac{1}{3}[ty_2^3+By_1^3-(B-t)(y_1-d)^3]$ $W_{z_0\,max}=\dfrac{I_{z0}}{y_1}$ $W_{z_0\,min}=\dfrac{I_{z0}}{y_2}$
6		$A=ht+2Bd$ $y_1=\dfrac{H}{2}$ $z_1=\dfrac{B}{2}$ $I_{z_0}=\dfrac{1}{12}[BH^3-(B-t)h^3]$ $W_{z_0}=\dfrac{BH^3-(B-t)h^3}{6H}$

241

编号	截面图形	截面几何性质
7	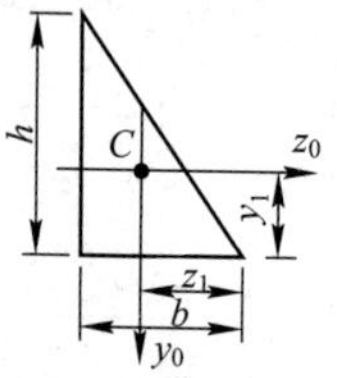	$A=\dfrac{bh}{2}$ $y_1=\dfrac{h}{3}$　$z_1=\dfrac{2b}{3}$ $I_{y_0}=\dfrac{hb^3}{36}$　$I_{z_0}=\dfrac{bh^3}{36}$
8	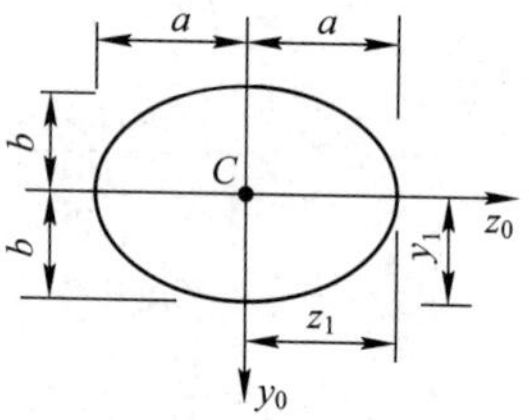	$A=\pi ab$ $y_1=b$　$z_1=a$ $I_{y_0}=\dfrac{\pi ba^3}{4}$　$I_{z_0}=\dfrac{\pi ab^3}{4}$
9	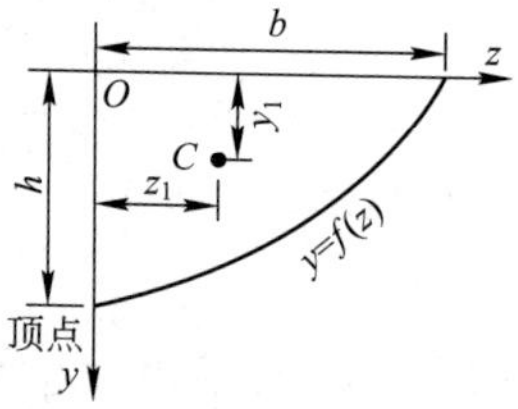	$y=f(z)=h\left(1-\dfrac{z^2}{b^2}\right)$ $A=\dfrac{2bh}{3}$ $y_1=\dfrac{2h}{5}$　$z_1=\dfrac{3b}{8}$
10	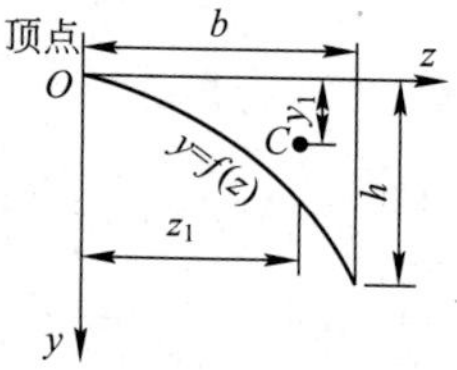	$y=f(z)=\dfrac{hz^2}{b^2}$ $A=\dfrac{bh}{3}$ $y_1=\dfrac{3h}{10}$　$z_1=\dfrac{3b}{4}$

注：表中符号代表的意义如下：

A——截面图形的面积；

C——截面图形的形心；

y_1、y_2、z_1——截面图形形心相对于图形边缘的位置；

I_{y_0}、I_{z_0}——截面图形分别对形心轴 y_0 轴、z_0 轴的惯性矩；

W_{y_0}、W_{z_0}——截面图形分别对 y_0 轴、z_0 轴的抗弯截面系数。

小结及学习指导

研究截面的几何性质时完全不考虑研究对象的物理和力学因素，而看作纯几何问题。这些几何量不仅与截面的大小有关，而且与截面的几何形状有关。

1. 根据静矩、形心的定义以及它们之间的关系可以看出

（1）静矩与坐标轴有关，同一平面图形对于不同的坐标轴有不同的静矩。对某些坐标轴静矩为正，对另外一些坐标轴静矩则可能为负，对于通过形心的坐标轴，图形对其静矩等于零。

（2）如果某一坐标轴通过截面形心，这时，截面形心的一个坐标为零，则截面对于该轴的静矩等于零；反之，如果截面对于某一坐标轴的静矩等于零，则该轴通过截面形心。

（3）如果已经计算出静矩，就可以确定形心的位置；反之，如果已知形心在某一坐标系中的位置，则可计算图形对于这一坐标系中坐标轴的静矩。

（4）对于组合图形，则先将其分解为若干个简单图形，然后分别计算它们对于给定坐标轴的静矩，并求其代数和。

2. 根据惯性矩、极惯性矩、惯性积定义下的积分式可知

（1）惯性矩、极惯性矩恒为正；而惯性积则由于坐标轴位置的不同，可能为正，可能为负，也可能为零。

（2）由 $\rho^2 = z^2 + y^2$，得到惯性矩和极惯性矩之间的关系 $I_p = I_y + I_z$。

3. 平行移轴公式给出图形对于平行轴的惯性矩和惯性积之间的关系

应用平行移轴公式时，要注意 z_c、y_c 轴必须是通过图形形心的轴。计算惯性积时，要注意 a、b 的正负号。

4. 转轴公式给出图形对于坐标系绕坐标原点旋转时，惯性矩和惯性积的变化规律：

图形对任一对垂直轴的惯性矩之和与转轴的角度无关，即在轴转动时，其和保持不变。转轴公式不要求 z、y 轴通过形心，当然，对于绕形心转动的坐标系也是适用的。

5. 截面的形心主惯性轴与形心主惯性矩：

弄清主轴的概念，明确过图形的任意一点都有主轴。根据 $I_{zy} = 0$ 这一条件，判断主轴的位置，由相关公式计算主惯性矩的大小。对于具有对称轴的截面，这一对称轴就是形心主惯性轴。对于只有一根对称轴的截面，对称轴以及与之垂直的轴都是主惯性轴。但只有通过形心的轴才是形心主惯性轴。对于任意形状的截面图形，无论是过图形内还是图形外的任意点，都存在主惯性轴。当然也可能存在形心主惯性轴。形心主惯性轴的位置以及形心主惯性矩的大小由相关公式计算。

思考题

Ⅰ-1 如图Ⅰ-16所示，各截面图形中 C 是形心。试问哪些截面图形对坐标轴惯性积等于零？哪些不等于零？

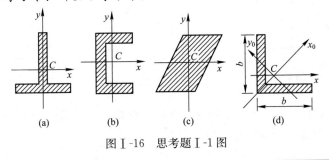

图Ⅰ-16 思考题Ⅰ-1图

Ⅰ-2　试问图Ⅰ-17 所示两截面的惯性矩 I_x 是否可按照 $I_x = \dfrac{bh^3}{12} - \dfrac{b_0 h_0^3}{12}$ 来计算?

Ⅰ-3　工字形截面如图Ⅰ-18 所示，I_z 有四种答案，判断哪一种是正确的?

(A) $\dfrac{11}{144} bh^3$

(B) $\dfrac{11}{121} bh^3$

(C) $\dfrac{1}{32} bh^3$

(D) $\dfrac{29}{144} bh^3$

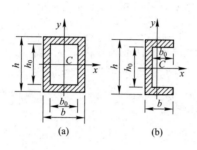

图Ⅰ-17　思考题Ⅰ-2图　　　　　　图Ⅰ-18　思考题Ⅰ-3图

Ⅰ-4　如图Ⅰ-19 所示为一等边三角形中心挖去一半径为 r 的圆形截面。试证明该截面通过形心 C 的任一轴均为形心主惯性轴。

Ⅰ-5　直角三角形截面斜边中点 D 处的一对正交坐标轴 x、y 如图Ⅰ-20 所示，试问:

(1) x、y 是否为一对主惯性轴?

(2) 不用积分，计算其 I_x 和 I_{xy} 值。

Ⅰ-6　如图Ⅰ-21 所示矩形截面中，已知 I_{y_1} 及 b、h。试求 I_{y_2}，现有四种答案，判断哪一种是正确的?

(A) $I_{y_2} = I_{y_1} + \dfrac{1}{4} bh^3$

(B) $I_{y_2} = I_{y_1} + \dfrac{3}{16} bh^3$

(C) $I_{y_2} = I_{y_1} + \dfrac{1}{16} bh^3$

(D) $I_{y_2} = I_{y_1} - \dfrac{3}{16} bh^3$

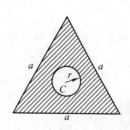 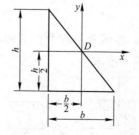 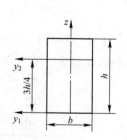

图Ⅰ-19　思考题Ⅰ-4图　　　图Ⅰ-20　思考题Ⅰ-5图　　　图Ⅰ-21　思考题Ⅰ-6图

Ⅰ-7　关于过哪些点有主轴，现有四种结论，试判断哪一种是正确的?

(A) 只有通过形心才有主轴

(B) 过图中任意点都有主轴

(C) 过图形内任意点和图形外某些特殊点才有主轴

(D) 过图形内、外任意点都有主轴

Ⅰ-8 如图Ⅰ-22 所示直角三角形截面中，A、B 分别为斜边和直角边中点，y_1、z_1，y_2、z_2 为两对互相平行的直角坐标轴。试判断下列结论中，哪一个是正确的？

(A) $I_{y_2 z_1} = I_{y_1 z_1} > 0$

(B) $I_{y_2 z_2} < I_{y_1 z_1} = 0$

(C) $I_{y_2 z_2} > I_{y_1 z_1} = 0$

(D) $I_{y_2 z_2} = I_{y_1 z_1} < 0$

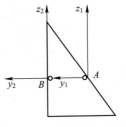

图Ⅰ-22 思考题Ⅰ-8 图

习题

Ⅰ-1 试确定图Ⅰ-23 所示平面图形的形心位置。

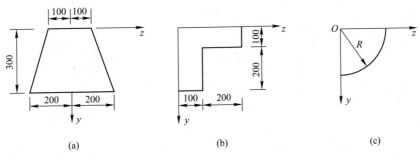

(a) (b) (c)

图Ⅰ-23 习题Ⅰ-1 图

Ⅰ-2 试求图Ⅰ-24 所示平面图形中的阴影面积对 x 轴的静矩。

Ⅰ-3 试用积分法求图Ⅰ-25 所示平面图形对 y 轴的惯性矩 I_y。

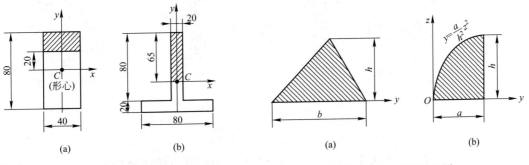

(a) (b)   (a) (b)

图Ⅰ-24 习题Ⅰ-2 图   图Ⅰ-25 习题Ⅰ-3 图

Ⅰ-4 计算图Ⅰ-26 所示图形对水平形心轴 z 轴的惯性矩 I_z。

Ⅰ-5 如图Ⅰ-27 所示实线矩形和点画线工字形截面的面积相等，试求两图形对 z_c 轴惯性矩的比值。

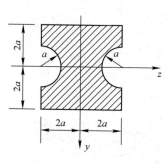

图 I -26　习题 I -4 图

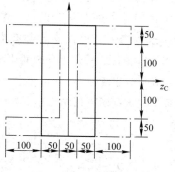

图 I -27　习题 I -5 图

I-6　计算如图 I -28 所示图形对 y、z 轴的惯性矩 I_y、I_z 以及惯性积 I_{yz}。

I-7　已知如图 I -29 所示对 y_1 轴的惯性矩 $I_{y_1} = 2.67 \times 10^8 \text{mm}^4$，试用平行移轴公式计算图形对 y_2 轴的惯性矩 I_{y_2}。

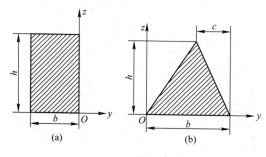

图 I -28　习题 I -6 图

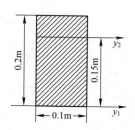

图 I -29　习题 I -7 图

I-8　求如图 I -30 所示图形对形心轴的惯性矩。

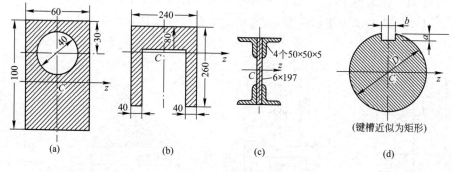

图 I -30　习题 I -8 图

I-9　如图 I -31 所示由两个 20a 号槽钢组成的组合截面，若欲使此截面对两对称轴的惯性矩 I_x 和 I_y 相等，则两个槽钢的间距 a 应为多少？

I-10　试求如图 I -32 所示正六边形的形心主惯性矩。

I-11　如图 I -33 所示面积的边界 AB 为 1/4 圆弧曲线，求其惯性矩 I_y 和 I_z。

Ⅰ-12 试确定图Ⅰ-34所示平面图形通过坐标原点 O 的主惯性轴的位置，并计算主惯性矩 I_{y_0}、I_{z_0}。

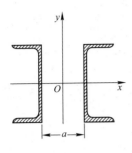

图Ⅰ-31　习题Ⅰ-9图

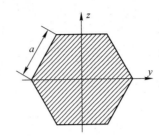

图Ⅰ-32　习题Ⅰ-10图

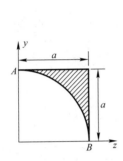

图Ⅰ-33　习题Ⅰ-11图

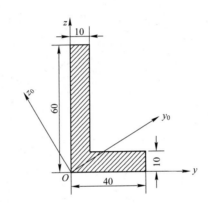

图Ⅰ-34　习题Ⅰ-12图

习题答案

Ⅰ-1　(a) $y_C = 16.4\text{mm}$，$z_C = 0$；　　　(b) $y_C = 19.3\text{mm}$，$z_C = 14.1\text{mm}$；

　　　(c) $y_C = \dfrac{4}{3\pi}R$，$z_C = \dfrac{4}{3\pi}R$

Ⅰ-2　(a) $S_x = 24 \times 10^3 \text{mm}^3$；　　　(b) $S_x = 42.25 \times 10^3 \text{mm}^3$

Ⅰ-3　(a) $I_y = \dfrac{bh^3}{12}$；　　　(b) $I_y = \dfrac{2ah^3}{15}$

Ⅰ-4　$I_z = 20.55a^4$

Ⅰ-5　0.574

Ⅰ-6　(a) $I_y = \dfrac{bh^3}{3}$，$I_z = \dfrac{hb^3}{3}$，$I_{yz} = -\dfrac{b^2h^2}{4}$；

　　　(b) $I_y = \dfrac{bh^3}{12}$，$I_z = \dfrac{bh(3b^2 - 3bc + c^2)}{12}$，$I_{yz} = \dfrac{bh^2(3b - 2c)}{24}$

Ⅰ-7　$I_{y_2} = 1.17 \times 10^8 \text{mm}^4$

Ⅰ-8　(a) $4.24 \times 10^6 \text{mm}^4$；　　　(b) $1.38 \times 10^8 \text{mm}^4$；

247

(c) $1.179 \times 10^7 \, \text{mm}^4$；　　　　(d) $\dfrac{\pi D^4}{64} - \dfrac{1}{3} ba^3 - \dfrac{1}{4} baD^2 + \dfrac{1}{2} baD$

I -9　$a = 111 \text{mm}$

I -10　$\dfrac{5\sqrt{3} a^4}{16}$

I -11　$I_y = I_z = \dfrac{a^4}{3} - \dfrac{\pi a^4}{16}$

I -12　$\alpha_0 = -13°30'$ 或 $76°30'$，$I_{y_0} = 76.1 \times 10^4 \, \text{mm}^4$，$I_{z_0} = 19.9 \times 10^4 \, \text{mm}^4$

附录 Ⅱ
阶 段 测 验

Ⅱ.1 阶段测验题一

Ⅱ.1-1 有两种杆件，它们的横截面面积都是 $A=100\text{mm}^2$。一种是由塑性材料制成，其屈服极限 $\sigma_s=240\text{MPa}$，强度极限 $\sigma_b=400\text{MPa}$，安全系数 $n_1=2$；另一种由脆性材料制成，其抗拉强度 $\sigma_b^+=90\text{MPa}$，抗压强度 $\sigma_b^-=300\text{MPa}$，安全系数 $n_2=3$。现欲选用两根杆件组成如图Ⅱ-1所示的结构，并在 C 点悬挂重物。若要使结构的承载能力最强，则应如何选用所需杆件？此时结构的许用荷载 $[F]$ 又为多少？

Ⅱ.1-2 图Ⅱ-2所示结构中各杆的刚度 EA 相同，试：

(1) 绘受力图，列平衡方程；

(2) 绘位移图，列变形协调方程。

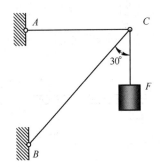

图Ⅱ-1 测验题Ⅱ.1-1图

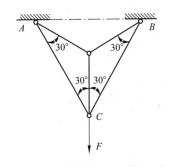

图Ⅱ-2 测验题Ⅱ.1-2图

Ⅱ.1-3 宽 $b=200\text{mm}$，厚度 $t=13\text{mm}$ 的两块钢板，用铆钉通过两块厚度为 $t_1=8\text{mm}$ 的盖板对接连接在一起，如图Ⅱ-3所示。已知 $d=19\text{mm}$，$F=180\text{kN}$，$[\sigma]=100\text{MPa}$，$[\sigma_c]=200\text{MPa}$，$[\tau]=80\text{MPa}$。试对此结构进行强度计算。

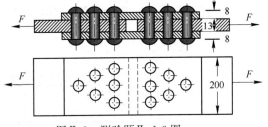

图Ⅱ-3 测验题Ⅱ.1-3图

Ⅱ.1-4 两段直径均为 $d=100\text{mm}$ 的圆轴用法兰和螺栓连接成传动轴，如图Ⅱ-4所示。已知轴受扭时最大切应力 $\tau_{\max}=7\text{MPa}$，螺栓的直径 $d_1=20\text{mm}$，并布置在 $D_0=200\text{mm}$ 的圆周上，设螺栓的许用切应力为 $[\tau]=60\text{MPa}$，试求所需要螺栓的个数。

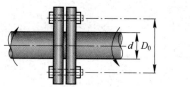

图Ⅱ-4 测验题Ⅱ.1-4 图

阶段测验题一答案

Ⅱ.1-1 $[F] = 8.69\text{kN}$

Ⅱ.1-2 $F_{NAD} = F_{NBD} = F_{NCD} = 0.278F$，$F_{NAC} = F_{NBC} = 0.417F$

Ⅱ.1-3 安全

Ⅱ.1-4 $n = 8$ 只

Ⅱ.2 阶段测验题二

Ⅱ.2-1 根据分布荷载、剪力及弯矩三者之间的关系，试作图Ⅱ-5 所示梁的剪力图和弯矩图。

Ⅱ.2-2 一木梁受力如图Ⅱ-6 所示。材料的许用应力$[\sigma] = 10\text{MPa}$，试按如下三种不同形状设计截面的尺寸。(1)高、宽之比$\frac{h}{b} = 2$ 的矩形；(2)边长为 a 的正方形；(3)直径为 d 的圆形；(4)比较上述三种截面形状梁的材料用量。

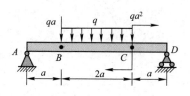

图Ⅱ-5 测验题Ⅱ.2-1 图

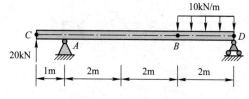

图Ⅱ-6 测验题Ⅱ.2-2 图

Ⅱ.2-3 简支梁受力如图Ⅱ-7 所示。已知材料的$[\sigma_t] = 30\text{MPa}$，$[\sigma_c] = 80\text{MPa}$。试确定此梁的许用荷载$[F]$。

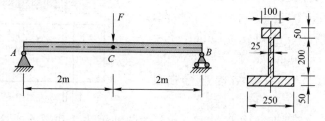

图Ⅱ-7 测验题Ⅱ.2-3 图

Ⅱ.2-4 试作如图Ⅱ-8 所示梁内危险截面上的正应力及切应力的分布图。

Ⅱ.2-5 用叠加法求图Ⅱ-9 所示外伸梁自由端的挠度和转角。

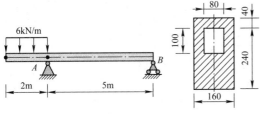

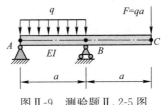

图Ⅱ-8 测验题Ⅱ.2-4图　　　　图Ⅱ-9 测验题Ⅱ.2-5图

阶段测验题二答案（部分）

Ⅱ.2-1　$|F_S|_{max}=\dfrac{3}{2}qa$，$|M|_{max}=\dfrac{13}{8}qa^2$

Ⅱ.2-2　(1) $b\times h=144\times288\text{mm}^2$

　　　　(2) $a=229\text{mm}$

　　　　(3) $d=273\text{mm}$

　　　　(4) $A_1:A_2:A_3=1:1.26:1.41$

Ⅱ.2-3　$[F]=70.75\text{kN}$

Ⅱ.2-5　$y_C=\dfrac{5qa^4}{8EI}$，$\theta_C=\dfrac{19qa^3}{24EI}$

Ⅱ.3 阶段测验题三

Ⅱ.3-1　已知单元体的应力状态如图Ⅱ-10所示。图中应力单位均为MPa，试用解析法与图解法求：

(1) 指定斜截面上的应力，并表示于图中；

(2) 主应力大小及方向，并画主应力单元体；

(3) 最大切应力大小及其作用面。

Ⅱ.3-2　空心圆轴受力如图Ⅱ-11所示。已知$F=20\text{kN}$，$m_0=600\text{N}\cdot\text{m}$。内径$d=50\text{mm}$，壁厚$t=2\text{mm}$。试求：

(1) 圆轴表面A点处指定斜截面上的应力；

(2) A点处的主应力大小及方向，并画出主应力单元体；

(3) 最大切应力及其作用面。

图Ⅱ-10 测验题Ⅱ.3-1图

Ⅱ.3-3　如图Ⅱ-12所示圆轴的直径$d=20\text{mm}$，若测得圆轴表面A点处与轴线45°方向的线应变$\varepsilon_{45°}=520\times10^{-6}$，材料的弹性模量$E=200\text{GPa}$，泊松比$\nu=0.3$。试求外力偶矩$m$。

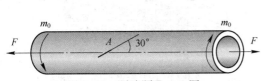

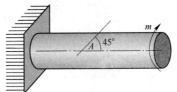

图Ⅱ-11 测验题Ⅱ.3-2图　　　　图Ⅱ-12 测验题Ⅱ.3-3图

阶段测验题三答案（部分）

Ⅱ.3-2　（1）$\sigma_\alpha = -48.2\text{MPa}$，$\tau_\alpha = 10.2\text{MPa}$

（2）$\sigma_1 = 110\text{MPa}$，$\sigma_2 = 0$，$\sigma_3 = -48.8\text{MPa}$

Ⅱ.3-3　$m = 125.7\text{kN} \cdot \text{m}$

Ⅱ.4　阶段测验题四

Ⅱ.4-1　简支于屋架上的檩条承受均布荷载 $q = 14\text{kN/m}$ 作用，如图Ⅱ-13 所示。檩条跨度 $L = 4\text{m}$，采用工字钢制造，其许用应力 $[\sigma] = 160\text{MPa}$。试选择工字钢型号。

Ⅱ.4-2　某水塔（图Ⅱ-14）盛满水时连同基础总重 $G = 2000\text{kN}$，在离地面 $H = 15\text{m}$ 处受水平风力的合力 $F = 60\text{kN}$ 的作用。圆形基础的直径 $d = 6\text{m}$，埋置深度 $h = 3\text{m}$，地基为红黏土，其许用应力为 $[\sigma] = 0.15\text{MPa}$。求：（1）绘制基础底面的正应力分布图；（2）校核基础底部地基的强度。

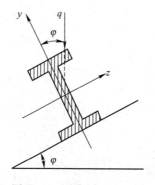

图Ⅱ-13　测验题Ⅱ.4-1 图

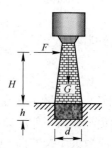

图Ⅱ-14　测验题Ⅱ.4-2 图

Ⅱ.4-3　如图Ⅱ-15 所示为铁道路标圆信号板，装在外径 $D = 60\text{mm}$ 的空心圆柱上，信号板所受的最大风荷载 $P = 2\text{kN/m}^2$。若材料的许用应力为 $[\sigma] = 60\text{MPa}$，试按第三强度理论选定空心柱的厚度。

Ⅱ.4-4　某圆轴受力如图Ⅱ-16 所示。已知：$F = 100\text{kN}$，$T = 100\text{kN}$，$S = 90\text{kN}$，$l = 1\text{m}$，圆轴的直径 $D = 100\text{mm}$，材料的许用应力 $[\sigma] = 160\text{MPa}$。试按第三强度理论进行强度计算。

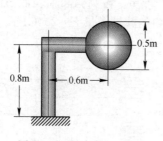

图Ⅱ-15　测验题Ⅱ.4-3 图

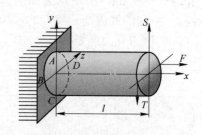

图Ⅱ-16　测验题Ⅱ.4-4 图

Ⅱ.4-1　40c

Ⅱ.4-2　$\sigma_{max} = -0.0198\text{MPa}$，$\sigma_{min} = -0.121\text{MPa}$

Ⅱ.4-3　$t = 2.65\text{mm}$

Ⅱ.4-4　$\sigma_{r3} = 137\text{MPa}$

Ⅱ.5　阶段测验题五

Ⅱ.5-1　如图Ⅱ-17所示铰接杆系 ABC 由两根具有相同截面和同样材料的细长杆所组成。若由于杆件在平面 ABC 内失稳而引起毁坏，试确定荷载 F 为最大时的 θ 角 $\left(\text{假设 } 0 < \theta < \dfrac{\pi}{2}\right)$。

Ⅱ.5-2　细长钢柱如图Ⅱ-18所示，截面为圆环形，其外径 $D = 152\text{mm}$，内径 $d = 140\text{mm}$，荷载 $F = 44.5\text{kN}$，稳定安全因数 $n_{st} = 2$，弹性模量 $E = 200\text{GPa}$，试求钢柱的许可长度。

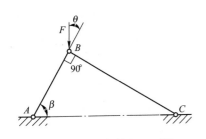

图Ⅱ-17　测验题Ⅱ.5-1图

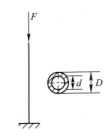

图Ⅱ-18　测验题Ⅱ.5-2图

Ⅱ.5-3　如图Ⅱ-19所示结构中，杆 AC 与 CD 均由 Q235 钢制成，C、D 两处均为球铰。已知 $d = 20\text{mm}$，$b = 100\text{mm}$，$h = 180\text{mm}$，$E = 200\text{GPa}$，$\sigma_p = 200\text{MPa}$，$\sigma_s = 235\text{MPa}$，$\sigma_b = 400\text{MPa}$，强度安全因数 $n_s = 2.0$，稳定安全因数 $n_{st} = 3.0$。试确定该结构的许用荷载。

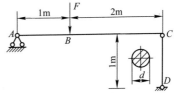

图Ⅱ-19　测验题Ⅱ.5-3图

Ⅱ.5-4　如图Ⅱ-20所示结构中 BC 为圆截面杆，其直径 $d = 80\text{mm}$；AC 为边长 $a = 70\text{mm}$ 的正方形截面杆。已知该结构的约束情况为 A 端固定，B、C 为球铰。两杆材料均为 Q235 钢，弹性模量 $E = 200\text{GPa}$，$\sigma_p = 200\text{MPa}$，可各自独立发生弯曲互不影响。若结构的稳定安全因数 $n_{st} = 2.5$，试求所能承受的许用压力。

Ⅱ.5-5　如图Ⅱ-21所示结构中，梁 AB 为 14 号普通热轧工字钢，支承柱 CD 的直径 $d = 20\text{mm}$，二者的材料均为 Q235 钢。结构受力如图Ⅱ-21所示，A、C、D 三处均为球铰约束。已知 $F = 25\text{kN}$，$l_1 = 1.25\text{m}$，$l_2 = 0.55\text{m}$，$E = 206\text{GPa}$，梁的许用应力 $[\sigma] = 160\text{MPa}$，试校核此结构是否安全。

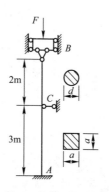

图Ⅱ-20 测验题Ⅱ.5-4 图

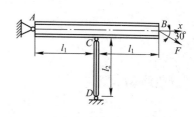

图Ⅱ-21 测验题Ⅱ.5-5 图

阶段测验题五答案

Ⅱ.5-1 $\tan\theta=\cot^2\beta$

Ⅱ.5-2 $l\leqslant6.38$m

Ⅱ.5-3 $[F]=15.5$kN

Ⅱ.5-4 $[F]=357.87$kN

Ⅱ.5-5 安全

附录Ⅲ
工程应用题

Ⅲ.1 非标制悬臂起重机的可行性问题

　　某建筑工地自行设计制作了一台悬臂起重机，如图Ⅲ-1所示。撑杆 AB 为空心钢管，外径 105mm，内径 95mm，长度为 3000mm。钢索 1 和 2 互相平行，且假设钢索可作为相当于直径 d 为 25mm 的圆杆计算。材料的许用拉压应力同为 $[\sigma]=60$MPa。横梁 BC 固定在移动小车车架上，采用 16 号热轧工字钢（GB 706—88）制作，其一端悬挂重量为 $G=5$kN 的配重，而 B 端连接着撑杆 AB。钢索 2 通过定滑轮 A 吊运货物，并缠绕在滚筒 D 上。滚筒 D 由内外直径分别为 360mm 和 380mm 的钢管制作。该系统都由优质钢材制作，AB 杆件材料的杨氏模量为 $E=210$GPa。许用剪切应力皆为 $[\tau]=30$MPa。材料的屈服极限为 $\sigma_s=350$MPa，比例极限为 $\sigma_p=280$MPa。该起重机的总重量 W 为 10kN，其重心在水平方向上两支撑轮中心左侧 500mm 处。

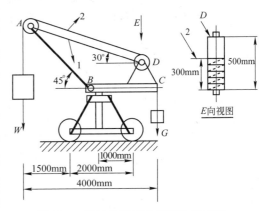

图Ⅲ-1　简易悬臂起重机简化示意图

　　试从强度和稳定性的角度综合分析该悬臂起重机的许用起重重量 W_0，若希望重物能够在均匀度 $V=0.4$m/s 的速度上升或下降，电机减速比为 10∶1，则最合适的电机应选择什么型号？（不考虑车架的强度分析，假设它拥有足够强度，也不考虑结构中潜在的摩擦力）

　　【解】　该非标结构的外形、特点和功用是很明显的。有这样几个问题需要考虑：

　　该起重机的工作稳定性问题（不吊重和吊重时的工作稳定性问题、支撑杆 AB 的压缩稳定性问题）。

　　强度破坏问题（支撑杆 AB 的强度、滚筒的弯扭组合强度、钢索的牵引强度，横梁 BC 的强度）。

　　电机选型问题（电机的额定功率计算和额定转速计算）。

　　潜在问题（各种连接螺栓的剪切和挤压强度问题、结构内部细节的强度问题）在本题中不作分析。

　　1. 起重机的工作稳定性问题

（1）空载和工作时的稳定性问题

空载时，起重机最可能失去稳定性的情况是它绕着右支撑轮翻转。分析时，可把右支撑轮与地面接触的点作为取矩中心，由于 $W \times (500+1000) > G \times (4000-3500)$，所以空载时是稳定的。

工作时，考虑最大吊重 W_0（待求），起重机可能失去稳定的情况是围绕着左支撑轮与地面的接触点向左翻转，其临界方程为 $W_0 \times 1500 = W \times 500 + G \times 2500$，所以从安全的角度应该有 $W_0 \leqslant 11.67\text{kN}$，但实际上为了保证绝对安全，应该有 $W_0 \leqslant 11.67\text{kN}/n$（$n$ 是一个大于 1 的系数，由具体情况定）。

（2）支撑杆 AB 的压缩稳定性问题

计算支撑杆 AB 的压缩稳定性问题时，从安全保守（最危险情况）设计角度说，可假设起重机吊重为 12kN。需要特别注意的是，钢索 1 和 2 是平行的，且不能受到压缩，因此从图Ⅲ-1 看，我们不希望在钢索 2 的牵引下，出现钢索 1 受压现象发生。故假设钢索 1 受到的拉力为 F_1，其满足的静力学方程（假设起重机吊重后处于静力平衡状态）为

$$W_0 \times \cos 45° \times AB = F_1 \times \sin(45°-30°) \times AB + W_0 \times [AB \times \sin(45°-30°) + 380]$$

得到 $F_1 = 14.9118\text{kN} > 0$

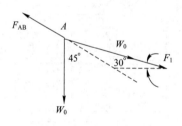

图Ⅲ-2 节点 A 受力图

所以，钢索 1 不会出现受压情况。

将滑轮 A 的中心作为节点进行分析，其受力（图Ⅲ-2）分析如下：

列出平衡方程，可以得到 $F_{AB} = \sqrt{2}[W_0 + (W_0 + F_1)\sin 30°] = 36(\text{kN})$，杆件 AB 受压缩。

根据压杆稳定性知道，$\lambda_1 = \sqrt{\pi^2 E / \sigma_p} = 86$

AB 杆件两端铰支，有效长度系数为 $\mu = 1$，截面为圆环形。$i = \sqrt{I/A} = \dfrac{\sqrt{D^2+d^2}}{4} = 35.3995\text{mm}$，计算柔度 $\lambda = \mu l / i = 84.7470 < 86$，所以 AB 杆件不能作为大柔度杆件看待，即不能采用欧拉公式计算临界压力。应该当作中度柔度杆件看待。优质钢材的直线公式中的 $a = 461\text{MPa}$，$b = 2.568\text{MPa}$。$\lambda_2 = \dfrac{a - \sigma_a}{b} = 43.2$，所以 AB 杆件是中等柔度杆件。因此，其临界压力为 $F_{cr} = A\sigma_{cr} = A(a - b\lambda) = 382.28\text{kN} > 36\text{kN}$，因此，$AB$ 杆件稳定。

AB 杆件的截面压应力为 $\sigma = F_{AB}/A = 4 \times 36000 / [\pi(D^2 - d^2)] = 22.918\text{MPa}$，远远小于材料的许用应力。

对于钢索来说，仅仅需要核对钢索 1 即可。其应力为

$\sigma_1 = F_1/A = 4 \times 14.9118 \times 10^3 / \pi \times 0.025^2 = 30.378\text{MPa} < [\sigma] = 60\text{MPa}$，因此钢索是安全的。

滚筒受到的最大弯矩 $M_{max} = 1.44 \times 10^3\text{N} \cdot \text{m}$，最大扭矩 $T_{max} = 2833.2\text{N} \cdot \text{m}$。

利用弯扭组合变形的公式有：

$$\frac{1}{W}\sqrt{M_{max}^2+T_{max}^2}=3.0335\text{MPa}<[\sigma]=60\text{MPa}$$

其中，$W=\frac{\pi D^3}{32}\left[1-\left(\frac{d}{D}\right)^4\right]$ 是抗弯截面系数。

由此看来，滚筒安全。

横梁 BC 采用 16 号热轧工字钢制作，有关参数值经过查表得 $W=141\text{cm}^3$，而配重为 5kN，该梁承受最大弯矩为 $M_{max}=5000\times1.5=7500\text{N}\cdot\text{m}$。最大应力为 $\sigma_{max}=53.2\text{MPa}<[\sigma]=60\text{MPa}$，安全！

2. 电机选型问题（电机的额定功率计算和额定转速计算）

吊重移动速度为 $V=0.4\text{m/s}$，滚筒半径为 $R=D/2=190\text{mm}$，滚筒转动角速度为 $\omega=V/R=2.1053(\text{rad/s})$。需要电动机发出的最大功率为 $P_{max}=T_{max}\omega=5.9647\text{kW}$。按照该参数和速度要求进行选择即可。

这里的分析略去了有关剪切强度和挤压强度的校核。

综合上述分析，该起重机满足各方面的要求，能够正常工作，其最大吊重不能超过 11t，考虑到各方面的安全因素最高设定在 10t 比较好。

Ⅲ.2 路边广告牌的结构安全计算问题

城市路边经常竖立有大型广告牌，如图Ⅲ-3 所示。该图显示的是立式广告牌的正面部分，由广告牌、立柱（圆管截面）和基础部分组成。其中广告牌自身高 110cm，宽 160cm，厚 35cm，广告牌离地高度 250cm，在所有广告牌中最大的中心偏心距为 40cm。立式路边广告牌结构通过柱脚螺栓与基础连接，除重力外主要承受侧向风荷载。柱脚螺栓中心距为 $H=18\text{cm}$，且均布在安装底盘上。

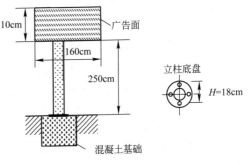

图Ⅲ-3　广告牌结构安装图

当地最大风荷载 $q=0.0684\text{N/cm}^2$，设计风荷载 $q_1=0.09577\text{N/cm}^2$。立杆的抗弯模量和抗扭模量分别为 $W_z=198.4\text{cm}^3$、$W_T=99.2\text{cm}^3$；截面积 $A=20.8\text{cm}^2$，现场实测柱截面厚度为 $t=6.5\text{mm}$。柱脚螺栓的直径 $d=1.8\text{cm}$，其抗拉许用应力和许用剪切应力分别为 17000N/cm^2 和 13000N/cm^2。基础的材料为 C30 混凝土，从现场勘察最小的尺寸为 70cm 的正方块，该区域的地基力 $f_a=80\text{kPa}$。

试从强度、刚度、稳定性要求角度研究立式广告牌的结构安全问题。

【解】

1. 结构分析

该广告牌结构由平面连接构成，广告牌自身高 110cm，宽 160cm，厚 35cm，广告牌离地高度 250cm，在所有广告牌中最大的中心偏心距为 40cm。

图Ⅲ-4 落地广告牌受风载示意图

原设计图纸的结构简洁，受力合理。但是实际广告牌的基础已被人行道板隐蔽，故基础的实际施工情况仅能挖取个别基础勘察，其余只能按结构施工图分析。

2. 结构计算

立式路边广告牌结构通过柱脚螺栓与基础连接，除重力外主要承受侧向风荷载。计算简图如图Ⅲ-4所示。

（1）风荷载计算

立式路边广告牌结构底高为2.5m。

每块自身高110cm、宽160cm，则按《建筑结构荷载规范》确定风荷载。

$$w_z = \beta_z \mu_s \mu_z w_0$$

式中　$w_0 = 0.55\text{kPa}$——上海地区基本风压；

$\beta_z = 1.54$——风振系数；

$\mu_s = 1.3$——体型系数；

$\mu_z = 0.62$——高度系数。

按广告牌中间高度取值，对结构计算偏安全。

承受风载为

$$W_z = \beta_z \mu_s \mu_z w_0 = 0.55 \times 1.54 \times 1.3 \times 0.62 = 0.684\text{kN/m}^2 = 0.0684\text{N/cm}^2$$

设计风荷载为　$S = r_w \cdot W_z = 1.4 \times 0.0648 = 0.09577\text{N/cm}^2$

式中　$r_w = 1.4$——荷载分项系数。

上述是在已经知道当地风压 $w_0 = 0.55\text{kPa}$ 的情况下，关于最大风荷载和设计风荷载的计算过程。

（2）每个立式路边广告牌的立柱内力计算

内力计算：风作用在广告牌迎风面的合力 $P = 16686\text{N}$；作用在基础上的弯矩 $M = 514230\text{N} \cdot \text{cm}$；作用在立柱上的扭矩 $M_T = 67440\text{N} \cdot \text{cm}$；立柱的抗弯模量 $W_z = 198.4\text{cm}^3$；立柱的抗扭模量 $W_T = 99.2\text{cm}^3$；截面积 $A = 20.8\text{cm}^2$，现场实测杆截面厚度为 $t = 6.5\text{mm}$。

应力计算：剪应力 $\tau = 0.811\text{N/mm}^2$；扭转剪应力 $\tau_{\text{扭}} = 6.79\text{N/mm}^2$；正应力 $\sigma = 25.92\text{N/mm}^2$。

（3）立柱的强度校核，按第三强度理论校核

$$\sigma_{\text{xd,3}} = \sqrt{\sigma_\omega^2 + 4\tau_n^2} = \sqrt{25.92^2 + 4 \cdot (0.81 + 6.79)^2}$$
$$= 30.05\text{N/mm}^2 < [\sigma] = 215\text{N/mm}^2$$

满足强度要求。

（4）广告牌倾覆稳定性的柱脚螺栓强度校核

柱脚是使用等分的4个螺栓与基础连接，螺栓的直径为：$d = 1.8\text{cm}$，螺栓距离为：$H = 18\text{cm}$。

拉应力设计值：$N_t^b = \dfrac{\pi d^2}{4} \times F_t^b = \dfrac{3.14 \times 1.8^2}{4} \times 17000 = 43237.8\text{N}$

$$N_t = \frac{M}{\sum y_i^2} = \frac{514230}{2 \times 9^2 + 18^2} = 1058\text{N} < N_t^b$$

剪切应力设计值：$N_v^b = n_v \frac{\pi d^2}{4} F_c^b = 4 \times \frac{3.14 \times 1.8^2}{4} \times 13000 = 132257\text{N}$

$$N_v = \frac{P}{4} = \frac{1686}{4} = 421.5\text{N} < N_v^b$$

$$\sqrt{\left(\frac{N_v}{N_v^b}\right)^2 + \left(\frac{N_t}{N_t^b}\right)^2} \leqslant 1$$

满足强度要求。

（5）基础验算

已知条件：基础的材料为 C30 混凝土，从现场勘察最小的尺寸为 70cm 的正方块，现体型系数取 1.3。该区域的地基力 $F_a = 80\text{kPa}$。

$$M_{max} = \frac{1.3}{2} M = 334249.5\text{N} \cdot \text{cm}$$

$$P_{max} = \frac{G}{A_{混}} + \frac{M_{max}}{W_{混}} = \frac{25 \times 0.7^3}{0.7^2} + \frac{3.34 \times 6}{0.7^3} = 75.9\text{kPa} < F_a = 80\text{kPa}$$

满足强度要求。

（6）广告面板结构验算

因面板的广告蒙布是使用不锈钢压条约束，固定强度已满足，验算略。

（7）杆件位移计算

按悬臂梁位移计算

$$y_{max} = \frac{P \times L^3}{3EJ_z} = 1.56\text{cm} > \Delta = \frac{L'}{200} = \frac{250 + 55}{200} = 15.25\text{mm}$$

位移虽然超过控制位移，但不超过 5%，刚度基本满足要求。

该立式路边广告牌结构基本满足强度、刚度、稳定性要求。

Ⅲ.3 工业厂房的钢柱设计问题

某厂房的钢柱长 7m，上、下两端分别与基础和梁连接，如图Ⅲ-5 所示。由于与梁连接的一端可发生侧移，因此，根据柱顶和柱脚的连接刚度，钢柱的长度因数取 $\mu = 1.3$。钢柱由两根 Q235 钢的槽钢组成，符合《钢结构设计标准》GB 50017 中的实腹式 b 类截面中心受压杆的要求，如图Ⅲ-6 所示。在柱脚和柱顶处用螺栓借助于连接板与基础和梁连接，同一横截面上最多有 4 个直径为 30mm 的螺栓孔，如图Ⅲ-7 所示。钢柱承受的轴向压力为 270kN，材料的许用应力 $[\sigma] = 170\text{MPa}$。试从稳定性和强度要求角度，为钢柱选择槽钢号码，计算组合槽钢间距 h。

图Ⅲ-5 工业厂房

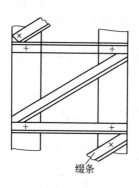

图Ⅲ-6　厂房的钢柱

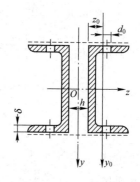

图Ⅲ-7　组合槽钢的横截面

【解】

1. 按稳定条件选择槽钢号码。在选择截面时，由于 $\lambda = \mu l/i$ 中的 i 不知道，λ 值无法算出，相应的稳定因数 φ 也就无法确定。于是，先假设一个 φ 值进行计算。

假设 $\varphi = 0.50$，得到压杆的稳定许用应力为

$$[\sigma_{cr}] = \varphi[\sigma] = 0.50 \times 170 = 85 \text{MPa}$$

按稳定条件可算出每根槽钢所需的横截面面积为

$$A = \frac{F/2}{[\sigma_{cr}]} = \frac{270 \times 10^3/2}{85 \times 10^6} = 15.9 \times 10^{-4} \text{m}^2$$

由型钢表查得，14a 号槽钢的横截面面积为 $A = 18.51 \text{cm}^2$，$i_z = 5.52 \text{cm}$。对于图Ⅲ-7 所示组合截面，由于 I_z 和 A 均为单根槽钢的两倍，故 i_z 值与单根槽钢截面的值相同。由 i_z 算得

$$\lambda = \frac{1.3 \times 7}{5.52 \times 10^{-2}} = 165$$

由表 10-4 查出，Q235 钢压杆对应于柔度 $\lambda = 165$ 的稳定因数为

$$\varphi = 0.262$$

显然，前面假设的 $\varphi = 0.50$ 过大，需重新假设较小的 φ 值再进行计算。但重新假设的 φ 值也不应采用 $\varphi = 0.262$，因为降低 φ 后所需的截面面积必然加大，相应的 i_z 也将加大，从而使 λ 减小而 φ 增大。因此，试用 $\varphi = 0.35$ 进行截面选择。

$$A = \frac{F/2}{\varphi[\sigma]} = \frac{270 \times 10^3/2}{0.35 \times (170 \times 10^6)} = 22.7 \times 10^{-4} \text{m}^2$$

试用 16 号槽钢：$A = 25.162 \text{cm}^2$，$i_z = 6.1 \text{cm}$，柔度为

$$\lambda = \frac{\mu l}{i_z} = \frac{1.3 \times 7}{6.1 \times 10^{-2}} = 149.2$$

与 λ 值对应的 φ 为 0.311，接近于试用的 $\varphi = 0.35$。按 $\varphi = 0.311$ 进行核算，以校核 16 号槽钢是否可用。此时，稳定许用应力为

$$[\sigma_{cr}] = \varphi[\sigma] = 0.311 \times 170 = 52.9 \text{MPa}$$

而钢柱的工作应力为

$$\sigma = \frac{F/2}{A} = \frac{270 \times 10^3/2}{25.15 \times 10^{-4}} = 53.7 \text{MPa}$$

虽然工作应力略大于压杆的稳定许用应力，但仅超过

$$\frac{53.7-52.9}{52.9}=1.5\%<5\%$$

稳定性基本满足要求，这是允许的。

2. 计算组合槽钢间距 h。以上计算是根据横截面对于 z 轴的惯性半径 i_z 进行的，亦即考虑的是压杆在 xy 平面内的稳定性。为保证槽钢组合截面压杆在 xz 平面内的稳定性，须计算两槽钢的间距 h。图Ⅲ-7 组合槽钢的横截面，假设压杆在 xy、xz 两平面内的长度因数相同，则应使槽钢组合截面对 y 轴的 i_y 与对 z 轴的 i_z 相等。由惯性矩平行移轴定理

$$I_y = I_{y_0} + A\left(z_0 + \frac{h}{2}\right)^2$$

可得

$$i_y^2 = i_{y_0}^2 + \left(z_0 + \frac{h}{2}\right)^2$$

16 号槽钢的 $i_{y_0}=1.82\text{cm}=18.2\text{mm}$，$z_0=1.75\text{cm}=17.5\text{mm}$。令 $i_y=i_z=61\text{mm}$，可得

$$\frac{h}{2}=\sqrt{61-18.2}-17.5=40.7\text{mm}$$

从而得到

$$h=2\times 40.7=81.4\text{mm}$$

实际所用的两槽钢间距应不小于 81.4mm。

组成压杆的两根槽钢是靠缀板(或缀条)将它们连接成整体的，为了防止单根槽钢在相邻两缀板间局部失稳，应保证其局部稳定性不低于整个压杆的稳定性。根据这一原则来确定相邻两缀板的最大间距。有关这方面的细节问题将在钢结构计算中讨论。

3. 校核净截面强度。

被每个螺栓孔所削弱的横截面面积为

$$\delta d_0 = 10\times 30=300\text{mm}^2$$

因此，压杆横截面的净截面面积为

$$2A-4\delta d_0 = 2\times 2515-4\times 300=3830\text{mm}^2$$

从而净截面上的压应力为

$$\sigma=\frac{F}{2A-4\delta d_0}=\frac{270\times 10^3}{3.830\times 10^{-3}}=70.5\text{MPa}<[\sigma]$$

由此可见，净截面的强度是足够的。即钢柱满足强度要求。

附录 Ⅳ
型钢规格表

热轧工字钢(GB/T 706—2016)　　　　　　附表 Ⅳ-1

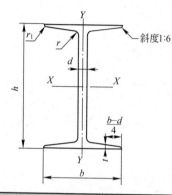

图中　h——高度；

b——腿宽度；

d——腰厚度；

t——腿中间厚度；

r——内圆弧半径；

r_1——腿端圆弧半径。

型号	截面尺寸(mm)						截面面积 (cm²)	理论重量 (kg/m)	外表面积 (m²/m)	惯性矩 (cm⁴)		惯性半径 (cm)		截面模数 (cm³)	
	h	b	d	t	r	r_1				I_x	I_y	i_x	i_y	W_x	W_y
10	100	68	4.5	7.6	6.5	3.3	14.33	11.3	0.432	245	33.0	4.14	1.52	49.0	9.72
12	120	74	5.0	8.4	7.0	3.5	17.80	14.0	0.493	436	46.9	4.95	1.62	72.7	12.7
12.6	126	74	5.0	8.4	7.0	3.5	18.10	14.2	0.505	488	46.9	5.20	1.61	77.5	12.7
14	140	80	5.5	9.1	7.5	3.8	21.50	16.9	0.553	712	64.4	5.76	1.73	102	16.1
16	160	88	6.0	9.9	8.0	4.0	26.11	20.5	0.621	1130	93.1	6.58	1.89	141	21.2
18	180	94	6.5	10.7	8.5	4.3	30.74	24.1	0.681	1660	122	7.36	2.00	185	26.0
20a	200	100	7.0	11.4	9.0	4.5	35.55	27.9	0.742	2370	158	8.15	2.12	237	31.5
20b	200	102	9.0	11.4	9.0	4.5	39.55	31.1	0.746	2500	169	7.96	2.06	250	33.1
22a	220	110	7.5	12.3	9.5	4.8	42.10	33.1	0.817	3400	225	8.99	2.31	309	40.9
22b	220	112	9.5	12.3	9.5	4.8	46.50	36.5	0.821	3570	239	8.78	2.27	325	42.7
24a	240	116	8.0	13.0	10.0	5.0	47.71	37.7	0.878	4570	280	9.77	2.42	381	48.4
24b	240	118	10.0	13.0	10.0	5.0	52.51	41.2	0.882	4800	297	9.57	2.38	400	50.4
25a	250	116	8.0	13.0	10.0	5.0	48.51	38.1	0.898	5020	280	10.2	2.40	402	48.3
25b	250	118	10.0	13.0	10.0	5.0	53.51	42.0	0.902	5280	309	9.94	2.40	423	52.4
27a	270	122	8.5	13.7	10.5	5.3	54.52	42.8	0.958	6550	345	10.9	2.51	485	56.6
27b	270	124	10.5	13.7	10.5	5.3	59.92	47.0	0.962	6870	366	10.7	2.47	509	58.9
28a	280	122	8.5	13.7	10.5	5.3	55.37	43.5	0.978	7110	345	11.3	2.50	508	56.6
28b	280	124	10.5	13.7	10.5	5.3	60.97	47.9	0.982	7480	379	11.1	2.49	534	61.2

型号	截面尺寸(mm)						截面面积 (cm²)	理论重量 (kg/m)	外表面积 (m²/m)	惯性矩 (cm⁴)		惯性半径 (cm)		截面模数 (cm³)	
	h	b	d	t	r	r_1				I_x	I_y	i_x	i_y	W_x	W_y
30a		126	9.0				61.22	48.1	1.031	8950	400	12.1	2.55	597	63.5
30b	300	128	11.0	14.4	11.0	5.5	67.22	52.8	1.035	9400	422	11.8	2.50	627	65.9
30c		130	13.0				73.22	57.5	1.039	9850	445	11.6	2.46	657	68.5
32a		130	9.5				67.12	52.7	1.084	11100	460	12.8	2.62	692	70.8
32b	320	132	11.5	15.0	11.5	5.8	73.52	57.7	1.088	11600	502	12.6	2.61	726	76.0
32c		134	13.5				79.92	62.7	1.092	12200	544	12.3	2.61	760	81.2
36a		136	10.0				76.44	60.0	1.185	15800	552	14.4	2.69	875	81.2
36b	360	138	12.0	15.8	12.0	6.0	83.64	65.7	1.189	16500	582	14.1	2.64	919	84.3
36c		140	14.0				90.84	71.3	1.193	17300	612	13.8	2.60	962	87.4
40a		142	10.5				86.07	67.6	1.285	21700	660	15.9	2.77	1090	93.2
40b	400	144	12.5	16.5	12.5	6.3	94.07	73.8	1.289	22800	692	15.6	2.71	1140	96.2
40c		146	14.5				102.1	80.1	1.293	23900	727	15.2	2.65	1190	99.6
45a		150	11.5				102.4	80.4	1.411	32200	855	17.7	2.89	1430	114
45b	450	152	13.5	18.0	13.5	6.8	111.4	87.4	1.415	33800	894	17.4	2.84	1500	118
45c		154	15.5				120.4	94.5	1.419	35300	938	17.1	2.79	1570	122
50a		158	12.0				119.2	93.6	1.539	46500	1120	19.7	3.07	1860	142
50b	500	160	14.0	20.0	14.0	7.0	129.2	101	1.543	48600	1170	19.4	3.01	1940	146
50c		162	16.0				139.2	109	1.547	50600	1220	19.0	2.96	2080	151
55a		166	12.5				134.1	105	1.667	62900	1370	21.6	3.19	2290	164
55b	550	168	14.5				145.1	114	1.671	65600	1420	21.2	3.14	2390	170
55c		170	16.5	21.0	14.5	7.3	156.1	123	1.675	68400	1480	20.9	3.08	2490	175
56a		166	12.5				135.4	106	1.687	65600	1370	22.0	3.18	2340	165
56b	560	168	14.5				146.6	115	1.691	68500	1490	21.6	3.16	2450	174
56c		170	16.5				157.8	124	1.695	71400	1560	21.3	3.16	2550	183
63a		176	13.0				154.6	121	1.862	93900	1700	24.5	3.31	2980	193
63b	630	178	15.0	22.0	15.0	7.5	167.2	131	1.866	98100	1810	24.2	3.29	3160	204
63c		180	17.0				179.8	141	1.870	102000	1920	23.8	3.27	3300	214

注：表中 r、r_1 的数据用于孔型设计，不作交货条件。

附表Ⅳ-2

热轧槽钢（GB/T 706—2016）

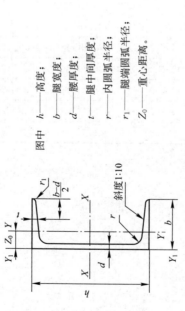

图中 h ——高度；
b ——腿宽度；
d ——腰厚度；
t ——腿中间厚度；
r ——内圆弧半径；
r_1 ——腿端圆弧半径；
Z_0 ——重心距离。

型号	截面尺寸（mm）						截面面积（cm²）	理论重量（kg/m）	外表面积（m²/m）	惯性矩（cm⁴）			惯性半径（cm）		截面模数（cm³）		重心距离（cm）
	h	b	d	t	r	r_1				I_x	I_y	I_{y1}	i_x	i_y	W_x	W_y	Z_0
5	50	37	4.5	7.0	7.0	3.5	6.925	5.44	0.226	26.0	8.30	20.9	1.94	1.10	10.4	3.55	1.35
6.3	63	40	4.8	7.5	7.5	3.8	8.446	6.63	0.262	50.8	11.9	28.4	2.45	1.19	16.1	4.50	1.36
6.5	65	40	4.3	7.5	7.5	3.8	8.292	6.51	0.267	55.2	12.0	28.3	2.54	1.19	17.0	4.59	1.38
8	80	43	5.0	8.0	8.0	4.0	10.24	8.04	0.307	101	16.6	37.4	3.15	1.27	25.3	5.79	1.43
10	100	48	5.3	8.5	8.5	4.2	12.74	10.0	0.365	198	25.6	54.9	3.95	1.41	39.7	7.80	1.52
12	120	53	5.5	9.0	9.0	4.5	15.36	12.1	0.423	346	37.4	77.7	4.75	1.56	57.7	10.2	1.62
12.6	126	53	5.5	9.0	9.0	4.5	15.69	12.3	0.435	391	38.0	77.1	4.95	1.57	62.1	10.2	1.59

型号	截面尺寸(mm)						截面面积(cm²)	理论重量(kg/m)	外表面积(m²/m)	惯性矩(cm⁴)			惯性半径(cm)		截面模数(cm³)		重心距离(cm)
	h	b	d	t	r	r_1				I_x	I_y	I_{y1}	i_x	i_y	W_x	W_y	Z_0
14a	140	58	6.0	9.5	9.5	4.8	18.51	14.5	0.480	564	53.2	107	5.52	1.70	80.5	13.0	1.71
14b	140	60	8.0	9.5	9.5	4.8	21.31	16.7	0.484	609	61.1	121	5.35	1.69	87.1	14.1	1.67
16a	160	63	6.5	10.0	10.0	5.0	21.95	17.2	0.538	866	73.3	144	6.28	1.83	108	16.3	1.80
16b	160	65	8.5	10.0	10.0	5.0	25.15	19.8	0.542	935	83.4	161	6.10	1.82	117	17.6	1.75
18a	180	68	7.0	10.5	10.5	5.2	25.69	20.2	0.596	1270	98.6	190	7.04	1.96	141	20.0	1.88
18b	180	70	9.0	10.5	10.5	5.2	29.29	23.0	0.600	1370	111	210	6.84	1.95	152	21.5	1.84
20a	200	73	7.0	11.0	11.0	5.5	28.83	22.6	0.654	1780	128	244	7.86	2.11	178	24.2	2.01
20b	200	75	9.0	11.0	11.0	5.5	32.83	25.8	0.658	1910	144	268	7.64	2.09	191	25.9	1.95
22a	220	77	7.0	11.5	11.5	5.8	31.83	25.0	0.709	2390	158	298	8.67	2.23	218	28.2	2.10
22b	220	79	9.0	11.5	11.5	5.8	36.23	28.5	0.713	2570	176	326	8.42	2.21	234	30.1	2.03
24a	240	78	7.0	12.0	12.0	6.0	34.21	26.9	0.752	3050	174	325	9.45	2.25	254	30.5	2.10
24b	240	80	9.0	12.0	12.0	6.0	39.01	30.6	0.756	3280	194	355	9.17	2.23	274	32.5	2.03
24c	240	82	11.0	12.0	12.0	6.0	43.81	34.4	0.760	3510	213	388	8.96	2.21	293	34.4	2.00
25a	250	78	7.0	12.0	12.0	6.0	34.91	27.4	0.722	3370	176	322	9.82	2.24	270	30.6	2.07
25b	250	80	9.0	12.0	12.0	6.0	39.91	31.3	0.776	3530	196	353	9.41	2.22	282	32.7	1.98
25c	250	82	11.0	12.0	12.0	6.0	44.91	35.3	0.780	3690	218	384	9.07	2.21	295	35.9	1.92

续表

型号	截面尺寸 (mm)						截面面积 (cm²)	理论重量 (kg/m)	外表面积 (m²/m)	惯性矩 (cm⁴)			惯性半径 (cm)		截面模数 (cm³)		重心距离 (cm)
	h	b	d	t	r	r_1				I_x	I_y	I_{y1}	i_x	i_y	W_x	W_y	Z_0
27a	270	82	7.5	12.5	12.5	6.2	39.27	30.8	0.826	4360	216	393	10.5	2.34	323	35.5	2.13
27b		84	9.5				44.67	35.1	0.830	4690	239	428	10.3	2.31	347	37.7	2.06
27c		86	11.5				50.07	39.3	0.834	5020	261	467	10.1	2.28	372	39.8	2.03
28a	280	82	7.5				40.02	31.4	0.846	4760	218	388	10.9	2.33	340	35.7	2.10
28b		84	9.5				45.62	35.8	0.850	5130	242	428	10.6	2.30	366	37.9	2.02
28c		86	11.5				51.22	40.2	0.845	5500	268	463	10.4	2.29	393	40.3	1.95
30a	300	85	7.5	13.5	13.5	6.8	43.89	34.5	0.897	6050	260	467	11.7	2.43	403	41.1	2.17
30b		87	9.5				49.89	39.2	0.901	6500	289	515	11.4	2.41	433	44.0	2.13
30c		89	11.5				55.89	43.9	0.905	6950	316	560	11.2	2.38	463	46.4	2.09
32a	320	88	8.0	14.0	14.0	7.0	48.50	38.1	0.947	7600	305	552	12.5	2.50	475	46.5	2.24
32b		90	10.0				54.90	43.1	0.951	8140	336	593	12.2	2.47	509	49.2	2.16
32c		92	12.0				61.30	48.1	0.955	8690	374	643	11.9	2.47	543	52.6	2.09
36a	360	96	9.0	16.0	16.0	8.0	60.89	47.8	1.053	11900	455	818	14.0	2.73	660	63.5	2.44
36b		98	11.0				68.09	53.5	1.057	12700	497	880	13.6	2.70	703	66.9	2.37
36c		100	13.0				75.29	59.1	1.061	13400	536	948	13.4	2.67	746	70.0	2.34
40a	400	100	10.5	18.0	18.0	9.0	75.04	58.9	1.144	17600	592	1070	15.3	2.81	879	78.8	2.49
40b		102	12.5				83.04	65.2	1.148	18600	640	114	15.0	2.78	932	82.5	2.44
40c		104	14.5				91.04	71.5	1.152	19700	688	1220	14.7	2.75	986	86.2	2.42

注：表中 r、r_1 的数据用于孔型设计，不作交货条件。

热轧等边角钢(GB/T 706—2016)

附表 IV-3

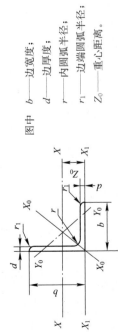

图中　b——边宽度；
　　　d——边厚度；
　　　r——内圆弧半径；
　　　r_1——边端圆弧半径；
　　　Z_0——重心距离。

型号	截面尺寸(mm)			截面面积(cm²)	理论重量(kg/m)	外表面积(m²/m)	惯性矩(cm⁴)				惯性半径(cm)			截面模数(cm³)			重心距离(cm)
	b	d	r				I_x	I_{x1}	I_{x0}	I_{y0}	i_x	i_{x0}	i_{y0}	W_x	W_{x0}	W_{y0}	Z_0
2	20	3	3.5	1.132	0.89	0.078	0.40	0.81	0.63	0.17	0.59	0.75	0.39	0.29	0.45	0.20	0.60
		4		1.459	1.15	0.077	0.50	1.09	0.78	0.22	0.58	0.73	0.38	0.36	0.55	0.24	0.64
2.5	25	3		1.432	1.12	0.098	0.82	1.57	1.29	0.34	0.76	0.95	0.49	0.46	0.73	0.33	0.73
		4		1.859	1.46	0.097	1.03	2.11	1.62	0.43	0.74	0.93	0.48	0.59	0.92	0.10	0.76
3	30	3		1.749	1.37	0.117	1.46	2.71	2.31	0.61	0.91	1.15	0.59	0.68	1.09	0.51	0.85
		4		2.276	1.79	0.117	1.84	3.63	2.92	0.77	0.90	1.13	0.58	0.87	1.37	0.62	0.89
3.6	36	3	4.5	2.109	1.66	0.141	2.58	4.68	4.09	1.07	1.11	1.39	0.71	0.99	1.61	0.76	1.00
		4		2.756	2.16	0.141	3.29	6.25	5.22	1.37	1.09	1.38	0.70	1.28	2.05	0.93	1.04
		5		3.382	2.65	0.141	3.95	7.84	6.24	1.65	1.08	1.36	0.70	1.56	2.45	1.00	1.07
4	40	3	5	2.359	1.85	0.157	3.59	6.41	5.69	1.49	1.23	1.55	0.79	1.23	2.01	0.96	1.09
		4		3.086	2.42	0.157	4.60	8.56	7.29	1.91	1.22	1.54	0.79	1.60	2.58	1.19	1.13
		5		3.792	2.98	0.156	5.53	10.7	8.76	2.30	1.21	1.52	0.78	1.96	3.10	1.39	1.17

附录Ⅳ　型钢规格表

续表

型号	截面尺寸(mm)			截面面积(cm²)	理论重量(kg·m)	外表面积(m²/m)	惯性矩(cm⁴)				惯性半径(cm)			截面模数(cm³)			重心距离(cm)
	b	d	r				I_x	I_{x1}	I_{x0}	I_{y0}	i_x	i_{x0}	i_{y0}	W_x	W_{x0}	W_{y0}	Z_0
4.5	45	3	5	2.659	2.09	0.177	5.17	9.12	8.20	2.14	1.40	1.76	0.89	1.58	2.58	1.24	1.22
		4		3.486	2.74	0.177	6.65	12.2	10.6	2.75	1.38	1.74	0.89	2.05	3.32	1.54	1.26
		5		4.292	3.37	0.176	8.04	15.2	12.7	3.33	1.37	1.72	0.88	2.51	4.00	1.81	1.30
		6		5.077	3.99	0.176	9.33	18.4	14.8	3.89	1.36	1.70	0.80	2.95	4.46	2.06	1.33
5	50	3	5.5	2.971	2.33	0.197	7.18	12.5	11.4	2.98	1.55	1.96	1.00	1.96	3.22	1.57	1.34
		4		3.897	3.06	0.197	9.26	16.7	14.7	3.82	1.54	1.94	0.99	2.56	4.16	1.96	1.38
		5		4.803	3.77	0.196	11.2	20.9	17.8	4.64	1.53	1.92	0.98	3.13	5.03	2.31	1.42
		6		5.688	4.46	0.196	13.1	25.1	20.7	5.42	1.52	1.91	0.98	3.68	5.85	2.63	1.46
5.6	56	3	6	3.343	2.62	0.221	10.2	17.6	16.1	4.24	1.75	2.20	1.13	2.48	4.08	2.02	1.48
		4		4.39	3.45	0.220	13.2	23.4	20.9	5.46	1.73	2.18	1.11	3.24	5.28	2.52	1.53
		5		5.415	4.25	0.220	16.0	29.3	25.4	6.61	1.72	2.17	1.10	3.97	6.42	2.98	1.57
		6		6.42	5.04	0.220	18.7	35.3	29.7	7.73	1.71	2.15	1.10	4.68	7.49	3.40	1.61
		7		7.404	5.81	0.219	21.2	41.2	33.6	8.82	1.69	2.13	1.09	5.36	8.49	3.80	1.64
		8		8.367	6.57	0.219	23.6	47.2	37.4	9.89	1.68	2.11	1.09	6.03	9.44	4.16	1.68
6	60	5	6.5	5.829	4.58	0.236	19.9	36.1	31.6	8.21	1.85	2.33	1.19	4.59	7.44	3.48	1.67
		6		6.914	5.43	0.235	23.4	43.3	36.9	9.60	1.83	2.31	1.18	5.41	8.70	3.98	1.70
		7		7.977	6.26	0.235	26.4	50.7	41.9	11.0	1.82	2.29	1.17	6.21	9.88	4.45	1.74
		8		9.02	7.08	0.235	29.5	58.0	46.7	12.3	1.81	2.27	1.17	6.98	11.0	4.88	1.78

型号	截面尺寸(mm)			截面面积(cm²)	理论重量(kg/m)	外表面积(m²/m)	惯性矩(cm⁴)				惯性半径(cm)			截面模数(cm³)			重心距离(cm)
	b	d	r				I_x	I_{x1}	I_{x0}	I_{y0}	i_x	i_{x0}	i_{y0}	W_x	W_{x0}	W_{y0}	Z_0
6.3	63	4	7	4.978	3.91	0.248	19.0	33.4	30.2	7.89	1.96	2.46	1.26	4.13	6.78	3.29	1.70
		5		6.143	4.82	0.248	23.2	41.7	36.8	9.57	1.94	2.45	1.25	5.08	8.25	3.90	1.74
		6		7.288	5.72	0.247	27.1	50.1	43.0	11.2	1.93	2.43	1.24	6.00	9.66	4.46	1.78
		7		8.412	6.60	0.247	30.9	58.6	49.0	12.8	1.92	2.41	1.23	6.88	11.0	4.98	1.82
		8		9.515	7.47	0.247	34.5	67.1	54.6	14.3	1.90	2.40	1.23	7.75	12.3	5.47	1.85
		10		11.66	9.15	0.246	41.1	84.3	64.9	17.3	1.88	2.36	1.22	9.39	14.6	6.36	1.93
7	70	4	8	5.570	4.37	0.275	26.4	45.7	41.8	11.0	2.18	2.74	1.40	5.14	8.44	4.17	1.86
		5		6.876	5.40	0.275	32.2	57.2	51.1	13.3	2.16	2.73	1.39	6.32	10.3	4.95	1.91
		6		8.160	6.41	0.275	37.8	68.7	59.9	15.6	2.15	2.71	1.38	7.48	12.1	5.67	1.95
		7		9.424	7.40	0.275	43.1	80.3	68.4	17.8	2.14	2.69	1.38	8.59	13.8	6.34	1.99
		8		10.67	8.37	0.274	48.2	91.9	76.4	20.0	2.12	2.68	1.37	9.68	15.4	6.98	2.03
7.5	75	5	9	7.412	5.82	0.295	40.0	70.6	63.3	16.6	2.33	2.92	1.50	7.32	11.9	5.77	2.04
		6		8.797	6.91	0.294	47.0	84.6	74.4	19.5	2.31	2.90	1.49	8.64	14.0	6.67	2.07
		7		10.16	7.98	0.294	53.6	98.7	85.0	22.2	2.30	2.89	1.48	9.93	16.0	7.44	2.11
		8		11.50	9.03	0.294	60.0	113	95.1	24.9	2.28	2.88	1.47	11.2	17.9	8.19	2.15
		9		12.83	10.1	0.294	66.1	127	105	27.5	2.27	2.86	1.46	12.4	19.8	8.89	2.18
		10		14.13	11.1	0.293	72.0	142	114	30.1	2.26	2.84	1.46	13.6	21.5	9.56	2.22

续表

型号	截面尺寸(mm)			截面面积(cm²)	理论重量(kg/m)	外表面积(m²/m)	惯性矩(cm⁴)				惯性半径(cm)			截面模数(cm³)			重心距离(cm)
	b	d	r				I_x	I_{x1}	I_{x0}	I_{y0}	i_x	i_{x0}	i_{y0}	W_x	W_{x0}	W_{y0}	Z_0
8	80	5	9	7.912	6.21	0.315	48.8	85.4	77.3	20.3	2.48	3.13	1.60	8.34	13.7	6.66	2.15
		6		9.397	7.38	0.314	57.4	103	91.0	23.7	2.47	3.11	1.59	9.87	16.1	7.65	2.19
		7		10.86	8.53	0.314	65.6	120	104	27.1	2.46	3.10	1.58	11.4	18.4	8.58	2.23
		8		12.30	9.66	0.314	73.5	137	117	30.4	2.44	3.08	1.57	12.8	20.6	9.46	2.27
		9		13.73	10.8	0.314	81.1	154	129	33.6	2.43	3.06	1.56	14.3	22.7	10.3	2.31
		10		15.13	11.9	0.313	88.4	172	140	36.8	2.42	3.04	1.56	15.6	24.8	11.1	2.35
9	90	6	10	10.64	8.35	0.354	82.8	146	131	34.3	2.79	3.51	1.80	12.6	20.6	9.95	2.44
		7		12.30	9.66	0.354	94.8	170	150	39.2	2.78	3.50	1.78	14.5	23.6	11.2	2.48
		8		13.94	10.9	0.353	106	195	169	44.0	2.76	3.48	1.78	16.4	26.6	12.4	2.52
		9		15.57	12.2	0.353	118	219	187	48.7	2.75	3.46	1.77	18.3	29.4	13.5	2.56
		10		17.17	13.5	0.353	129	244	204	53.3	2.74	3.45	1.76	20.1	32.0	14.5	2.59
		12		20.31	15.9	0.352	149	294	236	62.2	2.71	3.41	1.75	23.6	37.1	16.5	2.67
10	100	6	12	11.93	9.37	0.393	115	200	182	47.9	3.10	3.90	2.00	15.7	25.7	12.7	2.67
		7		13.80	10.8	0.393	132	234	209	54.7	3.09	3.89	1.99	18.1	29.6	14.3	2.71
		8		15.64	12.3	0.393	148	267	235	61.4	3.08	3.88	1.98	20.5	33.2	15.8	2.76
		9		17.46	13.7	0.392	164	300	260	68.0	3.07	3.86	1.97	22.8	36.8	17.2	2.80
		10		19.26	15.1	0.392	180	334	285	74.4	3.05	3.84	1.96	25.1	40.3	18.5	2.84
		12		22.80	17.9	0.391	209	402	331	86.8	3.03	3.81	1.95	29.5	46.8	21.1	2.91

型号	截面尺寸(mm)			截面面积(cm²)	理论重量(kg/m)	外表面积(m²/m)	惯性矩(cm⁴)				惯性半径(cm)			截面模数(cm³)			重心距离(cm)
	b	d	r				I_x	I_{x1}	I_{x0}	I_{y0}	i_x	i_{x0}	i_{y0}	W_x	W_{x0}	W_{y0}	Z_0
10	100	14	12	26.26	20.6	0.391	237	471	374	99.0	3.00	3.77	1.94	33.7	52.9	23.4	2.99
		16		29.63	23.3	0.390	263	540	414	111	2.98	3.74	1.94	37.8	58.6	25.6	3.06
11	110	7	12	15.20	11.9	0.433	177	311	281	73.4	3.41	4.30	2.20	22.1	36.1	17.5	2.96
		8		17.24	13.5	0.433	199	355	316	82.4	3.40	4.28	2.19	25.0	40.7	19.4	3.01
		10		21.26	16.7	0.432	242	445	384	100	3.38	4.25	2.17	30.6	49.4	22.9	3.09
		12		25.20	19.8	0.431	283	535	448	117	3.35	4.22	2.15	36.1	57.6	26.2	3.16
		14		29.06	22.8	0.431	321	625	508	133	3.32	448	2.14	41.3	65.3	29.1	3.24
12.5	125	8	14	19.75	15.5	0.492	297	521	471	123	3.88	4.88	2.50	32.5	53.3	25.9	3.37
		10		24.37	19.1	0.491	362	652	574	149	3.85	4.85	2.48	40.0	64.9	30.6	3.45
		12		28.91	22.7	0.491	423	783	671	175	3.83	4.82	2.46	41.2	76.0	35.0	3.53
		14		33.37	26.2	0.490	482	916	764	200	3.80	4.78	2.45	54.2	86.4	39.1	3.61
		16		37.74	29.6	0.489	537	1050	851	224	3.77	4.75	2.43	60.9	96.3	43.0	3.68
14	140	10	14	27.37	21.5	0.551	515	915	817	212	4.34	5.46	2.78	50.6	82.6	39.2	3.82
		12		32.51	25.5	0.551	604	1100	959	249	4.31	5.43	2.76	59.8	96.9	45.0	3.90
		14		37.57	29.5	0.550	689	1280	1090	284	4.28	5.40	2.75	68.8	110	50.5	3.98
		16		42.54	33.4	0.549	770	1470	1220	319	4.26	5.36	2.74	77.5	123	55.6	4.06
15	150	8	-	23.75	18.6	0.592	521	900	827	215	4.69	5.90	3.01	47.4	78.0	38.1	3.99
		10		29.37	23.1	0.591	638	1130	1010	262	4.66	5.87	2.99	58.4	95.5	45.5	4.08

续表

型号	截面尺寸(mm)			截面面积(cm²)	理论重量(kg/m)	外表面积(m²/m)	惯性矩(cm⁴)				惯性半径(cm)			截面模数(cm³)			重心距离(cm)
	b	d	r				I_x	I_{x1}	I_{y}	I_{y0}	i_x	i_{x0}	i_{y0}	W_x	W_{x0}	W_{y0}	Z_0
15	150	12	14	34.91	27.4	0.591	749	1350	1190	308	4.63	5.84	2.97	69.0	112	52.4	4.15
		14		40.37	31.7	0.590	856	1580	1360	352	4.60	5.80	2.95	79.5	128	58.8	4.23
		15		43.06	33.8	0.590	907	1690	1440	374	4.59	5.78	2.95	84.6	136	61.9	4.27
		16		45.74	35.9	0.589	958	1810	1520	395	4.58	5.77	2.94	89.6	143	64.9	4.31
16	160	10	16	31.50	24.7	0.630	780	1370	1240	322	4.98	6.27	3.20	66.7	109	52.8	4.31
		12		37.44	29.4	0.630	917	1640	1460	377	4.95	6.24	3.18	79.0	129	60.7	4.39
		14		43.30	34.0	0.629	1050	1910	1670	432	4.92	6.20	3.16	91.0	147	68.2	4.47
		16		49.07	38.5	0.629	1180	2190	1870	485	4.89	6.17	3.14	103	165	75.3	4.55
18	180	12	16	42.24	33.2	0.710	1320	2330	2100	543	5.59	7.05	3.58	101	165	78.4	4.89
		14		48.90	38.4	0.709	1510	2720	2410	622	5.56	7.02	3.56	116	189	88.4	4.97
		16		55.47	43.5	0.709	1700	3120	2700	699	5.54	6.98	3.55	131	212	97.8	5.05
		18		61.96	48.6	0.708	1880	3500	2990	762	5.50	6.94	3.51	146	235	105	5.13
20	200	14	18	54.64	42.9	0.788	2100	3730	3340	864	6.20	7.82	3.98	145	236	112	5.46
		16		62.01	48.7	0.788	2370	4270	3760	971	6.18	7.79	3.96	164	266	124	5.54
		18		69.30	54.4	0.787	2620	4810	4160	1080	6.15	7.75	3.94	182	294	136	5.62
		20		76.51	60.1	0.787	2870	5350	4550	1180	6.12	7.72	3.93	200	322	147	5.69
		24		90.66	71.2	0.785	3340	6460	5290	1380	6.07	7.64	3.90	236	374	167	5.87

型号	截面尺寸 (mm)			截面面积 (cm²)	理论重量 (kg/m)	外表面积 (m²/m)	惯性矩 (cm⁴)				惯性半径 (cm)			截面模数 (cm³)			重心距离 (cm)
	b	d	r				I_x	I_{x1}	I_{x0}	I_{y0}	i_x	i_{x0}	i_{y0}	W_x	W_{x0}	W_{y0}	Z_0
22	220	16	21	68.67	53.9	0.866	3190	5680	5060	1310	6.81	8.59	4.37	200	326	154	6.03
		18		76.75	60.3	0.866	3540	6400	5620	1450	6.79	8.55	4.35	223	361	168	6.11
		20		84.76	66.5	0.865	3870	7110	6150	1590	6.76	8.52	4.34	245	395	182	6.18
		22		92.68	72.8	0.865	4200	7830	6670	1730	6.73	8.48	4.32	267	429	195	6.26
		24		100.5	78.9	0.864	4520	8550	7170	1870	6.71	8.45	4.31	289	461	208	6.33
		26		108.3	85.0	0.864	4830	9280	7690	2000	6.68	8.41	4.30	310	492	221	6.41
25	250	18	24	87.84	69.0	0.985	5270	9380	8370	2170	7.75	9.76	4.97	290	473	224	6.84
		20		97.05	76.2	0.984	5780	10400	9180	2380	7.72	9.73	4.95	320	519	243	6.92
		22		106.2	83.3	0.983	6280	11500	9970	2580	7.69	9.69	4.93	349	564	261	7.00
		24		115.2	90.4	0.983	6770	12500	10700	2790	7.67	9.66	4.92	378	608	278	7.07
		26		124.2	97.5	0.982	7240	13600	11500	2980	7.64	9.62	4.90	406	650	295	7.15
		28		133.0	104	0.982	7700	14600	12200	3180	7.61	9.58	4.89	433	691	311	7.22
		30		141.8	111	0.981	8160	15700	12900	3380	7.58	9.55	4.88	461	731	327	7.30
		32		150.5	118	0.981	8600	16800	13600	3570	7.56	9.51	4.87	488	770	342	7.37
		35		163.4	128	0.980	9240	18400	14600	3850	7.52	9.46	4.86	527	827	364	7.48

注: 截面图中的 $r_1=1/3d$ 及表中 r 的数据用于孔型设计, 不作交货条件。

附表Ⅳ-4

热轧不等边角钢(GB/T 706—2016)

图中 B——长边宽度;
b——短边宽度;
d——边厚度;
r——内圆弧半径;
r_1——边端圆弧半径;
X_0——重心距离;
Y_0——重心距离。

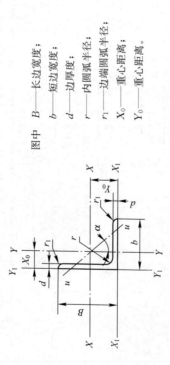

型号	截面尺寸 (mm)				截面面积 (cm²)	理论重量 (kg/m)	外表面积 (m²/m)	惯性矩 (cm⁴)					惯性半径 (cm)			截面模数 (cm³)			tanα	重心距离 (cm)	
	B	b	d	r				I_x	I_{x1}	I_y	I_{y1}	I_u	i_x	i_y	i_u	W_x	W_y	W_u		X_0	Y_0
2.5/1.6	25	16	3	3.5	1.162	0.91	0.080	0.70	1.56	0.22	0.43	0.14	0.78	0.44	0.34	0.43	0.19	0.16	0.392	0.42	0.86
			4		1.499	1.18	0.079	0.88	2.09	0.27	0.59	0.17	0.77	0.43	0.34	0.55	0.24	0.20	0.381	0.46	0.90
3.2/2	32	20	3	3.5	1.492	1.17	0.102	1.53	3.27	0.46	0.82	0.28	1.01	0.55	0.43	0.72	0.30	0.25	0.382	0.49	1.08
			4		1.939	1.52	0.101	1.93	4.37	0.57	1.12	0.35	1.00	0.54	0.42	0.93	0.39	0.32	0.374	0.53	1.12
4/2.5	40	25	3	4	1.890	1.48	0.127	3.08	5.39	0.93	1.59	0.56	1.28	0.70	0.54	1.15	0.49	0.40	0.385	0.59	1.32
			4		2.467	1.94	0.127	3.93	8.53	1.18	2.14	0.71	1.36	0.69	0.54	1.49	0.63	0.52	0.381	0.63	1.37
4.5/2.8	45	28	3	5	2.149	1.69	0.143	4.45	9.10	1.34	2.23	0.80	1.44	0.79	0.61	1.47	0.62	0.51	0.383	0.64	1.47
			4		2.806	2.20	0.143	5.69	12.1	1.70	3.00	1.02	1.42	0.78	0.60	1.91	0.80	0.66	0.380	0.68	1.51

型号	截面尺寸 (mm)				截面面积 (cm²)	理论重量 (kg/m)	外表面积 (m²/m)	惯性矩 (cm⁴)					惯性半径 (cm)			截面模数 (cm³)			tanα	重心距 (cm)	
	B	b	d	r				I_x	I_{x1}	I_y	I_{y1}	I_u	i_x	i_y	i_u	W_x	W_y	W_u		X_0	Y_0
5/3.2	50	32	3	5.5	2.431	1.91	0.161	6.24	12.5	2.02	3.31	1.20	1.60	0.91	0.70	1.84	0.82	0.68	0.404	0.73	1.60
			4		3.177	2.49	0.160	8.02	16.7	2.58	4.45	1.53	1.59	0.90	0.69	2.39	1.06	0.87	0.402	0.77	1.65
5.6/3.6	56	36	3	6	2.743	2.15	0.181	8.88	17.5	2.92	4.7	1.73	1.80	1.03	0.79	2.32	1.05	0.87	0.408	0.80	1.78
			4		3.590	2.82	0.180	11.5	23.4	3.76	6.33	2.23	1.79	1.02	0.79	3.03	1.37	1.13	0.408	0.85	1.82
			5		4.415	3.47	0.180	13.9	29.3	4.49	7.94	2.67	1.77	1.01	0.78	3.71	1.65	1.36	0.404	0.88	1.87
6.3/4	63	40	4	7	4.058	3.19	0.202	16.5	33.3	5.23	8.63	3.12	2.02	1.14	0.88	3.87	1.70	1.40	0.398	0.92	2.04
			5		4.993	3.92	0.202	20.0	41.6	6.31	10.9	3.76	2.00	1.12	0.87	4.74	2.07	1.71	0.396	0.95	2.08
			6		5.908	4.64	0.201	23.4	50.0	7.29	13.1	4.34	1.96	1.11	0.86	5.59	2.43	1.99	0.393	0.99	2.12
			7		6.802	5.34	0.201	26.5	58.1	8.24	15.5	4.97	1.98	1.10	0.86	6.40	2.78	2.29	0.389	1.03	2.15
7/4.5	70	45	4	7.5	4.553	3.57	0.226	23.2	45.9	7.55	12.3	5.40	2.26	1.29	0.98	4.86	2.17	1.77	0.410	1.02	2.24
			5		5.609	4.40	0.225	28.0	57.1	9.13	15.4	6.35	2.23	1.28	0.98	5.92	2.65	2.19	0.407	1.06	2.28
			6		6.644	5.22	0.225	32.5	68.4	10.6	18.6	7.16	2.21	1.26	0.98	6.95	3.12	2.59	0.404	1.09	2.32
			7		7.658	6.01	0.225	37.2	80.0	12.0	21.8	7.41	2.20	1.25	0.97	8.03	3.57	2.94	0.402	1.13	2.36
7.5/5	75	50	5	8	6.126	4.81	0.245	34.9	70.0	12.6	21.0	8.54	2.39	1.44	1.10	6.83	3.3	2.74	0.435	1.17	2.40
			6		7.260	5.70	0.245	41.1	84.3	14.7	25.4	10.9	2.38	1.42	1.08	8.12	3.88	3.19	0.435	1.21	2.44
			8		9.467	7.43	0.244	52.4	113	18.5	34.2	13.1	2.35	1.40	1.07	10.5	4.99	4.10	0.429	1.29	2.52
			10		11.59	9.10	0.244	62.7	141	22.0	43.4	16.0	2.33	1.38	1.06	12.8	6.04	4.99	0.423	1.36	2.60

型号	截面尺寸 (mm) B	b	d	r	截面面积 (cm²)	理论重量 (kg/m)	外表面积 (m²/m)	惯性矩 (cm⁴) I_x	I_{x1}	I_y	I_{y1}	I_u	惯性半径 (cm) i_x	i_y	i_u	截面模数 (cm³) W_x	W_y	W_u	$\tan\alpha$	重心距 (cm) X_0	Y_0
8/5	80	50	5	8	6.376	5.00	0.255	42.0	85.2	12.8	21.1	7.66	2.56	1.42	1.10	7.78	3.32	2.74	0.388	1.14	2.60
			6		7.560	5.93	0.255	49.5	103	15.0	25.4	8.85	2.56	1.41	1.08	9.25	3.91	3.20	0.387	1.18	2.65
			7		8.724	6.85	0.255	56.2	119	17.0	29.8	10.2	2.54	1.39	1.08	10.6	4.48	3.70	0.384	1.21	2.69
			8		9.867	7.75	0.254	62.8	136	18.9	34.3	11.4	2.52	1.38	1.07	11.9	5.03	4.16	0.381	1.25	2.73
9/5.6	90	56	5	9	7.212	5.66	0.287	60.5	121	18.3	29.5	11.0	2.90	1.59	1.23	9.92	4.21	3.49	0.385	1.25	2.91
			6		8.557	6.72	0.286	71.0	146	21.4	35.6	12.9	2.88	1.58	1.23	11.7	4.96	4.13	0.384	1.29	2.95
			7		9.881	7.76	0.286	81.0	170	24.4	41.7	14.7	2.86	1.57	1.22	13.5	5.70	4.72	0.382	1.33	3.00
			8		11.18	8.78	0.286	91.0	194	27.2	47.9	16.3	2.85	1.56	1.21	15.3	6.41	5.29	0.380	1.36	3.04
10/6.3	100	63	6	10	9.618	7.55	0.320	99.1	200	30.9	50.5	18.4	3.21	1.79	1.38	14.6	6.35	5.25	0.394	1.43	3.24
			7		11.11	8.72	0.320	113	233	35.3	59.1	21.0	3.20	1.78	1.38	16.9	7.29	6.02	0.394	1.47	3.28
			8		12.58	9.88	0.319	127	266	39.4	67.9	23.5	3.18	1.77	1.37	19.1	8.21	6.78	0.391	1.50	3.32
			10		15.47	12.1	0.319	154	333	47.1	85.7	28.3	3.15	1.74	1.35	23.3	9.98	8.24	0.387	1.58	3.40
10/8	100	80	6	10	10.64	8.35	0.354	107	200	61.2	103	31.7	3.17	2.40	1.72	15.2	10.2	8.37	0.627	1.97	2.95
			7		12.30	9.66	0.354	123	233	70.1	120	36.2	3.16	2.39	1.72	17.5	11.7	9.60	0.626	2.01	3.00
			8		13.94	10.9	0.353	138	267	78.6	137	40.6	3.14	2.37	1.71	19.8	13.2	10.8	0.625	2.05	3.04
			10		17.17	13.5	0.353	167	334	94.7	172	49.1	3.12	2.35	1.69	24.2	16.1	13.1	0.622	2.13	3.12
11/7	110	70	6	10	10.64	8.35	0.354	133	266	42.9	69.1	25.4	3.54	2.01	1.54	17.9	7.90	6.53	0.403	1.57	3.53
			7		12.30	9.66	0.354	153	310	49.0	80.8	29.0	3.53	2.00	1.53	20.6	9.09	7.50	0.402	1.61	3.57

型号	截面尺寸(mm) B	b	d	r	截面面积(cm²)	理论重量(kg/m)	外表面积(m²/m)	惯性矩(cm⁴) I_x	I_{x1}	I_y	I_{y1}	I_u	惯性半径(cm) i_x	i_y	i_u	截面模数(cm³) W_x	W_y	W_u	$\tan\alpha$	重心距离(cm) X_0	Y_0
11/7	110	70	8	10	13.94	10.9	0.353	172	354	54.9	92.7	32.5	3.51	1.98	1.53	23.3	10.3	8.45	0.401	1.65	3.62
			10		17.17	13.5	0.353	208	443	65.9	117	39.2	3.48	1.96	1.51	28.5	12.5	10.3	0.397	1.72	3.70
12.5/8	125	80	7	11	14.10	11.1	0.403	228	455	74.4	120	43.8	4.02	2.30	1.76	26.9	12.0	9.92	0.408	1.80	4.01
			8		15.99	12.6	0.403	257	520	83.5	138	49.2	4.01	2.28	1.75	30.4	13.6	11.2	0.407	1.84	4.06
			10		19.71	15.5	0.402	312	650	101	173	59.5	3.98	2.26	1.74	37.3	16.6	13.6	0.404	1.92	4.14
			12		23.35	18.3	0.402	364	780	117	210	69.4	3.95	2.24	1.72	44.0	19.4	16.0	0.400	2.00	4.22
14/9	140	90	8	12	18.04	14.2	0.453	366	731	121	196	70.8	4.50	2.59	1.98	38.5	17.3	14.3	0.411	2.04	4.50
			10		22.26	17.5	0.452	446	913	140	246	85.8	4.47	2.56	1.96	47.3	21.2	17.5	0.409	2.12	4.58
			12		26.40	20.7	0.451	522	1100	170	297	100	4.44	2.54	1.95	55.9	25.0	20.5	0.406	2.19	4.66
			14		30.46	23.9	0.451	594	1280	192	349	114	4.42	2.51	1.94	64.2	28.5	23.5	0.403	2.27	4.74
15/9	150	90	8	12	18.84	14.8	0.473	442	898	123	196	74.1	4.84	2.55	1.98	43.9	17.5	14.5	0.364	1.97	4.92
			10		23.26	18.3	0.472	539	1120	149	246	89.9	4.81	2.53	1.97	54.0	21.4	17.7	0.362	2.05	5.01
			12		27.60	21.7	0.471	632	1350	173	297	105	4.79	2.50	1.95	63.8	25.1	20.8	0.359	2.12	5.09
			14		31.86	25.0	0.471	721	1570	196	350	120	4.76	2.48	1.94	73.3	28.8	23.8	0.356	2.20	5.17
			15		33.95	26.7	0.471	764	1680	207	376	127	4.74	2.47	1.93	78.0	30.5	25.3	0.354	2.24	5.21
			16		36.03	28.3	0.470	806	1800	217	403	134	4.73	2.45	1.93	82.6	32.3	26.8	0.352	2.27	5.25

278

续表

型号	截面尺寸(mm)				截面面积(cm²)	理论重量(kg/m)	外表面积(m²/m)	惯性矩(cm⁴)					惯性半径(cm)			截面模数(cm³)			$\tan\alpha$	重心距离(cm)	
	B	b	d	r				I_x	I_{x1}	I_y	I_{y1}	I_u	i_x	i_y	i_u	W_x	W_y	W_u		X_0	Y_0
16/10	160	100	10	13	25.32	19.9	0.512	669	1360	205	337	122	5.14	2.85	2.19	62.1	26.6	21.9	0.390	2.28	5.24
			12		30.05	23.6	0.511	785	1640	239	406	142	5.11	2.82	2.17	73.5	31.3	25.8	0.388	2.36	5.32
			14		34.71	27.2	0.510	896	1910	271	476	162	5.08	2.80	2.16	84.6	35.8	29.6	0.385	2.43	5.40
			16		39.28	30.8	0.510	1000	2180	302	548	183	5.05	2.77	2.16	95.3	40.2	33.4	0.382	2.51	5.48
18/11	180	110	10	14	28.37	22.3	0.571	956	1940	278	447	167	5.80	3.13	2.42	79.0	32.5	26.9	0.376	2.44	5.89
			12		33.71	26.5	0.571	1120	2330	325	539	195	5.78	3.10	2.40	93.5	38.3	31.7	0.374	2.52	5.98
			14		38.97	30.6	0.570	1290	2720	370	632	222	5.75	3.08	2.39	108	44.0	36.3	0.372	2.59	6.06
			16		44.14	34.6	0.569	1440	3110	412	726	249	5.72	3.06	2.38	122	49.4	40.9	0.369	2.67	6.14
20/12.5	200	125	12	14	37.91	29.8	0.641	1570	3190	483	788	286	6.44	3.57	2.74	117	50.0	41.2	0.392	2.83	6.54
			14		43.87	34.4	0.640	1800	3730	551	922	327	6.41	3.54	2.73	135	57.4	47.3	0.390	2.91	6.62
			16		49.74	39.0	0.639	2020	4260	615	1060	366	5.38	3.52	2.71	152	64.9	53.3	0.388	2.99	6.70
			18		55.53	43.6	0.639	2240	4790	677	1200	405	6.35	3.49	2.70	169	71.7	59.2	0.385	3.06	6.78

注：截面图中的 $r_1=1/3d$ 及表中 r 的数据用于孔型设计，不作交货条件。

参 考 文 献

[1] 孙训方，方孝淑，关来泰. 材料力学（1）［M］. 6 版. 北京：高等教育出版社，2019.

[2] 顾志荣，吴永生. 材料力学［M］. 上海：同济大学出版社，2000.

[3] 教育部高等教育司组编. 工程力学［M］. 北京：高等教育出版社，2000.

[4] 张如三，王天明. 材料力学［M］. 北京：中国建筑工业出版社，2005.

[5] 刘鸿文. 材料力学：上册［M］. 4 版. 北京：高等教育出版社，2003.

[6] 胡增强，万德连. 材料力学检测题集［M］. 徐州：中国矿业大学出版社，1991.

[7] 孙国钧，赵社戊. 材料力学［M］. 上海：上海交通大学出版社，2006.

[8] 赵志岗. 材料力学［M］. 天津：天津大学出版社，2001.

[9] 邱棣华，秦飞. 材料力学学习指导书［M］. 北京：高等教育出版社，2004.

[10] 陈升平，等. 材料力学题解精粹［M］. 武汉：中国地质大学出版社，2004.

[11] 李志君，等. 材料力学思维训练题集［M］. 北京：中国铁道出版社，2000.

[12] 樊友景，等. 材料力学学习指导［M］. 武汉：武汉工业大学出版社，2000.

[13] 赵志岗，等. 材料力学学习指导与提高［M］. 北京：北京航空航天大学出版社，2003.

[14] 曲淑英，卢龙玉，宋良等. 材料力学课程思政教学实践——以"压杆稳定"为例［J］. 力学与实践. 2021，43（6）：959-963.

[15] 曲淑英，周志新，吴江龙等. 工程力学虚拟仿真实验教学中心资源建设［J］. 实验室研究与探索. 2017，36（12）：172-175.

[16] 中华人民共和国国家标准. 热轧型钢 GB/T 706—2016［S］. 北京：中国标准出版社，2016.